生态园林城市建设系列丛书

生态园林城市建设实践与探索·徐州篇

The construction practice and exploration of ecological garden city in Xuzhou

李　勇　杨学民　秦　飞　柴湘辉　编著

>>>>>>>>>>>>>>>>>>>>>>>>>>>>>>

中国建筑工业出版社

徐州老工业基地的绿色振兴之路
——《生态园林城市建设实践与探索·徐州篇》序言

>>

徐州是一座拥有 5000 多年文明史和 2600 多年建城史的文化名城，自古为华夏九州之一，享有彭祖故国、刘邦故里、项羽故都的美誉，发端发祥于此的"两汉文化"闻名中外。徐州地处全国战略交通要冲，山川形胜、兵家必争，不绝于史的战乱和水灾，让这座城市历经沧桑、身披疮痍，元代词人萨都剌由此发出了"空有黄河如带，乱山回合云龙"、"回首荒城斜日，倚栏目送飞鸿"的千古绝唱。徐州是因煤而兴的老工业基地，资源能源开发强度大，在为全省全国发展大局作出重要贡献的同时，也付出了巨大的生态代价。曾几何时，"煤城"、"灰色"成为徐州城市的黯淡印记，遮隐了这座历史文化名城的熠熠光辉，新中国成立之初，市区绿化覆盖率尚不足 1%。1952年 3 月 29 日，毛泽东主席登上云龙山，作出了"要发动群众上山栽树，一定要改变徐州童山的面貌"的重要指示。自此，改变徐州煤城灰色形象、建设山清水秀美好家园，成为历届市委、市政府和全市人民孜孜以求的梦想和期盼。

改革开放以来特别是"十一五"以来，我们坚持把生态文明建设作为振兴徐州老工业基地的重中之重，全方位、大力度开展生态建设和环境保护，以生态转型带动产业转型、城市转型、社会转型，主要生态建设指标走在全省前列，成功创建国家森林城市、国家环保模范城市、国家卫生城市，国家生态园林城市创建取得实质性突破，城市面貌初步实现了由"灰"到"绿"的历史性转变，探索出了一条具有徐州特色的老工业基地绿色振兴之路。

10 年来，生态优先是徐州一以贯之的发展理念。 一般经验表明，一个地区发展进入工业化中后期，才开始大规模开展生态建设。而徐州是在工业化中前期时，就超前谋划、提早布局，全面启动了生态文明建设。我们坚持把生态优先理念贯穿经济社会发展全过程，以环境保护倒逼经济结构调整，以生态优化提升可持续发展能力，既避免了重走"先污染后治理"的老路，又促进了经济发展与生态建设的"双赢"，全市主要经济指标增长连续10年高于全国、全省平均水平，经济总量由全省第6位升至第5位，在全国地级以上城市中排名第32位。我们抓住低成本建设生态项目的有利时机，在工业化中前期土地、动迁和建设等要素价格较低的情况下，及早实施生态建设工程，以较小的资源投入换取了较大的生态"红利"。我们主动顺应徐州百姓求变、求富、求快、求绿的期盼，把生态文明建设作为全面小康社会的硬指标和区域性中心城市建设的突破口，广泛汇聚了民心民意，赢得了群众的拥护和支持，激发了全市人民推进生态宜居城市建设的豪情，在较短时期内实现了城市环境面貌的根本改观。

10年来，科学规划是徐州生态布局的基本遵循。坚持规划先行，严格按照规划布局生态项目，实行重大生态工程规划由市规委会集体审批制度，统筹有序推进城市生态项目建设，着力提高生态文明建设的质量和水平。紧紧围绕"美丽徐州"建设总目标，认真制定"天更蓝"、"地更绿"、"水更清"、"路更畅"、"城更靓"五大行动计划，每个行动计划都有具体的、可操作的实施方案，明确了生态文明建设的任务书、时间表和路线图。精心组织编制"环、点、带"生态工程规划，沿微山湖、沿骆马湖"两环"生态圈，沿运河、故黄河、大沙河"三河"生态带和"七山七湖"生态点的保护和建设取得显著成效，为徐州城市撑起了绿色"保护伞"。高起点制定城市园林绿化规划，以人为本布局绿地空间、优化城市生态系统，加快城市道路的林荫化改造，更加注重园林绿地建设的均衡性，基本实现了市区500米半径内园林绿地全覆盖。特别是在环云龙湖周边地区，我们累计拆迁了200万平方米破旧建筑，拆出的2200亩地不用作商业开发，全部规划建设永久性绿地公园，做到了把最好的生态资源留给子孙、把最美的自然风景留给百姓。

10年来，打造精品是"美丽徐州"建设的不懈追求。坚持思路项目化、项目具体化，每年都将生态园林建设项目纳入全市"三重一大"计划，遵照精心、精细、精致、精品的要求，集中做、坚持做、认真做，持之以恒、久久为功，城市环境呈现出"望得见山、看得见水、记得住乡愁"、"一城青山半城湖"的生态美景。实施显山露水工程，全力打造云龙湖、云龙山、云龙公园"三云"品牌，建成了以小南湖景区、珠山景区、市民广场、滨湖公园为代表的环湖景观带，云龙湖风景名胜区等被授予国家人居环境奖。实施敞园改造工程，对云龙公园、彭祖园、奎山公园、汉文化景区、泉山森林公园、楚园等进行改造提升、免费对外开放，兴建大龙湖、金龙湖、科技广场、植物园、吕梁山、城东环状休闲公园等一批精品园林景区，城区300亩以上大型开放式园林超过30个。实施还绿于民工程，强力推进拆违增绿、破墙透绿、见缝插绿，近五年市区新建游园绿地300多处，人均公园绿地超过17平方米，市区绿化覆盖率达43.6%、居全省第二。

10年来，锐意创新是徐州绿色振兴的动力源泉。与南方城市相比，徐州生态基础欠账较多、山地丘陵占比高、年降雨量不足，开展大规模绿化的条件差、难度大。我们高举创新的旗帜，大胆实践探索，突破技术难关，完善体制机制，形成了北方城市园林绿化的成功品牌。创新园林建设风格，遵循徐州的山水格局设计园林景点景观，传承城市历史文脉丰富提升园林内涵品位，疏密有序优化城市空间尺度，"楚韵汉风、南秀北雄"的城市特质得到更好彰显。创新引进绿化树种，既保持以乡土植物为主的特色，又积极引种并成功驯化了香樟、枇杷、石楠、竹子、桂花等南方观赏性常绿品种，着力构建乔、灌、花、草有机搭配的园林生态系统，形成了"四季常绿、三季有花"的景观特色，改变了北方城市冬天一片萧瑟的局面。创新实施环境修复，坚持因地制宜、分类实施，积极推进采煤塌陷地、工矿废弃地和采石宕口综合治理，建成了潘安湖、九里湖、督公湖等一批秀美的湿地公园和全国首座宕口遗址公园——东珠山宕口公园。创新荒山绿化模式，先后实施两轮"进军荒山"行动计划，累计投入资金7亿多元，绿化荒山396座、13万亩，全市森林覆盖率达32.5%、居全省第一，在全国开创了"石头缝里种出绿色森林"的成功范例。创新绿化管护机制，积极开展生态立法，对擅自占用重点绿地行为"零容忍"，实行绿化保护"双签"制度，凡需占用500平方米以上城市绿地一律报市委、市政府主要领导签批，推进绿化管护市场化运作"全覆盖"，实现了由"花钱养人"到"花钱办事"的转变。创新生态文明建设推进制度，成立生态文明建设研究会、基金会和研究院"两会一院"，组建"守望家园"志愿者队伍，构建社会第三方监督体系，形成了社会广泛参与、全民共建共享"美丽徐州"的生动局面。

十年艰辛磨一剑，古彭蝶变换新颜。徐州生态文明建设的历程很不平凡，成绩来之不易，凝聚着全市广大干部群众的心血和汗水。市市政园林局、市生态文明建设研究院组织编写的《生态园林城市建设实践与探索·徐州篇》一书，从建设生态园林城市的视角，较为系统地总结了近几年来我市生态文明建设的创新探索、显著成效和宝贵经验，并在理论层面上进行了概括和阐述，是一本实践性和研究性都很强的著作。该书的出版发行，对于展示我市生态建设成就、传播生态文明理念、提升生态园林城市建设水平等，都具有重要的意义和价值。进入新的发展阶段，由衷希望全市各级领导干部要牢固树立生态文明理念，坚定不移走老工业基地绿色振兴之路，与时俱进谱写"美丽徐州"建设新篇章，让徐州山水园林城市的魅力淋漓尽致地绽放，让彭城百姓在生态宜居的环境中生活得更加幸福美好！

是为序。

中共徐州市委书记　**曹新平**

2016 年 1 月 6 日

>>

>>

　　以 2004 年住房和城乡建设部、深圳市政府共同举办的"生态园林与城市可持续发展高层论坛"发表《生态园林城市与可持续发展深圳宣言》，以及随后住房和城乡建设部印发的《关于创建"生态园林城市"实施意见的通知》和《国家生态园林城市标准（暂行）》（建城〔2004〕98 号）为指引，徐州市开始了建设国家生态园林城市的历程。

　　在这个过程中，在住房和城乡建设部和江苏省住房和城乡建设厅的指导下，通过对国家、先进城市和相关专家在生态园林城市建设政策、建设标准、建设理论、建设技术等方面的持续跟踪、认真学习、积极创新和努力实践，徐州市生态园林城市建设不断深入发展，对于如何在资源型老工业基地基础上，建设现代化生态园林城市的路径，进行了积极的探索，取得了有益的成效。在徐州市生态文明建设基金会、徐州市生态文明建设研究院的立项支持下，我们对近 10 年来的探索和实践进行了归纳总结，本书的出版即是这一工作成果的阶段性体现。

　　全书共分 7 章：序章蜕变中的城市，概要介绍了徐州市通过创建生态园林城市，城市面貌发生的重大变化。第一章城市发展模式的抉择，分析了徐州市的城市环境危机的主要特征与危害，国内外城市人与自然和谐发展的探索，徐州市生态园林城市建设基础。第二章城市空间环境生态园林化，在回顾分析徐州城市发展历程与定位的基础上，从城市建成区、城市规划区和市域 3 个层次，探讨了以生态园林城市为目标的绿地系统规划，介绍了城市绿地空间环境建设的成果。第三章徐派园林特色与城市文化传承发展，通过园林风格构成要素和经典案例分析，探讨了徐州园林的风格特点和艺术特色；介绍了徐州园林空间布局和地形处理（理水、叠山）的特色，园林植物与群落的运用，园林中地域文化资源的挖掘与表达，以及城市文化的传承与发展方面的做法。第四章城市经济社会环境生态化，着重围绕产业经济生态化、城市交通环境生态化和居住区环境生态化方面的做法和效果进行概要总结。第五章绿色生态环境建设

>>

新技术，重点介绍了徐州市在石质山地生态风景林营建、棕地再生、人工促进侧柏纯林演替和园林新技术方面的创新成果；第六章城市绿色空间格局、生物多样性与效益评价，采用景观生态学方法，分析了 10 年来城市绿色空间格局变化，研究提出了基于作用对象的城市绿色空间三大效益计量方法，对城市绿地系统三大效益进行了定量评价。

本书具体编写人员分工如下：全书由李勇、杨学民提出编写原则，整体结构要求，并对书稿进行审定。第三章第一节至第四节由柴湘辉执笔编写，第五章第四节之"人工草坪化学除草技术"由李祥执笔编写，其他各章节由秦飞执笔编写。编委会同志参与了编写提纲的讨论、书稿审阅和修订等工作。

在本书编写过程中，徐州市创建国家生态园林城市办公室及市林业、城管、环保、规划等各有关部门和单位，各区园林部门提供了大量资料。书中引用了《徐州市城市绿地系统规划》、《徐州市重要生态功能保护区规划》等相关成果，参考和引用了国内外相关科研资料、成果，部分插图引用了公开发表的图片，限于条件，有作者没有联系到，在此深表歉意，并希望这些作者见书后与我们联系，我们将按国家有关规定酌致谢忱。

本书初稿完成后，中国城市建设研究院有限公司副总经理王磐岩教授级工程师，南京林业大学汤庚国教授审阅了全部书稿，并提出了十分有益的意见建议。中国建筑工业出版社的编辑们就本书编辑、校对和出版等做了大量细致的工作。在此特向他们表示由衷的感谢。

生态园林城市建设内涵丰富，蕴含着复杂的政策和科学技术、艺术文化问题，编著者们长期从事园林和林业生态建设实践，在生态园林城市建设理论，特别是在园林艺术的归纳提炼方面，能力尚有不足，书中难免存在疏漏和欠妥之处，敬请读者批评指正。

编著者

2015 年 11 月

目　录

序章　蜕变中的城市

第一章

—

城市发展模式的
抉择

第二章
——
城市空间环境生
态园林化

第五章
———
绿色生态环境建
设新技术

第六章
一
城市绿色空间格
局、生物多样性
与效益评价

>>

叶兆言先生在其《江苏读本》中写道：江苏最古老的城市，不是六朝古都南京，也不是吴文化发源地的苏州，更不是"广陵大镇、富甲天下"的扬州，而是人们印象中醇厚朴实的徐州。

叶兆言先生在其《江苏读本》中写道：江苏最古老的城市，不是六朝古都南京，也不是吴文化发源地的苏州，更不是"广陵大镇、富甲天下"的扬州，而是人们印象中醇厚朴实的徐州。

徐州这个名字是承袭古九州的。史学研究证实，早在夏之时，以今徐州市为中心，包括苏北、皖北、鲁南、豫东在内的广大区域，已经存在一个古老方国——徐国。丁山先生在《禹贡·九州通考》中指出："徐州得名于徐方（徐方即徐国）。郭沫若先生在《历史人物》中指出：徐人的文明并不比周人初起的文明落后。徐是与夏、商、周并存的古国，具有相当的经济基础，文化十分先进"。古徐州之中，今徐州市区西部，是大彭氏国——彭祖筑彭城。楚汉时，西楚霸王项羽建都彭城。两汉四百年间，历经十三位楚王、五个彭城王嬗递。至三国时，建安五年（公元198 年）徐州刺史部迁到彭城，从此，彭城与徐州形成合一的地名概念。

在以后的历史发展中，徐州因其占据南北（西）漕运枢纽和历史上三大古都群[①]中心的地利，军事、政治地位更加重要，始终是一方政权统治中心、军事指挥中心、区域经济中心和文化传播中心。因此，徐州是幸运的。同时，徐州又是不幸的：

——作为"兵家必争之地"，三千年里 500 余场战争，使广大的城乡屡遭摧残；

——作为傍泗（运）而兴的商贸重镇，黄河的数次夺泗侵淮等毁灭性灾害，不仅大量自然植被被毁灭，也使徐州城被多次掩埋；

——作为从宋、元时期就开始了煤、铁开采的全国老工业基地，在肩负起新中国工业化基石的同时，"偏重型"工业结构，不仅带来了严重的城市环境污染，还造成了山体破碎、土地塌陷，满目疮痍。

——童山秃岭，穷山恶水；进到徐州府，张口就吃土；一城煤灰半城土……是徐州曾经的真实历史写照。

为了彻底改变徐州的生态环境，在中共徐州市委、市政府的领导下，徐州人民进行了长期不懈的努力。

——持续推进"治山"征程。徐州依山带水，岗岭四合，山包城，城环山，五大山系从主城区延伸到远郊乡村，构建出极富特色的山水城市骨架。虽然如此，但由于出露山体多为石灰岩构造，"满冈乱石如群羊"[②]，寸木不生，与城市的发展显得格格不入。在 20 世纪 50～60 年代成功营建大规模侧柏山林的基础上，近十

① 西部古都群西安、洛阳、安阳、开封、郑州、咸阳，北部古都群北京、大同，南部古都群南京、杭州。
② 苏轼《登云龙山》。

年来，对原林业部认定为"不宜林荒山"的石质荒山，组织实施"市区山地绿化"、"吕梁山风景旅游区荒山绿化"、"二次进军荒山"三大工程，成功营建高标准生态风景林 0.85 万 hm²，全市荒山不仅全部绿化，还实现了绿色山林向五彩山林的华丽飞跃。

——大力推进退建还山、退渔还湖、退港还湖"三退"工程。自 2002 年起，结合城中村改造，对云龙山、西珠山、西凤山等山坡上的村庄、单位全面实施整体拆迁。2006 年起，实施小南湖"退渔还湖"工程，建成了小南湖景区。2010 年起实施徐州内港等"退港还湖"工程，建成了九龙湖、劳武港、两河口等大型公园景区。通过"显山露水"的精雕细琢，云龙湖景区修复工程荣获 2014 年度中国人居环境范例奖。

——积极推进露采矿山生态恢复。长期的开山采石，使徐州市 70% 山体受到较为严重的破坏，分布着大量大小不等的露采矿山宕口。2005 年以来，积极推进露采矿山生态恢复，到 2014 年年底，主城区 42 处长期采石形成的宕口废弃地都得到了良好的治理，生态恢复率达到 82.44%。"金龙湖宕口公园"被国土资源部誉为国内城市废弃矿山治理的典范之作。

——全面推进采煤塌陷地生态恢复。作为一个老工业基地，徐州在源源不断地输出煤炭、电力的同时，为自己留下了多达 2.13 万 hm² 的煤矿塌陷地。自 2008 年起，先后对市区九里湖、潘安湖、南湖等 1.34 万 hm² 采煤塌陷地实施生态环境修复、湿地景观开发，使各类塌陷区成为高效生态功能区、环境优美景观区。九里湖湿地公园获得了江苏省"人居环境范例奖"。2012 年，我国台湾著名作家张晓风女士畅游潘安湖，以哲人的语言评价道：一潭碧水，用人工的方法，补救了另外一次人工的失误。

——倾力均衡绿地布局。在城市发展中，秉承"以人为本"的理念，结合城市空间梳理，10 亩以下拆迁地不再出让，全部用于公园建设。2010 年以来，仅老城区就组织实施了一百多项城市园林绿化工程建设，建设总面积 693hm²，园林绿化建设总投资（不含拆迁）达到 50 亿元。昔日缺花少绿的城市北区等区域也呈现出"四季花开、年年新绿"的新景象。在加强公园绿地建设的同时，先后对快哉亭公园、云龙公园、彭祖园、云龙山等老公园实施敞园改造，让原本封闭的收费公园成为广大市民的"绿色天然会客厅",真正使园林成果全民共享。目前,市区 5000㎡以上的公园绿地达到 177 个,500m 服务半径覆盖率达到 90.8%,市区公园全部实现了免费开放。

——系统推进绿色廊道建设。城市生态廊道是解决城市绿地碎片化、提升生态系统整体功能的关键措施。通过建设"河湖相连、河河互通"的清水廊道工程,故黄河、丁万河、荆马河、奎河等八条河流相继完成综合治理,主城区水系已呈现出"为有源头活水来"的崭新景象。绕城高速、高铁及 10 余条国道、省道等两侧大型防护林带,宽阔茂密、挺拔葳蕤,犹如绿色长龙,连接城乡。94 条城市主、次干道实施林荫路和道路绿化普及达标工程。绿随水走,树沿路行,山、湖、河、路、园的构织与编缀,共同构成了徐州完整的城市绿色生态系统。

——深入推进地域特色文化再现。徐州处于我国南北过渡区,地理上"东襟淮海,西接中原,南屏江淮,北扼齐鲁",文化上据南向北,倚东朝西,北方黄河文化(齐鲁文化)与南方长江文化(徐文化、荆楚文化、吴越文化)在此得到高强度的碰撞融合。在漫长的历史长河中,积累了深厚的文化文明遗产,形成了独具一格的地域文化特色。将丰富的历史文化内涵巧妙地融入园林景观之中,打造徐州生态文明的鲜明特质,将"不南不北"的地缘因素演绎成"南秀北雄"的文化传奇。

——坚定推进"天更蓝"、"水更清"行动。调整城市工业结构和布局,积极淘汰落后产能,加强产业治理,控制污染源头。全部关停位于市区的 100 余家立窑水泥企业,淘汰近 200 家涉水"五小"企业,全面取缔徐洪河流域 270 余家塑料加工厂。彻底关停 66 家煤炭、建材小码头企业,迁建徐州内港等位于主城区的煤炭交易市场。对机械、纺织、电子、化工等企业也全面退城入园。推广清洁能源,划定高污染燃料禁燃区,推动燃煤企业改燃清洁能源。积极促进光伏、太阳能、生物质成型燃料、水资源循环利用技术的普及应用,努力发展清洁生产,城市环境质量得到显著改善。

——统筹推进"路更畅"、"城更靓"行动。打通"断头路"、拓宽"瓶颈路",重点推进主干路网贯通扩容改建,注重微循环系统的同步建设,与干线主循环一起构成畅通的城市交通循环体系,提高路网稳定度和整体通行能力。积极倡导居民绿色出行，大力推进"以轨道交通为骨干、城市公交为主体、公共自行车为延伸"的"三位一体"的绿色便捷的出行体系。以棚户区、城中村改造和保障房建设为突破口，开展"幸福家园创建"活动，不断提升居住区环境的自然性、生态性。加强政策研究，完善体制机制，全面推进生活垃圾收运和处理一体化网络体系建设，城市生活垃圾无害化处理率达到100%，城市生活垃圾资源化利用达到87.4%。

通过持续不断的努力，生态修复再现了青山绿水，均衡绿地布局使园林成果全民共享，绿色廊道串联起城乡生态片区，精品园林传承和发展了地域文化，产业调整让天更蓝、水更清，城中村、棚户区改造让城更靓，公交优先、立体交通使路更畅，基本实现了城市和自然的相互融合、人与自然的和谐共生，形成了自然山水宽舒安徐、园林绿化精致婉约、兼南秀北雄、显楚韵汉风的城市园林绿化特色。一个蓝天碧水、生态宜居、环境优良的新徐州使"一城煤灰半城土"的全国老工业基地凤凰涅槃、浴火重生。

著名散文家王剑冰惊叹：徐州的美是藏着的。徐州，一块英雄辈出的土地，一座豪放大气、低调内敛的城市，一座北雄南秀融于一体、楚风汉韵集于一身的现代生态园林城市。尊重自然、保护自然、顺应自然，已成为徐州人的共识和实践；把"最美好的风景留给百姓、留给子孙与未来"，正成为徐州人的自觉。

至2014年年底，徐州城市建成区绿化覆盖率43.26%，绿地率40.45%，人均公园绿地16.21m²，公园绿地服务半径覆盖率90.8%，林荫路推广率92.32%，综合物种指数0.6178，城市污水处理率91.46%，城市生活垃圾无害化处理率100%。城市面貌和环境质量显著改善，城市园林绿化等城市建设和管理水平显著提高，基本构建起符合生态学原理和系统学要求的城市生态园林绿化体系和循环经济体系。一个人工生态与自然生态相协调，人文景观与自然景观和谐融通，并形成独特的城市自然、人文景观，具有优良的城市自然、经济、社会生态体系和优美的人居生活环境的生态园林城市已然呈现在世人面前。

>>

生态园林城市是一个理性与感性、科学与艺术的完美组合，具有"生态城市"的科学因素和"园林城市"的美学和文化感受，赋予人们健康的生活环境和审美意境。

第一节　城市环境危机：历史的欠账

徐州地区矿业历史悠久，早在西汉时期就有"彭城有铁官"的记载[1]。北宋时，苏轼《石炭》诗前小序"彭城旧无石炭，元丰元年十二月，始遣人访获于州之西南白土镇之北，以冶铁作兵，犀利常胜云。[2]"明确记载了徐州煤炭挖掘的发端。晚清时期，两江总督左宗棠认为，徐州地区煤铁资源丰富，开采历史悠久，积极开发既可以支持军事需要，又可以振兴江苏北部经济。并上奏清廷，建议清廷立即着手开办徐州地区矿务。由此，拉开了徐州近代矿业的序幕[3]。新中国成立以来，经数十年的持续工业化，形成了以能源（煤炭、电力）、建材、化工和重型机械工业为主导的"偏重型"工业结构，致使城市环境污染日趋严重，生态环境不断遭到破坏。

一、大气污染——灰色的城市

空气是与包括人类在内的一切生物生存"息息相关"的第一要素。由于徐州市的工业结构以能源（煤炭、电力）、建材、化工等为主导，各类烟尘、废气排放量大。加之地处黄河故道沙区，春、秋、冬三季易扬沙起尘，大气环境质量长期较差。

据徐州市环保局监测数据显示，2003 年徐州市区大气主要污染物 SO_2、NO_2、PM_{10} 年平均浓度分别为 0.08mg/m³、0.047mg/m³、0.211mg/m³，均超过《环境空气质量标准》GB3095—2012 规定的二级标准，其中尤以 PM_{10} 超标最为严重。根据 API 指数的计算分析，2003 年市区空气质量好于 Ⅱ 级的天数为 109d，Ⅲ 级天数为 227d，劣于 Ⅲ 级的天数为 29d。《2006 年度徐州市环境质量公报》中显示当年工业废气排放总量 3413.53 亿标 m³，其中，燃料燃烧过程中废气排放 2529.73 亿标 m³，生产工艺过程中废气排放 883.79 亿标 m³。工业废气烟尘排放总量 37658.62t，工业粉尘排放总量 33903.75t。市区环境空气质量Ⅲ级及以下的天数仍然占到全年的 1/7，空气环境质量综合指数（AQI）为 2.94。主要污染物为可吸

图 1-1　原徐州市贾汪区某焦化
厂生产情形（2006）

图 1-2　徐州市区空气严重污染
情况图 1(2006)

图 1-3　徐州市区空气严重污染
情况图 2(2006)

图 1-4　徐州市区空气严重污染
情况图 3(2006)

入颗粒物，其次为 SO₂，污染负荷系数最小的为 NO₂。其中，可吸入颗粒物年平均浓度达到 0.114mg/m³，SO₂ 年平均浓度达到 0.047mg/m³，NO₂ 年平均浓度达到 0.030mg/m³。城市天空常被灰色所笼罩。

二、水污染——不堪的城市

孔子曰："智者乐水，仁者乐山"。《管子 × 乘马》云："凡立国都，非于大山之下，必于广川之上，高毋近旱，而水用足，下毋近水，而沟防省"。可见，一座城市，水比山显得更为重要。优良的水源是城市发展的必备条件之一，城市的发展和生存离不开优质的水，城市的历史文化更与水息息相关。

然而，自 20 世纪 80 年代以后，受工业生产与城市快速发展和鲁南地区入境污水的双重损害，徐州市水环境质量不断恶化。据《2006 年度徐州市环境质量公报》显示，2006 年工业废水排放量 9751.61 万 t。在地表水 47 个评价断面中，达到或好于地表水Ⅲ类水质的仅有 22 个，Ⅳ类水质 12 个，Ⅴ类水质 4 个，劣于Ⅴ类水质 9 个。全市一半以上的评价断面水质受到较严重的污染，或富营养化，或变黑发臭，不能直接利用。以京杭运河为例，京杭运河徐州境内全长 207km(分为铜山段和中运河)，具有饮用水源、航行、灌溉、行洪等多种功能，确定的水域功能为Ⅲ类。但是，据 2003 年徐州运河水质监测数据，铜山段能够达到水域功能要求的项目为 pH 值、氰化物、砷、铬、镉、铅和石油类，超标项目有溶解氧、CODMn、BOD₅、氨氮、石油类、总磷等。其中 CODMn、氨氮超过Ⅲ类标准 50% 以上，溶解氧、BOD₅、氨氮、总磷超过Ⅲ类标准范围在 25% ~ 87% 之间。中运河水质状况虽然总体好于运河铜山段，但部分指标也超过Ⅲ级标准 10% ~ 20%，其中氨氮污染最严重，超

图 1-5 沈孟大沟整治前
图 1-6 徐州市奎河污染情况图
(2006)

标达到 50% 以上。

三、露采矿山废弃地——疤痕累累的城市

　　徐州境内山体多为优良的石灰岩矿产，是江苏省水泥等建材的重要生产基地。长期的开山采石，使全市 70% 山体受到较严重的破坏，留下了大量大小不等的露采矿山宕口。据徐州市国土资源局 2010 年完成的《徐州市山体资源特殊保护区划定方案》中的统计，全市共有关闭和在采露采开山采石矿山 905 个，共占用土地面积 1640hm²，宕口破坏土地面积 956hm²。已关闭露采开山采石矿山 760 个（其中位于山体资源保护区 339 个，详见表 1-1），占用土地面积 1310hm²，宕口破坏土地面积 814hm²。其中，市区有废弃矿山宕口 106 个，宕口采空区水平面积 193.61hm²，垂直总面积 35.17hm²。由于历史原因及采矿企业环境保护意识淡薄，特别是乱采滥挖，随意的开山采石，使山体植被消失，自然景观及生态环境遭到严重破坏。矿区内危岩耸立，乱石嶙峋，满目疮痍，景观极差。地质灾害时有发生，安全隐患极大。这些废弃矿山的存在严重影响着徐州的整体形象。

山体资源保护区关停矿山分布（2010 年）　　　　　　　　　　　　表 1-1

山系¹ 名称	主要分布区	主要矿种	关停矿山数
苏山头—九里山—琵琶山山系	鼓楼区	建筑石料灰岩	8
无名山—广山—大山山系	云龙区—经济开发区		
峨山—王长山—韩山山系	铜山区西部—泉山区	建筑、水泥灰岩	18
珠山—拉犁山—大窝山山系	铜山区西部—泉山区	建筑、水泥灰岩	
项山—驴眼山—大山山系	铜山区西部	建筑石料灰岩	36
洞山—泉山—云龙山山系	铜山区—云龙风景区	建筑石料灰岩	14
虎山—王小山—独龙山山系	铜山区	建筑石料灰岩	18
女峨山—曹山山系	铜山区—新城区	建筑、水泥灰岩	29
磨山—鹰山—尖山—洞山山系	铜山区东部	建筑、水泥灰岩	95
狄山—大山—京山—矩山山系	邳州市—睢宁县	建筑石料灰岩	33
青龙山—长山—莫子山山系	铜山区北部	建筑石料灰岩	19
张山—大蒋门—奶奶山山系	贾汪区—铜山区	建筑石料灰岩	16
大洞山—捶子山山系	贾汪区	建筑石料灰岩	9
望母山—黄石山—城山山系	邳州市	建筑石料灰岩	5
其余零星山体		建筑石料灰岩	39

　　1 山体底部为一个整体、山体山脊相连及走向基本一致的若干个山体构成的总体称作山系。区分山系的主要要素是在比较低的等高线上可以做比较容易的分割，宏观表现为相对独立的山群。

图 1-7 徐州市某关停采石场遗址

四、采煤塌陷地——下沉的城市

据徐州市政府《徐州市"十二五"采煤塌陷地农业综合开发规划》，到 2010 年底，全市有采煤塌陷地面积 3.05 万 hm^2。其中，已治理面积 1.09 万 hm^2，未治理面积 1.96 万 hm^2。此外，根据开采沉陷学，预测徐州市每年还将新增采煤塌陷地 0.08 万 hm^2。因此，按到"十二五"计划的第 2 年计算，全市将有 2.12 万 hm^2 塌陷地有待治理。

常年积水 1.0m 采煤塌陷区分布表   表 1-2

区域	合计	沛县	铜山区	贾汪区	泉山区	徐州经济开发区
面积 (hm²)	1.67	0.43	0.45	0.43	0.17	0.18

第二节 城市环境危机的危害

城市环境危机的损害作用，主要表现在对人类健康的危害、原有生态系统的破坏和对经济社会发展的损害三个方面[4、5]。

一、对人类健康的主要危害

（一）空气污染的主要危害

人需要呼吸空气以维持生命，被污染了的空气对人体健康有直接的影响，严

重时会直接导致死亡。1952 年 12 月 5 ~ 8 日英国伦敦发生的煤烟雾事件死亡 4000
人，人们把这个灾难的烟雾称为"杀人的烟雾"。

大气污染是多种有害化学物的混合体，已确认能危害健康的有煤烟（主要含
小于 $10\mu m$ 的飘尘、SO_2 以及 BaP），汽车尾气（主要有飘尘、NO_x 及其反应产物），
工厂废气（燃烧废气，重金属如铅、砷、镉等），垃圾焚烧产物和建筑与自然扬
尘等 [6]。其中，悬浮颗粒物的健康危害取决于其大小和浓度。小于 $10\mu m$ 的飘尘
（PM_{10}）因其能被吸入小支气管和肺泡而起更大作用。研究显示，在控制了多种
影响因素（如气候、吸烟、经济、职业等）后，PM_{10} 甚至更小的 $PM_{2.5}$ 悬浮颗粒物，
存在着很好的剂量—效应（E—R）线性关系（见表 1-3）。而且，在很低污染水
平时（日均小于 $100\mu g/m^3$）仍可见健康损伤效应，没有证明它有最低域值。在流
行病学研究中，控制了 PM_{10} 的作用后还能见到 SO_2 的独立有害效应，其急性效应
包括增加死亡率（全死因、心脑血管病）及呼吸系统疾病和 COPD 的门诊急诊病例，
慢性效应同样可引起上述疾病的发病率和死亡率。燃煤产生的 BaP 具有致癌毒性，
一项"空气污染与肺癌关系"研究中证明，13% 男性肺癌和 17% 女性肺癌可归因
于室内空气（煤烟）污染 [7]。

PM_{10} 每升高 $10\mu g/m^3$ 居民健康效应各终点发生的相对危险度 [8]（引   表 1-3
自 Kan H, et al, 1991）

	健康效应终点	人群	相对危害度（95%CI）
慢性健康效应	总死亡率	成人（≥ 30 岁）	1.0430（1.0260, 1.0610）
	慢性支气管炎	全人群	1.0460（1.0150, 1.0770）
急性健康效应	总死亡率	全人群	1.0028（1.0010, 1.0046）
	呼吸系统住院	全人群	1.0130（1.0010, 1.0250）
	心血管系统住院	全人群	1.0095（1.0060, 1.0130）
	内科门诊人数	全人群	1.0034（1.0019, 1.0049）
	儿科门诊人数	全人群	1.0039（1.0014, 1.0064）
	急性支气管炎	全人群	1.0460（1.0000, 1.0920）
	哮喘	儿童（≤ 15 岁）	1.0700
	哮喘	成人（> 15 岁）	1.0040（1.0000, 1.0080）

（二）水污染的主要危害

水是生命之源，是构成一切生物体的基本成分。不论是动物还是植物，均以

水维持最基本的生命活动。水是包括人类在内的一切生物赖以生存和发展最基本的物质资源之一。水污染将对人类的生存安全构成重大威胁。

1. 引起急、慢性中毒

工业污水中含有大量成分十分复杂的有毒有机物和重金属，一旦对环境造成污染，可通过饮水或食物链，使处于该环境中的人群造成急、慢性中毒。如甲基汞中毒(水俣病)、镉中毒(疼痛病)、砷中毒、铬中毒、氰化物中毒、农药中毒、多氯联苯中毒等。急性中毒和慢性中毒是水污染对人体健康危害最直接的表现形式。

2. 致癌

目前，全球水体已鉴别有机化合物 2000 多种，从饮用水中分离出 769 种有机化合物，其中致癌物 26 种，促癌物 18 种，致突变物 45 种，共 109 种致癌物、促癌和致突变物质。如多环芳烃、二噁英、狄氏剂、七氯、烷基汞、氯代甲烷、丙烯腈、β-萘胺、联苯胺、亚硝胺、五氯酚钠、甲醛、苯等。采矿、冶炼、机械制造、建筑材料、化工等工业生产排出的各种酸、碱和盐类引起水体污染，其中所含的有毒重金属如铅、镉、汞、铜等，这些有毒有害物质会在沉积物或土壤中积累，人长期接触和饮用受这些致癌、致突变物污染的水，可增加人群的癌症发病率和死亡率。

3. 间接影响

水体污染后，常可引起水的感官性状恶化。如某些污染物在一般浓度下，对人的健康虽无直接危害，但可使水发生异臭、异味、异色、呈现泡沫和油膜等，妨碍水体的正常利用。

二、对生态系统的破坏

环境污染会导致生物多样性在遗传、种群、生态系统和生态系统复杂性四个层次上降低。

（一）在遗传层次上的影响

虽然污染会导致生物的抵抗相适应，但最终会导致遗传多样性减少。这是因为在污染条件下，种群的敏感性个体消失，这些个体具有特质性的遗传变异因此而消失，进而导致整个种群的遗传多样性水平降低；污染引起种群的规模减小，

图 1-8 徐州市原宠庄煤矿的采煤塌陷地（2000）

由于随机的遗传漂变的增加，可能降低种群的遗传多样性水平；污染引起种群数量减小，以至于达到了种群的遗传学阈值，即使种群最后恢复到原来的种群大小时，遗传变异的来源也大大降低。

（二）在种群水平上的影响

物种是以种群的形式存在的。研究表明，当种群以复合种群的形式存在时，由于某处的污染会导致一些亚种群消失，而且由于生境的污染，该地方明显不再适合另一亚种群入侵和定居。此外，由于各物种种群对污染的抵抗力不同，有些种群会消失，而有些种群会存活，但最终的结果是当地物种丰富度会减少。一般来说，广域分布的物种生存的机会大于分布范围窄小的物种；草本植物生存的机会大于木本植物；生活史中对生境要求比较严格的物种一般难以抵抗污染环境。

（三）在生态系统层次上的影响

污染会影响生态系统的结构、功能和动态。严重的污染可能具有趋同性，即将不同的生态系统类型最终变成基本没有生物的死亡区。一般的污染会改变生态系统的结构，导致功能的改变。值得指出的是，重金属或有机物污染在生态系统中经食物链作用，会有放大效应，最终会影响到人类健康。环境污染对生物多样性的影响目前有两个基本观点：一是由于生物对突然发生的污染在适应上可能存在很大的局限性，故生物多样性会丧失；二是污染会改变生物原有的进化和适应模式，生物多样性可能会向着污染主导的条件下发展，从而偏离其自然或常规轨道。例如昆明滇池地区，伴随富营养化的发展，湖滨地带的生物圈层几乎全部丧失。加拿大北部针叶林在 SO_2 污染作用下，退化为草甸草原；北欧大面积针阔混交林在 SO_2 污染下，退化为灌木草丛。

（四）生态系统复杂性降低

污染导致生态系统复杂性降低主要表现为生态系统的结构趋于简单化，食物网简化，食物链不完整；生态系统的物质循环路径减少或不畅通，能量供给渠道减少，供给程度降低，信息传递受阻。导致生态系统复杂性降低的原因主要表现在两个方面：一是污染直接影响物种的生存和发展，从根本上影响了生态系统的结构和功能基础；二是污染大大降低了初级生产，从而使依托强大初级生产量才能建立起来的各级消费类群没有足够的物质和能量支持，生态系统的结构和功能趋于简单化。

三、对经济社会发展的损害

（一）对农业生产的损害

环境污染会造成农用土壤质量的下降，作物减产，品质降低，并通过食物链使人、畜受害。

氮过量危害。作物生育必须吸收大量氮素，但各种有机污染的灌溉水，存在氮素过量问题，可造成作物的营养失调，导致徒长、倒伏，抗逆性差，易发生病害，成熟不良等问题，从而使作物减产，品质恶化。

有机物的危害。污水中的有机物进入农田后，分解过程消耗大量氧气，分解过程中生成的氢、甲烷等气体及醋酸、丁酸等有机酸和醇类等中间产物中相当部分对水稻有毒害。同时，还造成土壤氧化还原电位过分降低，导致水稻的还原障碍，直接影响水稻的产量。

油分的危害。各种油分进入农田后，能引起土壤障碍和对植物的直接危害。在水田，油分漂浮在水面，水稻组织浸在油层中，油分渗入组织，使其呈半透明状态，因而体内水分代谢发生障碍，使植株枯萎。石油不仅影响农作物的生长发育，还会被作物吸收残留在植物体内，使粮食、蔬菜变味。

盐分的危害。高浓度的含盐污水危害水稻后，能在短时间内使全部叶子失水干枯致死；低浓度的含盐污水危害水稻时，首先表现叶色变浓，接着下部叶片枯萎，分蘖受到抑制。稻根在短时间高浓度盐害情况下，由于铁的沉淀，颜色变深；

生长期受低浓度盐害时，稻根逐渐变成黑色且腐烂。

酸碱危害。各种工业企业的排水，常呈较强的酸性或碱性。水稻受碱性危害时，引起缺锌症状，生育停滞，叶片出现赤枯状斑点。因铁、锰、铜等重金属溶解度大为降低，对于某些营养元素不足的土壤，导致营养元素缺乏症状发生。在酸过强情况下，水田土壤表面呈赤褐色（为铁、铝溶出的结果），水稻吸收铁过多，会产生营养障碍，大量的活性铝对植物根的生育有抑制作用。

重金属的危害。含有一般重金属元素的废水对水稻危害表现症状主要可在根部观察，一般均表现为新根伸长受抑制，主根尖端发生枝根，根系呈带刺的铁丝网状。重金属浓度较高时，从成熟初期到中期，叶片迅速卷曲，表现青枯症状，受害严重的植株枯死。这种青枯症状，铜、镍表现显著，而钴、锌、锰明显程度依次降低。此外，也可见叶脉间黄白化现象，特别是新叶叶脉间易见缺绿，至叶片展开时全叶呈黄绿色，尤以钴浓度较高时为显著。

酚类危害。工业废水中的重要有害成分是酚。酚类化合物种类很多，来源较广，焦化厂、城市煤气厂、炼油厂和石油化工厂等的排放废水含有大量的酚。高浓度的酚使植株变矮，根系发黑，叶片狭小，叶色灰暗，阻碍植物对水分养分的吸收和光合作用的进行，产量大大降低，严重时庄稼干枯颗粒无收。酚在植物体内积累，产品食味恶化，带酚味，品质下降，特别是蔬菜作物影响更大。

（二）对工业生产的损害

环境污染对工业生产同样会产生严重损害。工业用水的水质不良，会引起设备结垢，形成污泥，甚至被腐蚀、侵蚀，引起不可预知的化学反应和设备变形等。工业水源被污染后，必须投入更多的处理费用，造成资源、能源投入增加，企业效益下降。食品工业用水要求更为严格，一旦水质不合格，必须立即停止生产，在彻底清除污染影响后才可复产。

（三）对经济社会发展的损害

当今的生态环境问题已不单单是人与自然的关系问题，已经与政治、经济、外交、文化、社会稳定乃至国家安全等紧密联系在一起。国内外城市发展历程表明，一些高污染的城市，无不在短暂"辉煌"过后陷入快速凋零。这是由于先污染、后治理，不仅要付出巨大的环境代价，而且，其经济和社会代价也十分巨大，有些情况下甚至无力承受。

美国斯坦福大学的 Douglas Webster(1990) 将决定城市竞争力的要素划分为经济结构、区域性禀赋、人力资源和制度环境四个方面。城市环境的污染状况，对不可转移特性的区域禀赋和可转移的人力资源要素两个方面都具有重大的影响。特别是在知识经济的背景下，城市对人才的吸引能力取代了物质优势及地理优势，成为推动城市发展的动力。城市环境舒适能够吸引人才，特别是具有创新能力的人才，并且吸引公司入驻，因而对城市经济发展具有重要的推动作用 [9]。因此，从长远发展来看，环境污染对城市经济社会的可持续发展的损害是致命的。

第三节　国内外城市发展模式的探索

城市发展模式是对城市建设这一极其复杂事物浓缩的表述，对建设实践具有非常重要的指导意义。

一、城市人与自然和谐发展的探索

为解决城市化所造成的一系列环境和社会问题，人们经历了一个复杂的探索过程。园林作为解决城市中环境问题的手段，在古代即已被人们所认识。但是，一方面，在很长的历史时间里，园林只是权贵和有钱人的私人享乐玩赏之物；另一方面，虽然早在 18 世纪初，英国人受田园文学启发，兴起了自然式园林——抛弃一切几何形状和对称均齐的布局，代之以弯曲的道路、自然式的树丛和草地、蜿蜒的河流，讲究借景和与园外的自然环境相融合，然而，其追求的还是"自然的景致" [10]。至 20 世纪 20 年代以来，欧洲提出了建设生态园林的理念，与追求构图美感的西方传统园林和追求形意相随的东方古典园林有很大的区别 [11]，美国学者提出了以自然生态学的方法来代替以往单纯以视觉景象出发的园林设计 [12]。并且，随着工业革命及其所带来的社会变革，各国的园林逐渐走出了贵族化和私有化的藩篱，开始与工业化、城市化的发展密切同步，公共园林得以确立。1986 年，中国园林学会提倡在我国建设生态园林。然而，上述这些努力，还是属于点——城市绿地自身生态化的范畴。

为实现覆盖全体居民的全面的环境福利，早在 1820 年，著名的空想社会主义者罗伯特·欧文 (Robert Owen 1771~1858 年) 提出了田园城市理念，引发了工业化初期的城市生态化萌芽。之后，埃比尼泽·霍华德(Ebenezer Howard，1850 ~ 1928 年)于 1898 年出版《To-morrow: A Peaceful Path to Real Reform》（ 明天：真正改革通向宁静的道路 ）[1]提出建设一种兼有城市和乡村优点的理想城市，主张通过适当分散城市人口和产业的办法，实现建设健康的生活和工业城镇的目标。霍华德最大的贡献和价值，不是体现在重新塑造城市的物质形态，或关于城市布局、土地利用等城市规划的技术手段方面，而在于他将物质规划与社会改革、社会规划、人本主义理念结合在一起，提出了关心人民利益、以人性的满足为立足点的城市规划指导思想 [13]。英国的昂温（Unwin）和帕克（Barry Parker）于 1922 年合著出版了《Town Planning In Practice》（ 实践中的城镇规划 ），就第一个田园城市莱奇沃斯（Letchworth）的建设实践（1909 年）过程作了全面总结，将霍华德"田园城市"理论发展为"卫星城市"理论，其基本思路是在大城市周围建设绿地，在绿地之外建立卫星城镇，安排工业区等，通过卫星城的建设疏散人口控制大城市规模。

与霍华德的解决方案相反，法国柯布西耶（LeCorbusier）主张城市必须是集中的。面对大城市高度发展的现实，主张依靠现代技术力量来充分利用和改善城市有限空间，具体办法是通过采用建设高层建筑减少市中心建筑密度，增加绿地，并建立高效的城市交通系统等先进工业技术来发展和改造城市。他将工业化的思想大胆地带入了城市规划，于 1922 年发表了一个 "300 万人口的当代城市" 的规划方案（ "光明城" 规划 ），在 1925 年发表了著名的《Urbanisms》(都市生活)。1933 年，国际现代建筑协会（CIAM）在雅典召开第四次年会，发表《城市计划大纲》（ 又称《雅典宪章》），为现代城市规划奠定了理论基础。《雅典宪章》强调城市功能分区，强调自然环境（阳光、空气、绿化）对人的重要性。对以后城市规划中的用地分区管理（Zoning）、绿环（Green belt）、邻里单位（Neighborhood Unit）、人车分离、建筑高层化、房屋间距等概念的形成都起了不可低估的作用 [14]。

① 1902 年发行第二版，书名改为《Garden Cities of To-morrow》（ 明天的田园城市 ）。

第二次世界大战后，经济、科技和社会的高速发展，人们对城市发展与环境的认识不断深化。1971 年联合国教科文组织发起"人与生物圈（MAB）"计划研究，明确提出"生态城市"的概念[15]，特别是联合国人类环境会议后，世界主要国家出现了建设"生态城市 (Ecopolis)"和"绿色城市 (Green City)"的热潮，2005 年联合国环境署推出《城市环境协定——绿色城市宣言》[16]，从原先关心保护城市公园绿地的有限概念与活动，扩大到保全自然生态环境的区域概念与范围。

中国自古一贯有重视人居环境的传统。新中国成立后，城市绿化概念从苏联传入。1956 年，毛泽东主席发出了"绿化祖国"的号召，1958 年，中共中央提出了"大地园林化"的雄伟构想，城市绿化建设有了较大发展。其后因三年困难时期、农产品供给不足等原因，城市园林绿化发展受到一定抑制。进入 20 世纪 80 年代以后，随着城市污染和自然生态环境破坏的问题日益受到重视，1981 年五届全国人大四次会议通过了《关于开展全民义务植树的决议》，居住区绿地定额有了规定。1992 年，国务院发布《城市绿化条例》，同年，建设部开始在全国创建"园林城市"的活动，目标是以城市为单位，实现城市园林化。2004 年，建设部又在全国实施"生态园林城市"创建试点工作，2010 年印发《国家生态园林城市标准》（建城〔2010〕125 号），2012 年重新制定印发《生态园林城市申报与定级评审办法》（建城〔2010〕170 号），将生态园林城市考核指标由 2010 版的 74 项增加到 90 项，并将考核指标体系调整为基础指标和分级考核指标 2 个部分，分级考核指标划分为一、二、三星 3 个等次，将城市人与自然和谐的探索和实践推向新的更高阶段。

二、主要城市发展模式简析

在城市人与自然和谐发展的探索过程中，国际国内从理论到实践提出了诸如"田园城市"、"花园城市"、"绿色城市"、"森林城市"、"园林城市"、"仿生城市"、"生态城市"、"山水城市"、"卫生城市"、"环境保护模范城市"、"健康城市"等等。这些概念代表着不同的行为规范、目标和要求，当其成为政府行为的指导思想并付诸实践，广泛运用于社会，起到动员和组织群众的作用时，就不能不仔细斟酌各种提法的差异而优中选优。

田园城市、森林城市等的基本构思立足于建设城乡（郊野）结合、环境优美的新型城市，"把积极的城市生活的一切优点同乡村的美丽和一切福利结合在一起"。美国城市郊区化现象也体现了人们对于自然环境的一种向往。卫星城市理论则可看作是田园城市理论的发展[17]。但是，以柯布西耶为代表的欧洲学者认为，相对较高的密度和紧凑的城市结构，使得城市包括公共交通的高利用率、更适合步行、充满活力的空间、高效率的地区供暖系统以及对可达绿地系统的有效保护等成为可能，或者至少是容易得多，是绿色城市的方向[18]。

绿色城市狭义上讲是按照生态学原理进行城市设计，建立高效、和谐、健康、可持续发展的人类聚居环境；广义上讲是按照生态原则建立起来的社会、经济、自然协调发展的新型社会关系，是有效利用环境资源实现可持续发展的新的生产和生活方式[19,20]。核心是保护自然环境，科学治理城市，促进城市的可持续发展[14]。

生态城市是应用生态学原理和现代科学技术手段来协调城市、社会、经济、工程等人工生态系统与自然生态系统之间的关系，以提高人类对城市生态系统的自我调节与发展的能力，使社会、经济、自然复合生态系统结构合理、功能协调，物质、能量、信息高效利用，生态良性循环[13]。核心是城市环境及生产、生活方式的"生态化"。

有学者认为，"生态园林城市"是建设"生态城市"的阶段性目标[21]。虽然生态城市派强调，与传统生态学中的"生态"相比，生态城市中的"生态"已不仅仅局限于自然生态系统理论范畴，而是包容了自然、社会、经济等领域，与生态平衡、社会发展、经济结构息息相关；生态城的"生态"包含了人与自然的协调关系和人与社会环境的协调关系两层含意，生态城的"城"代表了自组织、自调节的生态系统[13,22]。但很显然，生态城市强调的还只是物质层面的"关系"，其最终追求，也就是人类的生产、生活活动的生态化，对于城市文化、城市精神诉求的响应和塑造不足。

另一方面，"园林"是一个有着1800多年历史、中国特有的古典词汇[23]，所蕴含的对人居环境的综合性的把握与理解，使其既是一个环境符号，同时又是一个文化符号，已经深入中国人的潜意识深处。因此，"生态园林城市"这一名称，既可以表达城市生态化的要求与内涵，又使城市的文化内涵得以表达。

因此，把"生态园林城市"作为统率城市建设的一个载体，目标清晰，具有明确的视觉形象，在城市空间结构的控制和城市特质的塑造中，可以形成人与自然、城市环境与文化的最佳结合，适合我国的国情，对于改善我国城市的生态环境，推进生态文明发展，具有重要的现实意义和基础作用[24]。

三、生态园林城市的基本特征

生态园林城市的概念定义，目前学术界还缺乏深入的研究，一般根据建设部原《国家生态园林城市标准（暂行）》的"一般性要求"，对其内涵与特征进行概括[22]。

从生态园林城市的发展历程和建设部的标准要求，作者认为，生态园林城市可以定义为"人工生态与自然生态相协调，人文景观与自然景观和谐融通，并形成独特的城市自然、人文景观，具有优良的城市自然、经济、社会生态体系和优美的人居生活环境的城市"。它具有以下 4 个特征：

一是城市空间环境生态化，强调城市内部空间环境生态化，自然的保护，城市与区域的协调发展，突出生态系统的支撑力。

传统的古典园林具有重审美、重意境、轻生态的特征，因此受到城市生态环境恶化的严峻挑战。生态园林城市的建设要求在整个城市地域上，包括公园绿地、防护绿地、附属绿地、林地、湿地、风景名胜区、自然保护区等，从城区到郊区、近郊区、远郊区、农村，形成一个以城市为核心、城乡一体的绿化植物为主体的生态系统。强调生态系统固碳减排、净化空气、调节气候、保持水土、涵养水源、防风避灾以及美化环境、体憩旅游、保护文物等综合功能。

二是文化性，强调城市人文景观和自然景观的和谐融通。

现代生态园林城市既要满足城市居民对生活环境的需要，又要继承历史传统文化，结合城市的历史背景及民俗文化风情，形成具有特定历史文化氛围的现代城市绿色环境，实现两者间的和谐。在生态园林中，若有碑文、摩崖石刻、小型古建筑、文人骚客的墨宝丹青、人文景观和古今名人手植的名花古树，则更能体现天人合一之美，也可发挥生态园林的综合功能作用。人类渴望自然，城市呼唤绿色，园林绿化发展就应该以人为本，充分认识和确定人的主体地位和人与环境的双向互动关系，强调把关心人、尊重人的宗旨具体体现在城市园林的创造中，满足人们的休闲、游憩和观赏的需要，使园林、城市、人三者之间相互依存、融为一体。

三是人居舒适性，强调城市各项基础设施的完善。

城市基础设施是城市经济运行和人们赖以生存的基本条件，城市基础设施的完善和良好能为居民创造优美而舒适的工作环境和生活条件。城市舒适性对城市发展的推动作用是在经济发展到一定阶段才出现的。在城市舒适性的 3 个构成部分——自然舒适性、城市的人工舒适性和城市的社会氛围舒适性中，城市的人工设施属于内生舒适性[25]，在城市舒适性中占有很大的比重。这是因为城市本身就是一个人造实体，城市的自然属性如气候、地形等是特定的，难以改变的，我们只能在城市人工舒适性方面努力，使城市更"舒适"。

四是经济社会生态化，强调节能减排、循环经济、绿色生产，全民参与城市生态环境建设。

经济在城市中发挥物质生产功能，是物质、能量流动的主要过程，也是对自然和生态环境威胁最大的因素，推广应用环境无害化技术和清洁生产技术，把经济发展与环境保护两者统一起来，把经济建设置于保护环境资源的基础上，促进经济发展和环境保护的关系由对抗走向协调，是生态园林城市的基本要求。

生态园林城市的建设是一项外部性十分显著的城市建设活动，需要靠政府重视。政府要依靠城市总体规划和绿地系统规划，保证城市绿地生态系统建设和其他城市基础设施建设。同时，也要加强宣传，提高全体市民的绿化意识和生态意识，制订合理的政策措施，发挥市场经济的杠杆作用，推动所有的单位、小区、居民、街道等都做到"见缝插绿"，争创园林绿化达标单位、园林式单位和居住区等。

四、生态园林城市的指标体系

"生态园林城市"作为一个发展目标，应当具有一定的衡量标准和评价指标。只有这样，"生态园林城市"才能由一个概念成为一种比较明确的目标。

（一）生态园林城市指标的理论研究

生态园林城市是由政府部门首先提出并推进的，因此，相关指标体系的研究主要集中在对国家标准的解析上，从理论出发的研究报告较少。

王亚军比较研究了《国家生态园林城市标准（暂行）》2004 版与国家生态市、国家园林城市标准，认为生态园林城市的衡量标准应从自然生态标准、社会与文化生态标准、经济生态标准三个大的方面进行。其中，自然生态标准就是对生态园林城市自然环境方面的要求。包括应用生态学与系统学原理来规划建设城市；城市与区域协调发展，有良好的市域生态环境，形成了完整的城市绿地系统；模范执行有关城市规划、生态环境保护法律法规，持续改善生态环境和生活环境；人与其他生物友好共生，城市生态系统可以持续健康运转。社会与文化生态标准包括城市人文景观和自然景观和谐融通，继承城市传统文化，保持城市原有的历史风貌，保护历史文化和自然遗产，保持地形地貌、河流水系自然形态，具有独特的城市人文、自然景观；城市各项基础设施完善；具有良好的城市生活环境；社会各界和普通市民能够积极参与涉及公共利益政策和措施的制定和实施。经济生态标准包括具有合理的产业结构并实现产业的生态化；保护并高效利用一切自然资源与能源，建设生态社区，大力发展循环经济，实现清洁生产和文明消费，特别是要发展回收和重复利用水资源的系统等 [26]。

徐雁南根据城市环境评价指标体系的一般构建原则，首先初拟出生态园林城市的城市生态环境指标、城市生活环境指标、城市基础设施指标 3 个大类 72 项指标，然后用频度分析法以及专家咨询，经主成分分析、聚类分析筛选比较后，得到 3 大类 25 个指标组成的生态园林城市评价指标体系 [27]。

荣冰凌等对城市绿色空间综合评价指标体系进行了研究，提出了包括基本数量特征、景观格局、社会管理因素和生态功能等 4 个 II 级指标以及 16 个 III 级指标。其中，基本数量特征包括建成区绿地率、城市森林覆盖率、建成区屋顶绿化率、人均绿地面积、生物丰富度、乡土树种比例 6 个指标，景观格局包括绿地斑块破碎率、聚集度、连接度、景观可达性 4 个指标，社会管理因素包括绿地保护水平、公众参与度、居民满意度 3 个指标，生态功能包括空气质量、热岛效应强度、噪声达标区覆盖率 3 个指标 [28]。

（二）国家生态园林城市标准的演变

国家最早的生态园林城市国家标准为建设部 2004 年发布的《国家生态园林城

市标准（暂行）(建城〔2004〕98号）》。该标准要求"申报城市必须是已获得'国家园林城市'称号的城市"，亦即在首先满足国家园林城市标准的基础上，提高了公共绿地、绿地率、绿化覆盖率3大园林绿化指标要求，增加了"综合物种指数"、"本地植物指数"等一些反映生物多样性的指标，形成《国家生态园林城市标准（暂行)》的城市生态环境指标部分。此外，在城市生活环境指标部分，除了对大气污染，地表水环境和水质有更进一步要求外，还提出了环境噪声达标区覆盖率和公众对城市生态环境的满意度方面的要求，以体现生态园林城市"以人为本，环境优先"的原则。在城市基础设施指标部分，提出了再生水利用率、主次干道平均车速、城市基础设施系统完好率等指标，以反映生态园林城市对城市生活的经济、高效以及公民素质方面的要求。

该标准经过深圳（首批）、南京（第二批）等众多城市的创建实践，至2010年，住房和城乡建设部发布《国家园林城市申报与评审办法》、《国家园林城市标准》（建城〔2010〕125号），从综合管理、绿地建设、建设管控、生态环境、节能减排、市政设施、人成环境、社会保障8个方面，提出了74项指标要求，规定"城市园林绿化等级评价达到Ⅰ级，且获得国家园林城市命名不少于3年的城市可申报国家生态园林城市。"标准将74项评价指标划分基本项和提升项。国家园林城市需满足基本项，包括8个方面64个指标。国家生态园林城市需满足基本项和提升项，即8个方面74个指标，其中一票否决项指标7个。

2012年11月，住房和城乡建设部印发了新的《生态园林城市申报与定级评审办法和分级考核标准》（建城〔2012〕170号），对《国家园林城市申报与评审办法》《国家园林城市标准》（建城〔2010〕125号，2010年8月9日发布）进行了较大幅度的修改。一是将国家生态园林城市划分为一、二、三星级三个等次。因此，考核指标体系相应更改为基础指标、分级考核指标2个部分，指标数由原74项增加到90项。一票否决项内容未变。新增加的23项考核指标，主要集中在城市自然生态保护、生态环境、市政设施、节能减排、社会保障、人居环境和节约型园林绿化方面。调高了一批考核指标要求，主要集中在苗木生产、生物多样性保护和城市容貌、城市环境卫生方面。调低的2项考核指标为城市热岛效应强度和地表水Ⅳ类及以上水体比率。

现行 2012 版国家生态园林城市标准评价项目不仅囊括了城市园林绿化、生态环境的各个方面，还对城市经济社会生态化提出了很高的要求，较好地全面体现了环境福利全民共享的理念。各项指标及要求详见表 1-4、表 1-5。

国家生态园林城市基础指标体系及要求（2012 版）　　　　　　　　　　表 1-4

类型	序号	基础指标	数值指标
综合管理	1	城市园林绿化管理机构	
	2	城市园林绿化建设维护专项资金	
	3	城市园林绿化科研	
	4	《城市绿地系统规划》编制	
	5	城市绿线管理	
	6	城市蓝线管理	
	7	城市园林绿化制度建设	
	8	城市园林绿化管理信息技术应用	
	9	公众对城市园林绿化的满意率	≥ 90%
绿地建设	1	建成区绿化覆盖率	≥ 40%
	2	建成区绿地率	≥ 35%
	3	建成区绿化覆盖面积中乔、灌木所占比率	≥ 70%
	4	城市各城区绿地率最低值	≥ 25%
	5	城市各城区人均公园绿地面积最低值	≥ 5.00m²/人
	6	万人拥有综合公园指数	≥ 0.07
	7	城市道路绿化普及率	100%
	8	城市新建、改建居住区绿地达标率	100%
	9	城市公共设施绿地达标率	≥ 95%
	10	苗木生产	
	11	城市防护绿地实施率	≥ 90%
	12	城市道路绿地达标率	≥ 80%
	13	大于 40hm² 的植物园数量	≥ 1
	14	林荫停车场推广率	≥ 60%
	15	河道绿化普及率	≥ 80%
	16	受损弃置地生态与景观恢复率	≥ 80%

续表

类型	序号	基础指标	数值指标
建设管控	1	城市园林绿化综合评价值	≥ 9.00
	2	城市道路绿化评价值	≥ 9.00
	3	公园管理规范化率	≥ 95%
	4	古树名木保护率	100%
	5	节约型绿地建设率	≥ 80%
	6	立体绿化推广	
	7	城市"其他绿地"控制	
	8	生物防治推广率	≥ 50%
	9	公园绿地应急避险场所实施率	≥ 70%
	10	水体岸线自然化率	≥ 80%
	11	城市历史风貌保护	
	12	风景名胜区、文化与自然遗产保护与管理	
生态环境	1	年空气污染指数小于或等于 100 的天数	≥ 300 天
	2	区域环境噪声平均值	≤ 54.00dB(A)
	3	本地木本植物指数	≥ 0.90
	4	城市湿地资源保护	
	5	城市自然生态保护	
	6	生物多样性保护	
节能减排	1	单位 GDP 工业固体废物排放量	≤ 25kg/ 万元
	2	城市工业废水排放达标率	≥ 80%
	3	城市再生水利用率	≥ 30%
	4	新建建筑执行节能强制性标准的比例	100%
	5	可再生能源建筑应用规划实施	
	6	建成区人口密度	≥ 1 万人 /km²
市政设施	1	城市容貌评价值	≥ 9.00
	2	城市管网水检验项目合格率	100%
	3	城市污水处理率	≥ 90%
	4	水环境质量达标率	100%
	5	城市生活垃圾无害化处理率	100%
	6	城市道路完好率	≥ 98%
	7	城市主干道平峰期平均车速	≥ 40.00km/h
	8	城市排水	
	9	城市景观照明控制	

续表

类型	序号	基础指标	数值指标
人居环境	1	社区配套设施建设	
	2	棚户区、城中村改造	
社会保障	1	保障性住房建设计划完成率	100%
	2	无障碍设施建设	
	3	社会保险基金征缴率	≥90%
	4	城市最低生活保障	

国家生态园林分级考核指标体系及要求（2012版）　　　　　　　　　　表 1-5

类型	序号	分级指标		考核要求		
				一星级	二星级	三星级
园林绿化	1	绿地系统规划实施率		≥70%	≥80%	≥90%
	2	城市人均公园绿地面积	城市人均建设用地小于 80 m^2/人	≥9.5	≥10	≥11
			城市人均建设用地 80~100 m^2/人	≥10	≥11.5	≥12.5
			城市人均建设用地大于 100 m^2/人	≥11	≥12.5	≥13.5
	3	公园绿地服务半径覆盖率		≥90%	≥95%	100%
	4	林荫路推广率		≥85%	≥90%	≥95%
	5	节约型园林绿化	①采用节水技术达到的节水率	10%	15%	20%
			②园林绿化再生水利用率	50%	60%	70%
			③道路广场透水面积比例	40%	50%	60%
	6	城市公园绿地综合评价		≥8	≥9	≥10
生态环境	1	综合物种指数		≥0.5	≥0.6	≥0.7
	2	城市热岛效应强度		≤3.5℃	≤2.5℃	≤2℃
	3	$PM_{2.5}$ 年、日均浓度达标情况		建立监测体系并及时发布	日达标天数 ≥292 天	日达标天数 ≥310 天
	4	地表水Ⅳ类及以上水体比率		≥60%	≥70%	≥80%

续表

类型	序号	分级指标		考核要求		
				一星级	二星级	三星级
市政设施	1	非常规水资源利用率		≥ 20%	≥ 25%	≥ 30%
	2	城市污水处理厂污泥资源化利用		消纳率 ≥ 20%	消纳率 ≥ 30%	消纳率 ≥ 40%
	3	城市生活垃圾无害化处理		填埋场Ⅱ级，焚烧厂A级	填埋场Ⅱ级，焚烧厂AA级	填埋场Ⅰ级，焚烧厂AAA级
	4	城市生活垃圾分类及减量化、资源化	①政策制定和宣传教育			
			②生活垃圾分类收运、处理	至少一个城区实现	实现分类收运处理系统全覆盖	
			③人均生活垃圾日产生量	1.0kg/天	0.8kg/天	0.6kg/天
	5	城市数字化管理	①数字化城管监管覆盖率	≥ 80%	≥ 90%	100%
			②数字化城市管理信息系统案件结案率	≥ 90%	≥ 95%	≥ 98%
			③地下管线管理			
	6	城市步行和自行车交通系统规划实施（实施率）		80%	90%	100%
	7	公共交通覆盖率	A类城市	≥ 60%	≥ 65%	≥ 70%
			B类城市	≥ 55%	≥ 60%	≥ 65%
			C类城市	≥ 40%	≥ 45%	≥ 50%
			D类城市	≥ 35%	≥ 40%	≥ 45%
节能减排	1	低碳经济				
	2	紧凑混合用地模式	①建成区毛容积率（%）	≥ 1.0	≥ 1.3	≥ 1.6
			②平均通勤时间	AB类 ≤ 45min CD类 ≤ 35min	AB类 ≤ 35min CD类 ≤ 25min	AB类 ≤ 25min CD类 ≤ 15min
	3	节能建筑比例	严寒及寒冷地区	≥ 50%	≥ 60%	≥ 70%
			夏热冬冷地区	≥ 45%	≥ 55%	≥ 65%
			夏热冬暖地区	≥ 40%	≥ 50%	≥ 60%
	4	可再生能源应用比例		10%	15%	20%
	5	绿色建筑比例	政府主导投资建筑	40%	60%	80%
			房地产开发项目	20%	40%	60%
	6	建筑垃圾回收利用率		70%	80%	90%
	7	城市照明节能	①城市照明功率密度值（LPD）达标率	≥ 80%	≥ 90%	100%
			②城市照明节能产品应用率	≥ 70%	≥ 80%	≥ 90%
	8	绿色出行分担率	A、B类城市	≥ 75%	≥ 80%	≥ 85%
			C、D类城市	≥ 80%	≥ 85%	≥ 90%
社会保障	1	住房保障率		≥ 85%	≥ 90%	≥ 95%

第四节　徐州市生态园林城市建设基础

徐州都市圈中心城市框架的确立、丰富的自然山水景观与生物资源、深厚的历史文化积淀，为创建人工生态与自然生态相协调，人文景观与自然景观和谐融通的生态园林城市奠定了坚实的物质基础。

一、徐州都市圈中心城市框架的确立，为建设生态园林城市提供了广阔空间

生态园林城市的生态性，不仅要求城市内部空间环境生态化，而且强调城市与区域的协调发展和对自然生态系统的保护，因此，确立合理的城市发展框架至关重要。

2002 年 2 月经国务院审查同意的《江苏省城镇体系规划（2001-2020）》和国务院 2010 年 5 月批准实施的《长江三角洲地区区域规划》，明确徐州市的定位是江苏省三大都市圈中心城市之一，淮海经济区中心城市。建设产业、交通、商贸物流、教育、医疗、文化、金融、旅游八大中心。

徐州都市圈地跨苏鲁豫皖四省，范围包括：江苏省的徐州，连云港，宿迁；安徽省的宿州，淮北市；山东省的枣庄市，济宁市的微山县；河南省永城市共 8 个地级市，面积 4.8 万 km²，人口 3188 万人。区域构成以江苏省境内为主体。空间组织：核心层以 50km 为半径，包括徐州市区和邳州、沛县、萧县三县（市）；紧密层以 100km 为半径，包括徐州市睢宁、丰县、新沂，宿迁市，永城市，安徽的宿州市和淮北市，山东的曲阜市，滕州市，枣庄市，济宁市，微山县（见图 1-9）。

徐州都市圈空间类型，分为重点城镇发展空间和绿色开敞空间两大类。

重点城镇发展空间以徐州为核心，以京福线、徐连线、徐宿线等放射状重点城镇发展空间为轴线，拓展各级中心城市和重点地区城镇的发展，形成"点轴"结合的人口、产业集聚空间。加强各级中心城市间一体化的交通运输网络建设，重视建设和完善区域性基础设施条件，加强生态环境建设，促使产业、城镇空间、

基础设施与生态环境之间协调发展，逐步发展成为高度城市化地域，成为区域城市化的主体。

近期（2001~2010年）形成以一个核心，一条轴线所构成的"点轴"空间结构。

一个核心，即以徐州为核心，拓展核心城市建设空间，增强中心城市集聚和服务功能；加速以公路为主体的交通网络化建设，促进城镇之间交通"公交化"，促使人口跨城镇等级进行流动，使核心城市率先得到发展。

一条轴线，即徐连城镇聚合轴。发展徐连线沿线连云港市、新沂市、邳州市、铜山区、东海县，加强沿线重点中心镇建设，增加就业岗位，加速农村剩余劳动力向这些城镇流动和集聚。

远期（2011 ~ 2020年）形成以一个核心、多个节点、三条轴线所构成的"单核心多节点放射状"圈域空间结构（图1-10）。

一个核心，即以徐州为核心。

三条轴线，即以沿陇海线地区、沿京福线地区、沿徐宿线地区城镇组成的都市圈发展轴。以核心城市徐州为端点，连云港为出海口，新沂、宿迁、枣庄、淮北、

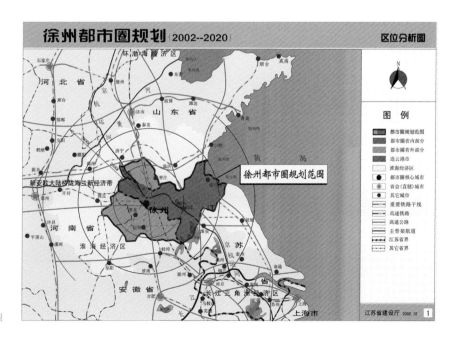

图1-9 徐州都市圈规划范围

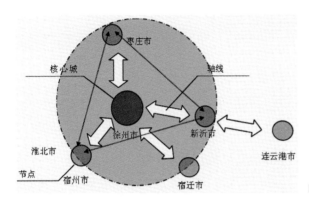

图 1—10 徐州都市圈规划概念图

宿州为重要节点，相应的三条轴线相互沟通，分别构成都市圈三个重点城镇发展空间。

绿色开敞空间，以都市圈内众多的山体、自然保护区、大型湖泊、水库、大型煤田采空区和塌陷地为基础，分隔轴向城镇发展空间，形成都市圈内的绿色开敞空间。该地域内，要利用基础设施的调控手段，引导独立、分散发展的镇、村逐步合并，置换的空间用来发展各类生态功能区，达到空间整体集约利用和区域环境保持和改善。

徐州城市的空间结构，一是以市域范围内众多的自然山体、河湖水体作为环境质量优化的重要依托，列入城乡一体绿地系统规划的重要组成部分，使之成为城市生态腹地，生态效益的重要生产区和生物的主要分布区，也是生物多样性保护的重点区域。二是以人工建造第二自然，以园林绿化作为主要手段，强化各类生态廊道和城镇建成区内各类绿地建设，构建城乡一体的绿色生态网络，形成由绿色植被（包括自然与人工建造的）与自然山水所组成的自然环境与由人工构建形成的城市人工环境协调共存，从而实现城市与自然和谐发展。

二、丰富的自然山水生物资源，为建设生态园林城市提供了良好的物质基础

生态园林城市不仅强调城市内部空间环境的生态化，城市与区域的协调发展和自然的保护，而且强调城市人文景观和自然景观的和谐融通，赋绿化以文化内涵。徐州市拥有丰富的自然生态资源和深厚的历史文脉积淀，为建设生态园林城市提

供了重要的物质基础。

（一）地貌景观——山水相济，宽舒安徐

徐州市总面积 11250 km²，其中，陆地面积占 87%，水域面积占 13%。陆地面积中，平原面积 8736.66 km²，占 89.2%，丘陵岗地 1057.8 km²，占 10.8%。丘陵海拔 100~300m，分两大群：一群分布于市域中部，以贾汪区大洞山最高，海拔为361m；另一群分布于市域东部，以新沂市马陵山最高，海拔为 122.9m。

《尔雅·注疏》李巡曰："淮、海间其气宽舒，禀性安徐，故曰徐。徐，舒也。"徐州市自然地貌景观类型丰富，平原、山丘和湿地兼备，并构成了显著的地形地貌特征：有山不险，有水不满，特别是徐州市区，依山带水，岗岭四合，山包城，城环山，比有山的城市多水，比有水的城市多山，云龙山—泉山、珠山—大横山、拖龙山、子房山—大山、九里山—琵琶山等山系如青龙伏地，丁万河、荆马河、徐运新河、故黄河、玉带河、楚河、奎河、房亭河等大河似水袖长舞，云龙湖、大龙湖、九龙湖、九里湖、楚园、金龙湖、潘安湖等湖泊若明珠落地。丰富的山水资源，构建了极富特色的山水城市骨架和优美宜人的城市形态。（图1-11～图1-18）

1. 地质地貌

徐州市地处华北平原东南部，中国东部新华夏系第二个隆起带的西侧，与秦岭-昆仑纬向构造的交汇部位。大地构造上属于华北断块区的南部，鲁南低山丘陵—剥蚀残丘与黄淮冲积平原过渡带。在侏罗纪和白垩纪的燕山运动影响下，产生了一系列北东到南西向的坳褶带，加之河川运动等，形成了黄泛冲积平原，低山剥蚀平原，沂沭河洪冲 3 个地貌区。由地垒式中等切割的丘陵和残丘，耸立于群丘之上的低山以及沿丘陵和残丘外侧广泛分布的微波起伏的岗地，或具有薄层堆积物覆盖的剥蚀平原构成本区的主要地貌景观，有 2 个最显著的特点：(1) 地貌结构呈现阶梯状，由具有准平原面的低山丘陵到波状的岗丘、洼地或剥蚀平原构成两级地形面。这种层状的地形结构系新生代以来，不同构造运动阶段中以断裂和断块活动为主的内力地质作用和以流水侵蚀作用为主的外力地质作用的产物；(2) 由于构成山丘的岩性、构造以及发育历史过程的不同，本区地貌在东西方向上具有明显的差异性。大致以今之沂、沭河为界，自东向西可分为 2 个不同的地貌景观带：沭河以西至沂河以东沂沭断裂带发育的以红色砂页岩为主的缓丘、岗地带，沂河以西徐淮拗褶带发育的

图 1—11 大洞山景观风貌：九顶莲花岗峦合

图 1—12 .云龙山湖景观风貌：青龙碧波呈瑞祥

图 1-13　泉山景观风貌：丘陵叠
秀尽丰盈

图 1-14　九里山景观风貌：横看
成岭侧成峰

图 1-15 马陵山景观风貌：双岭
逶迤一江山

图 1-16 骆马湖景观风貌：野趣
柔情况芬芳

图 1-17 微山湖景观风貌：镜湖
菡萏无穷碧

图 1-18 黄草山景观风貌：山水
相济气宽舒

以石灰岩为主的残丘、剥蚀平原带 [29]。

2. 河湖水系

徐州市位于古淮河的支流沂、沭、泗诸水的下游，以黄河故道为分水岭，形成北部的沂、沭、泗流域，中部黄河故道地区和南部的濉河、安河流域。境内有主要河道 58 条，湖泊 3 个，大型水库 2 座和中型水库 5 座，小型水库 84 座及分布于 20 个镇的采煤塌陷区，水域平水总面积 98807.65hm²，分属中部的故黄河水系、北部的沂沭泗水系和南部的濉安河水系 3 个水系。

故黄河水系为历史上黄河侵泗、夺淮，形成了河底高出两侧地面 4~6m 的悬河，成为徐州境内天然分水界限。目前河底宽度 30 ~ 100m，长 196km，流域面积 885km²。流域内有崔贺庄水库（吕梁湖）、水口水库等一批大、中、小型水库，沿线分布有郑集河、丁万河、白马河等。

沂沭泗水系位于故黄河以北，流域面积 8479 km²。流域内主要骨干河流有沂河、沭河、中运河及邳苍分洪道，并有南四湖、骆马湖两座湖泊调蓄洪水。

濉安河水系位于故黄河以南，流域面积 2020km²。分为安河和濉河，均直接排入洪泽湖。主要支流有龙河、潼河、徐沙河、闸河、奎河、灌沟河、琅河、阎河、看溪河、运料河等。

（二）生物资源——南北交汇，繁复多彩

1. 植物资源

徐州市处于南暖温带季风气候区，四季分明，光照充足，雨量适中，雨热同期，为众多植物的定居提供了有利条件。据史料记载，在历史上曾有大面积的自然森林植被。从这一带全新世早期的孢粉分析来看，森林植被的组成成分主

要以栎属 (*Quercus*) 为主，并有榆属 (*Ulmus*)、朴属 (*Celtis*)、椴属 (*Tilia*)、槭属 (*Acer*)、柿属 (*Diospyros*)、柳属 (*Salix*) 等多种落叶树种混生[30]。直到周代，这里仍保存着大面积的自然森林植被。西周的一部重要著作《贡禹》记载徐州的植被曰："草木渐色"，描述当时徐州一带是一片草木丛集，覆盖大地的繁茂景象。进入封建社会以后，本地区战火频繁，加上黄河夺泗侵淮等重大自然灾害破坏，地带性森林植被现今已几乎不复存在。新中国成立以来，徐州地区大规模的绿化工作已获得巨大成功，植物资源迅速增加，众多植物成功定居，区系成分复杂。据调查，种子植物以温带分布类型为主体，共182属，占国产温带分布属的15.37%。温带分布类型不仅所含的种数最多，而且这些种类还是本地自然植被的重要组成成分。如松属（*Pinus*）、榆属、栎属、槭属、栗属（*Castanea*）、杨属（*Populus*）、柳属、椴属（*Tilia*）等北温带分布属中的许多种类都是本地落叶阔叶林的重要建群种或伴生种，它们对构成徐州森林植物外貌起着决定性作用。此外，东亚成分及东亚—北美成分也比较显著，共有30属，木本属有4属，侧柏属（*Platycladus*）、栾树属（*Koelreuteria*）、枫杨属（*Pterocarya*）是本区落叶阔叶林或沟谷杂木林的主要建群种。本地含有较多的与日本、北美共有的种属，但多为草本植物，说明本地植物区系与北美、日本区系曾有过较为密切的联系。热带成分也有分布，占全国所有属的7.02%。如朴属（*Celtis*）、黄檀属（*Dalbergia*）、合欢属（*Albizzia*）、柿属、木防己属（*Cocculus*）、菝葜属（*Smilax*）、算盘子属（*Glochidion*）、扁担杆属（*Grewia*）等属的许多种类都是本地自然植被中较为显著的泛热带成分。牡荆（*Vitex negundo*）、酸枣（*Zizypus spinodus*）、白茅（*Imperata cylindrica*）、黄背草（*Themeda triandra*）等泛热带成分还是本地灌草丛的重要建群种类。这些热带起源植物的存在，反映了本地植物区系与我国南方区系的密切关系。同时也反映了本地现代植物区系与第三纪古热带区系有着一定的历史渊源。相邻地区植物区系成分的相互渗透和过渡是一种普遍的现象，然而这一过渡现象在徐州地区表现得更为明显。这是因为本地处于广阔的江淮平原和华北平原之间，周围地区缺乏重大的地理屏障所致[31]。

2. 鸟类资源

徐州地区位于华北平原南部，属于暖温带，动物地理上为古北界华北区。由于地处南北气候过渡带，且东近黄海，地势低平，无地理屏障阻隔，动物中能够称为本区特有的种类很少，动物区系是南北方的混杂，境内留鸟和候鸟的种类与数量相差不大。但夏候鸟比例大于冬候鸟，鸟类区系组成具有古北界趋强的特点。

境内鸟类明显集中于河流、湖泊水域及沿岸低湿地和山丘有林地两类地域，以沿湖林地广阔的地带最为丰富。其生态类群，以雀形目、鹳形目、雁形科、鹤形目、鸥形目等为湿地主要组成鸟类。湿地周边生境中，以雀形目鸟类为主要组成鸟类，其他鸟类广泛分布于湿地及其周边生境（翠鸟、鱼狗等鸟类因食鱼特点而与水区更为接近）。其原因一方面可能受巢区的影响，另一方面可能受食物或人类活动的影响。根据栖息环境，主要分为以下三个生态类群：

1）水域鸟类：主要是游禽，大多数涉禽以及在苇丛营巢的雀形目鸟类和其他食鱼鸟类；

2）森林灌丛鸟类：主要是夜鹰目、鸽形目和大多数雀形目、鸳形目鸟类；

3）田园鸟类：以农区和居民区为主要栖息环境的鸟类。

三、深厚的历史文化积淀，为建设生态园林城市提供了丰富的文化给养

中国园林除符合植物学、生态学、建筑学等自然科学规律外，与诗词书画、历史文化遗存等有密切联系，文化性是生态园林城市必须具备的内在特征之一。生态园林城市的建设，不仅是一项生态工程，同时也是地域文化的再发现、再建设过程，即通过对历史文化遗存及其所处环境的进一步优化，在时空上纵穿城市的发展历史，体现城市发展的历史文脉并展示新时代园林文化的风采。

（一）文化的地域性与时代性

文化是观念形态。物质并不直接是文化，但可以作为文化的载体而具有文化的蕴涵 [32]。谭其骧先生曾经指出：把中国文化看成一种亘古不变且广被于全国的以儒学为核心的文化，而忽视了中国文化既有时代差异，又有其地区差异，这对于深刻理解中国文化当然极为不利 [33]。

1. 文化的地域性

所谓文化的地域性，即"地域文化"，指一定区域空间范围内特有的，最有特

色的,而不是普遍现象的文化现象,这一文化现象和周围的其他区域有着明显的差异。地域文化由众多的文化因子构成,一种地域文化的形成需要较长的年代,也有很长的延续性,主要集中反映在方言、饮食、民风民俗、民间信仰、民居5个方面[34]:

方言。不同的方言会造成不同的文化心态,而同一方言又是同一区域人群交往的媒介,是地域文化中最富有特色的因素,成为区别不同文化区的重要标准。

饮食。主要是指民间的日常饮食。

民风民俗、节庆、婚丧礼俗。维持一种风俗或礼仪需要物质条件和经济实力,平时往往难以保持,但每逢婚丧喜事或节庆,就会不惜工本,即使下层贫民也会尽力而为,因而最能显示地方特色。

民间信仰。汉族人的宗教观念相当淡薄,而民间信仰非常强烈。民间崇拜的对象一般与当地的利益有密切关系,因而长盛不衰。

民居。官房建筑、公共建筑、祭祀性建筑有一定的规格,可以不惜工本,但民居既要适合当地环境,又能为平民所接受,因而必定是有强烈的地方性。

2. 文化的时代性

任何文化都属于一定的时代。文化的时代性包括文化的存在是时代性的、文化的创造是时代性的、文化的传承和淘汰是时代性的,时代性文化具有可比性。

文化的存在是时代性的:任何一种文化形态或文化模式、文化内容,都存在于具体的时代之中;每个时代都有自己的文化要求和文化特色,即所谓时尚。

文化的创造是时代性的:所有的文化都是在具体的时代被创造出来的;每一个时代都在不断创造着各种文化形态和文化内容,使得人类文化不断积累、保存日益丰富。

文化的传承和淘汰是时代性的:在人类发展过程中,文化的传承和淘汰不断在重复,由此形成了文化的竞争,推动人类文化向前发展。传承与淘汰的同时进行,使文化具有了鲜明的时代特征。

时代性文化具有可比性:一种文化形态或文化内容(尤其是物化的),都因其特定的时代而具有与其他文化形态或文化内容的可比性。

(二)徐州地域文化——楚风汉韵——探微

江苏最古老的城市,不是六朝古都南京,也不是吴文化发源地的苏州,更不是"广陵大镇、富甲天下"的扬州，而是人们印象中醇厚朴实的徐州[35]。

1. 徐州历史回眸

徐州这个名字是承袭古九州的。文化的地域性和时代性，要求在研究徐州历史文化的演变过程中，有必要首先厘清现在的徐州（及辖区内各县、市）与古代徐州的关系和变迁。

史学研究证实，早在夏之时，包括现今徐州地区在内的广大东方，已经存在一个强盛的古老方国——徐国。夏禹治水时，把全国疆域分为九州，徐州位列其中之一。罗其湘先生在《徐福故国——徐国》中指出：《尚书·禹贡》"海岱及淮惟徐州"中的徐州之名，就是导源于徐国的。丁山先生《禹贡·九州通考》也说"徐州得名于徐方（徐方即徐国）。"所辖区域最大时，北达山东南部，南到长江以北，西至济水，东临大海，比现在的淮海经济区还要大一些。《尚书·禹贡》还将天下九州分为九等，徐州土质上中，名列第二；贡赋中中，属第五等。古徐国历经夏、商、周 3 代，直到南邻强楚伐徐[1]，前后 44 代国君、1600 多年的存在和绵延，形成了延续至今的中华文化中核心价值观——"礼"、"乐"文化：《韩非子·五蠹》中记载："（偃王）行仁义，制地而朝者三十有六国。"《淮南子·人间训》中记载："昔徐偃王好行仁义。"《后汉书·东夷列传》中记载："偃王处潢池之东，地方五百里，行仁义，陆地而朝者三十有六国。"这些史书记载说明，远早于孔子之前，古徐国就已建立了具有极强影响力的"仁义文化"。古徐国是与夏、商、周相当的，甚至有时国力还要强些的一个古方国，其国都也在被"正统史书"长期称为"东夷"、"淮夷"、"徐国"、"舒地"、"海岱及淮"的东方地区不断迁移，有考证的主要有山东郯城[2]、泗洪县徐城[3]、邳州梁王城（良王城）[4]。

在"禹分天下为九州"时古徐州之地中，今徐州市区西部，是大彭氏国——尧帝发现了一位养生学大学问家篯铿，并把他封在现今徐州市区西部地区，建立了"大彭氏国"，直到殷武丁即位后，"大彭、豕韦为商所灭矣（《国语·郑语》）"，大彭氏国立国八百余年。战国时，彭城属宋，后归楚。楚汉时，西楚霸王项羽建都彭城。

到东周时，今徐州市区东部又产生了另一个古方国——吕国。《新唐书·宰相世系表》载：炎帝裔孙伯夷"夏代佐禹治水有功，赐氏曰吕，封为吕侯。"至

① "强楚伐徐"有多种说法：《后汉书·东夷列传》载"后徐夷僭越，乃率九夷以伐宗周，西至河……穆王后得骥骤之乘，乃使造父御以告楚，令伐徐，一日而至。（偃王）仁而无权，不忍斗其人，故致于败。"《韩非子·五蠹》载"徐偃王处汉东，地方五百里，行仁义，割地而朝者三十有六国。楚文王恐其害己也，举兵伐徐，遂灭之。"《淮南子·人间训》载"昔徐偃王好行仁义，陆地而朝者三十二国。王孙厉谓楚庄王曰：王不伐徐，必反朝徐……楚王曰：善。乃举兵而伐徐，遂灭之。"周穆王在位时间是公元前976~前922年，楚文王在位时间是公元前689年~前675年，二人相差二百余年；楚庄王在位时间是公元前613年~前591年，也与楚文王相差六、七十年。其中矛盾，徐旭升先生在《中国古史的传说时代》（文物出版社，1985）中提出："徐偃王在春秋中叶以后或者已经成了徐国的代表人物……离偃王时忆经遥远，讹误比较容易。"顾颉刚先生在《徐和淮夷的迁留》（文史，第三十二辑.中华书局，1990）中也提出："徐偃王不是一个具体的人，而只是他们国族的一个徽帜。"

② 据研究，徐国最初封国时，应在山东泰山东北以南到郯城一带。山东郯城的汉舒村有徐国第五代国君徐豹墓，2001年10月，郯城县政府定为县级文物保护单位。

③ 泗洪县境内太平乡有个香城村，"城"即指徐偃王所筑之城，香城是因城里传说有座徐偃王妃子的粉妆楼而得名。

④ 邳州梁王城（含九女墩、鹅鸭城等遗址），可以确定为规模最大、时间最久的古徐国后期都城。连续三次发掘共发现灰坑122座，墓葬22座，房址11座，出土文物一千余件。

西周初，南阳吕国被楚国灭亡后，楚王将其遗族一支迁至今河南新蔡县西南建立一个小国（史称东吕），春秋初被宋国所灭，吕人又东迁至今徐州市区东南。《读史方舆纪要》（清·顾祖禹辑著）卷二十九载："吕城。（徐）州东五十里。春秋时宋邑。"《列子·黄帝》和《庄子·达生》都分别记载了孔子当年率弟子周游列国时，观吕梁洪的故事。

可见，"禹分天下为九州"时的徐州，是一个大行政区划概念，这一时期的"大彭国"只是古徐州区划内的一个方国，彭城与徐州的概念还不等同。至东汉建安五年（公元198年）徐州刺史部迁到彭城，从此，彭城与徐州才形成合一的地名概念。

2. 徐州地域文化的主体与融合

由古代徐州的历史变迁中可以看到，徐州的地域文化，是由两个来源清晰的文化主体相互碰撞、相互融合而来。这两个文化主体，一个是当地"徐人"自我创造的文化——不仅仅是史书记载，从已经出土的"徐子余鼎"、"沉儿钟"、"徐王鼎"、"徐王义梵"、"徐偃侯旨铭"、"徐伯鬲"、"青铜编钟"、"石编磬"等许多"徐器"和已被发现的几十个徐文化遗址，都有力地说明了古徐国文明的存在和绵延。另一个是由篯铿、吕人及后来的楚人（华夏族南迁的一支）东迁带来的中原（黄河）文化。特别是篯铿的到来，将先进的黄河农耕文明带到"东夷"，带领民众筑城、掘井、治理洪水、发展生产。教导民众锻炼身体、增强体质。创新烹调术，将人类炊食由熟食推向味食，完成了人类饮食文化的一次飞跃。篯铿建立大彭氏国的贡献，被尊称为彭祖。彭祖在历史上影响很大：孔子对他推崇备至，庄子、荀子、吕不韦等先秦思想家都有关于彭祖的言论，道家更把彭祖奉为先驱和奠基人之一，许多道家典籍保存着彭祖养生遗论，彭祖养生、餐饮文化等一直流传至今。

郭沫若先生在《历史人物》中指出："中国的真实文化起于殷商，殷商灭亡之后分为两大支：一支在殷人手下向北发展，一支在徐楚人手下向南发展……徐人的文明并不比周人初起的文明落后。徐是与夏、商、周并存的古国，具有相当的经济基础，文化十分先进。吴越人的汉化一定受到徐楚人的影响，徐楚人和殷人的直系宗人是传播殷文化向中国南部发展的"。

而自秦以后，徐州因其位据南北（西）漕运枢纽和历史上三大古都群的中心的地位，军事、政治地位更加重要，始终是一方政权统治中心、军事指挥中心、区域经济中心和文化传播中心，地理上"东襟淮海，西接中原，南屏江淮，北扼齐鲁"，文化上据南向北，倚东朝西，北方黄河文化（齐鲁文化）与南方长江文化（荆楚文化、吴越文化）在此得到更进一步高强度的碰撞、融合。以集地域文化精髓之大成的今徐州地方戏徐州梆子和柳琴戏为例：

徐州梆子因以枣木梆子为击节乐器，曲调的快慢节奏由一副鼓板和梆子来指挥而得名，将文学、音乐、舞蹈与技艺融于一体。表演以虚拟为主，虚实结合，强调感情真实，节奏强烈，程式上规范严谨，技巧性高，具有淳厚、朴素、明朗。梆子戏的音乐属板式变化体，以慢板、流水、二八、非板四大板为主，声腔主要由陕西、山西梆子衍化而来，在调式、旋律节奏以及语言音韵和演唱风格上，都体现了徐州方言介于中州语系与吴越语系之间，既有中原音韵的厚重，又有吴越音韵的轻柔之独特风格，具有鲜明的地方特色。

柳琴戏，广泛分布在以徐州为中心的江苏、山东、安徽、河南四省接壤地区，经国务院批准，2006 年 5 月 20 日，列入第一批国家级非物质文化遗产名录。柳琴戏的音乐唱腔非常别致，男唱腔粗犷、爽朗、嘹亮，女唱腔婉转悠扬、丰富多彩、余味无穷。演唱者可以随心所欲地发挥、创造，自由地变化。柳琴戏的唱腔以徵调式与宫调式为主，徵调式温和缠绵，宫调式明快刚劲。柳琴戏的表演粗犷朴实，节奏明快，乡土气息浓厚，身段、步法多具有民间歌舞的特点。

元萨都剌《木兰花慢·彭城怀古》"古徐州形胜，消磨尽几英雄。想铁甲重瞳，乌骓汗血，玉帐连空，楚歌八千兵散，料梦魂应不到江东。空有黄河如带，乱山回合云龙。汉家陵阙起秋风，禾黍满关中。更戏马台荒，画眉人远，燕子楼空。人生百年如寄，且开怀，一饮尽千钟。回首荒城斜日，倚栏目送飞鸿。"这首赴任途中在徐州逗留时留下的感怀，看似苍凉，实则振奋昂扬、壮怀激烈，具有博大雄阔的气势，传神地反映了徐州人的人格魅力。这魅力的根基，既在于徐州山水的雄浑舒广，更在于文化积淀的悠久深厚。

及至现代，风雅沿袭，徐州人进一步发展了仁义为核心的有情有义、诚实诚信、开放开明的品德和既博大雄阔、振奋昂扬兼具内敛坚韧、雅致温婉的品性，楚风汉韵的地域文化风格——所谓楚风，当为长江文化的风骨：灵秀、温婉、清奇、华丽；

所谓汉韵，当为黄河文化的韵致：雄浑、庄严、厚重、质朴。

3. 徐州地域文化物质遗存

徐州这块见证了英雄辈出的土地，虽然历经沧桑巨变的雄奇历程，仍然遗留了大量璀璨夺目的优秀文化遗存。全市已调查发现各类文物古迹 400 余处。彭祖宅、彭祖墓、彭祖井和重修的彭园、彭祖祠等构成了独具特色的彭祖文化景观。戏马台、歌风台、拔剑泉、子房祠演绎出气势恢宏、动人心魄的历史画卷，世代流传。汉墓、汉兵马俑、汉画像石"汉代三绝"集中展现了汉代工匠的高超智慧和精湛技艺，极具艺术欣赏和考古价值。地下城遗址、护河石堤遗址、汉代采石场遗址以及一批明清时期历史风貌和建筑特色的古民居、古街巷如翟家大院、余家大院、崔焘故居等古院落以及淮海战役烈士纪念塔、民主路历史文化街区等一批历史文化景区，使古代文明与现代化交相辉映，既体现了城市文化底蕴，又洋溢着现代文明色彩。

徐州现存历史特征比较突出的共有 13 个历史文化片区。其中，户部山历史文化片区、云龙山历史文化片区、回龙窝历史文化片区分布着大量的历史文化遗存，蕴含着丰富的历史文化信息，应保留其传统的街巷格局和尺度关系，通过空间重塑以恢复历史的原真性。九里山历史文化片区、淮塔历史文化片区应突出战争文化的主题。楚王山历史文化片区、狮子山历史文化片区、驮篮山历史文化片区、北洞山历史文化片区、龟山历史文化片区、东洞山历史文化片区、南洞山历史文化片区、卧牛山历史文化片区保留其楚汉文化的特色（图 1-19 ～图 1-26）。

图 1-19 九里山古战场

图 1-20 戏马台

图 1-21 龟山汉墓

图1—22 狮子山汉兵马俑

图1—23 汉画像石

图1—24 饮鹤泉与放鹤亭

图 1—25 崔家大院

图 1—26 李可染故居

>>

城市整体空间环境的生态园林化，是生态园林城市外在物质表现。首先表现在生态性，要求人工生态与自然生态相协调，构筑全域性、整体网络化、生物多样性的生态系统；其次是"园林性"，要求人文景观与自然景观和谐融通，形成独特的城市自然、人文景观。

第一节　城市发展回顾与定位

城市发展定位，是指在一定的空间范围内和特定的宏观背景下，以城市基本条件（包括自然、经济、社会各个方面）为基础，动态、宏观地把握城市的未来发展方向，明确其在一定区域中的性质、地位和作用。城市发展定位规定了城市发展个性、特点和方向，对城市空间结构与功能布局具有重大影响。

一、徐州城市空间发展回顾

今徐州市区所在地的筑城史，最早可溯及尧封篯铿（约公元前 2250~ 约公元前 2105 年）所建的大彭氏国。至两汉时期，作为 13 代楚王与 5 代彭城王的都城，仍是中国东部区域性政治中心。晋隋以后，虽废国为郡（州、府），但由于东晋桓温疏通济水，境内汴泗两河成为沟通淮河水系与中原黄河水系的重要通道，隋炀帝征民工开挖通济渠，引黄水经徐州入泗水达淮水，及至元代开凿通惠河、济州河和会通河，将大运河的东西走向改为南北走向，形成了北起北京，南抵杭州的京杭大运河，徐州作为运河漕运之要冲，在全国的地位遂更加重要，有"五省通衢"之称。

徐州现存的古城遗址是清朝嘉庆年间所建，主要集中在故黄河以南、建国路以北、民主路以西、西安路以东这一区域。自 20 世纪初兴建陇海铁路和津浦铁路在徐州交会，徐州作为民国时期国家重点建设的八大城市之一，城市跨越故黄河向东，同时沿铁路线两侧扩展，到新中国成立时，徐州城市建成区用地 12km²，人口 29.9 万人 [36]。

新中国成立后，徐州先后于 1954 年、1956 年、1957 年、1960 年等做过多次城市规划或研究，并在国家投资推动下，在城北集中建设了工业区、居住区、铁路仓储区和编组站场区，在城西形成生产办公和居住区，在城市南部建设文教区，城市呈"指状生长"。1979 年，徐州城市人口为 45.45 万人，城市建设用地面积为 40.14km²。由于这一时期强调先生产后生活，对城市规模的控制和保护环境重视不够，城市建设规划性不强，造成城市布局的失误 [36]。

党的十一届三中全会后，在城市建设贯彻"控制大城市规模，合理发展中等城市，积极建设小城镇"的方针和"严格控制市区发展规模，逐步缩小三大差别，工农结合，城乡结台，有利生产，方便生活"原则指导下，1979 年开始，对徐州市总体规划进行了重新修订。规划近期（到 1985 年）建成区 54 万人，远期（到 2000 年）建成区 65 万人，规划范围 184.46km²。1984 年，江苏省人民政府批准该规划。规划确定徐州的城市性质是以煤炭、电力为主的工业、交通枢纽和地区性商业中心城市。此后，徐州城市进入较快发展期，到 1994 年，城市建设用地面积达到 82.77km²，城市人口达到 96.0l 万人，城市规划已滞后于城市发展的实际。为此，对 1979 年编制的城市总体规划进行修编，1996 年，省人民政府批准了《徐州市城市总体规划（1996-2010）》，确立了"大徐州"的观念，突出徐州区域中心城市的整体功能，确定城市性质是国家历史文化名城，全国交通主枢纽，陇海—兰新经济带东部和淮海经济区的中心城市、商贸都会 [36]。

进入 21 世纪，《中共江苏省委、江苏省人民政府关于进一步加快苏北地区发展的意见》（苏发〔2001〕12 号）提出："着力构筑徐州都市圈，增强徐州作为苏鲁豫皖接壤地区中心城市的集聚辐射功能。"为贯彻这一决策，适应现代化大城市的建设要求，在吴良镛院士指导下完成了《徐州城市发展概念规划的研究》，对徐州的城市定位、定性、空间格局、文化环境、重大基础设施等一系列重大问题进行了分析和论证。在此基础上，2003 年启动编制《徐州市城市总体规划（2007-2020）》，并于 2007 年 11 月通过国务院批复。

《国务院关于徐州市城市总体规划（2007-2020）的批复（国函〔2007〕118 号）》规定，徐州市是陇海—兰新经济带东部的中心城市，国家历史文化名城。批复要求在《徐州市城市总体规划（2007-2020）》确定的 3126km² 城市规划区范围内，实行城乡统一规划管理；以调整、改造、挖潜为主，逐步完善中心城区功能，强化中心城区与周边城镇的经济联系。按照城乡统筹发展的要求，根据市域内不同地区的条件，有重点地发展县城和基础条件好、发展潜力大的建制镇，逐步形成布局合理、功能明确、结构完善的市域城镇体系，促进农业产业化和农村经济快速发展。

《徐州市城市总体规划（2007-2020）》规划，到2020年，主城区城市人口控制在200万人以内，城市建设用地控制在180km²以内，并确立了"双心五组团"的城市空间布局：老城区是全市的商业、金融和旅游中心区，徐州新区是徐州市的行政、商务中心区，金山桥片区是徐州市重要的经济技术开发区和主要的工业区，坝山片区是主要以居住、教育科研为主的片区。翟山片区是主要以居住、教育科研为主的片区，九里山片区是休闲旅游、居住、对外物资集散和工业的综合性片区，城东新区是以发展规模工业、轻工业、出口加工业、仓储物流和居住的综合片区。

二、城市发展定位

（一）城市功能与性质定位

根据徐州市在地区的政治、经济、文化生活中的地位和作用，城市的个性、特点和发展方向，确定城市功能与性质定位为：国家历史文化名城、淮海经济区中心城市。

国家历史文化名城——扎实推进生态园林市建设，加强历史文化保护，深度建设独具特色的两汉文化、养生文化、军事文化、山水生态资源，构筑起淮海经济区休闲旅游中心。

淮海经济区中心城市——扎实推进新型城镇化，大力提升中心城市功能，着力打造淮海经济教育、医疗、文化、金融中心；加快资源型城市转型，放大高教优势，建设智慧城市，强力推进产学研合作和创新、创业平台建设，强化工程机械为主的国际装备制造业基地、能源工业基地建设，打造淮海经济区产业中心；加强物流基地和商品集散地建设，打造淮海经济区商贸物流中心。

（二）城市特色与城市形象定位

1.城市特色定位

所谓"城市特色"，是指一座城市在内容和形式上明显区别于其他城市的个性特征。它是由特色资源（由城市特有的物质和非物质资源组成，包括自然的、历史的、经济的、文化的、有形的、无形的等各类资源）及其转化的产业群、物质形态及个性文化所组成的以资源为基础、文化为动力、产业为中轴、空间为焦点的城市发展系统。分析徐州城市"地方文脉"、自然景观和经济优势三大主要因子，并依据独特性、前瞻性、现实性的原则，定位徐州城市特色为：楚风汉韵情义高地，山水安徐游憩胜地，科技荟萃制造重地，五通汇流商贸福地。

2. 城市形象定位

城市形象是一座城市内在历史底蕴和外在特征的综合表现，是城市总体的特征和风格。城市形象既是一种客观的社会存在，又是一种主观的社会评价。一方面是城市的内在素质和文化底蕴在外部形态上的表现，另一方面又是城市内外公众对城市的现状和未来发展趋势做出的总体的、抽象的、理性的概括和评价，并且公众的看法和评价将影响城市的生存与发展。通过对徐州城市的历史和现状，未来城市发展因素的综合分析，与周边主要城市相比较，并着眼于城市的历史、现在、未来的继承和统一，确定徐州市的城市形象定位为：两汉名城，黄淮名都。

3. 产业与经济定位

1）区域综合性的现代制造业基地。发展传统制造业优势，不断延伸产业链，提升产品现代化水平，形成以装备制造、食品、能源、冶金、建材、煤盐化工产业和战略新兴产业为支撑的现代工业体系，区域性先进制造业基地和现代产业中心。

2）区域性的商贸及物流中心。进一步强化交通枢纽地位，加强物流中心建设，提升彭城广场中心商圈、高铁生态商务区核心区、新城区中央活力区等地标性商业中心的功能，开拓电子商务功能，形成辐射淮海经济区乃至全国的商贸网络。

3）区域性的科教研发中心。发展高校、科研院所领先优势，培育淮海经济区优质教育资源中心、创新型人才培养中心、科技研发转化中心和大学生创业就业中心。

4）区域信息中心。加强信息港建设，力争把徐州建设为服务周边、辐射淮海地区的信息中心。

4. 空间与规模定位

1）空间定位。淮海经济区的中心城市、徐州都市圈的核心城市、新亚欧大陆桥经济走廊重要节点城市、全国重要的交通枢纽城市。

淮海经济区地处新欧亚大陆桥的东段，徐州位于淮海经济区的地理中心，新亚欧大陆桥经济走廊重要节点城市。

徐州在淮海经济区内独一无二的交通优势，是徐州发挥区域中心城市职能，向苏北、皖北、豫东及淮海经济区内的其他地区辐射的极核区。

2）规模定位。根据《国家新型城镇化规划(2014 — 2020 年)》精神，有关城市发展模式转型[37]、城市规模收益[38]、产业结构——城市规模协同效应[39]等研究成果，徐州市城市建成区人口、面积现状和城市功能性质、产业与经济定位等，本着集约、节约城市土地资源，不断增强城市运行效益，着力打造低碳城市的总原则，徐州市主城区的规模定位宜为：城市建成区面积近期 260km^2，远期 300km^2；城区人口近期 200 万人，远期 300 万人；分别比基期（2014 年末）增长 2.8%、18.6% 和 21.1%、98.5%。

第二节　绿地生态系统规划

根据城市发展定位，以城市绿地生态系统的规划建设为先导，统筹城市空间结构的规划和建设，是构建生态园林城市的客观要求①。

一、绿地生态系统布局原则

城市绿地随着城市的发展而产生，是城市中各种因素相互作用的结果。生态园林城市建设中，如何在已有城市绿地的基础上，按城市生态系统生态学原理，优化结构布局，提高绿地系统对城市生态环境的改善作用，创造最佳的人居环境、体现城市风貌，需要遵循"六性五结合"原则。

"六性"包括多样性、系统性、前瞻性、参与性、均衡性和文化性。

多样性。遵循生态学原理，注重生物多样性、景观多样性和城市绿地系统功能多样性，充分发挥生态功能。

系统性。按照景观生态学等原则，各种类型绿地相互联结，形成稳定的城市

① 城市绿地系统作为城市空间环境生态园林化的主体因素，在传统的城市规划理论中，城市绿地系统规划是城市总体规划的一项专项规划，是城市总体规划的深化和细化。这是由于传统的城市绿地系统是在城市园林基础上发展起来，它所强调的是绿地的类型结构与绿地布局形式。城市绿地系统规划的这种从属性，使"建筑优先、绿地填空、见缝插绿"成为编制规划的实际准则，规划者只能局限于"城市总规"中已确定绿地的具体运用——绿地类型的划定、植物的运用等，并将绿地布置方式（点、线、面结合）当作绿地系统结构，不能体现绿地的功能本质与有机统一，以及建设良好的城市生态系统的目标，无法满足生态园林城市的建设需要。

绿地生态网络系统，持续地发挥生态、游憩、环保等功能。

前瞻性。城市发展中要真正的从根源上根治城市病，超前的绿地生态系统规划是关键。既实事求是面对现实，又高瞻远瞩，在城市不断发展的过程中起积极指引作用。

参与性。城市绿地系统应"以人为本"，体现居民的生活、心理需求，尽量提高绿地的可观赏性、可参与性、可介入性，使市民充分而便捷地得到绿色空间的生态服务。

均衡性。按功能目标需要，建设类型齐全、功能多样的园林绿地，各类绿地数量结构合理；公园绿地空间分布均匀，方便群众就近休憩、游览、体育锻炼。

文化性。尊重城市的地脉、史脉、人脉，弘扬城市历史文化，提升城市绿地系统的文化品质及内涵，推动城市的更新及发展。

"五结合"是城乡结合、自然与人工结合、功能与景观结合、需求与可能结合、建设与管理结合。

城乡结合。城市建成区空间的有限性，要求生态园林城市的建设必须从市域整体范围进行城乡统筹，整体考虑绿地系统结构布局，实现城市空间的优化发展，提高城市综合功能。

自然与人工结合。城市绿地系统是服务于城市居民生活的特殊生态系统，实现的是人的目的性，只能是人工的产物，而不是天然自然的自然发展，其变化不仅要遵守自然规律，而且要遵守人的活动规律和社会发展规律，具有物质形态和文化形态双重品格[40]。

功能与景观结合。关注绿地系统的结构布局形式与自然景观、地形地貌和河湖水系的协调以及与城市功能分区的关系，并与工业区布局、居住区规划、公共建筑分布、道路系统规划密切配合、协调，从整体上考虑，不能孤立进行。

需求与可能结合。城市园林绿地系统是城市经济社会发展到一定阶段的产物。因此，城市绿地系统布局与建设，必须量力而行，利用一切可利用资源，使其发挥最大的投入产出效益。

建设与管理结合。城市绿地系统作为城市中兼具生态、游览、休憩多重功能的人工生态系统，自我维持能力较低，系统的建设必须兼顾人工管护的需要。

二、城市建成区绿地空间规划

城市建成区是城市空间结构管理的核心区域。

（一）城市建成区绿地空间总量需求

现行《徐州市城市绿地系统规划（2005-2020）》是在《徐州市城市总体规划(2003-2020)》基础上编制的专项规划，城市建设规模为近期（2010年）城市人口156万人，城市建设用地151.40km²；远期（2020年）城市人口200万人，城市建设用地203.51 km²。园林绿化主要指标为近期建成区绿地率35.32%，绿化覆盖率≥40%，人均公园绿地面积11.20m²；远期建成区绿地率41.78%，绿化覆盖率≥45%，人均公园绿地面积12.92m²。

2010年经国务院批准，徐州市进行了行政区划调整，原铜山县撤县设区，纳入徐州市主城区；撤销原主城区中的九里区，将之并入泉山区和鼓楼区。徐州市城市空间和发展定位发生了重大变化。

根据《国家新型城镇化规划（2014-2020）》确定城市发展基本原则（密度较高、功能混用和公交导向的集约紧凑型开发模式成为主导，人均城市建设用地严格控制在100m²以内，建成区人口密度逐步提高）要求，住建部推进生态园林城市建设的意见，徐州市委、市政府"创建国家生态园林城市"决策和城市空间与规模定位等，经测算，徐州市生态园林城市的建成区园林绿化核心指标最低要求见表2-1。

徐州城市绿地系统规划核心指标要求　　　　　　　　　　　　　表2-1

项目		基期（2005年）	现状（2010年）	近期（2015年）	远期（2020年）
建成区面积（km²）		118	239	260	300
城市人口（万人）		131.4	151.9	200	300
绿地指标	人均公园绿地（m²/人）	7.96	14.7	11	12.5
	绿地率（%）	32.4	38.11	35	35
	绿化覆盖率（%）	36.3	41.3	40	40
	公园绿地面积（hm²）	1046	2234	2200	3750
	绿地面积（hm²）	3823	9069	9100	10500
	绿化覆盖面积（hm²）	4283	9860	10400	12000

注：2005年不含铜山部分。

由表 2-1 可见，以 2010 年为基数，随着城市人口规模的扩大，到 2020 年，城市建成区最少需要增加 2140hm² 绿化覆盖面积和 1516hm² 的公园绿地。特别是在 2015 至 2020 年间，由于城市人口密度快速提高，城市建成区增加面积中，需要将近 40% 的面积用于公园绿地建设，才能保持在国家生态园林城市标准水平之上，城市建成区绿地建设任务很大。

（二）城市建成区绿地空间的调整规划

1. 现行规划简析

现行《徐州市城市绿地系统规划（2005-2020）》，将城市建成区的绿地规划分区划为老城区、徐州新区、城东新区、九里山片区、金山桥片区、坝山片区等六个片区。其中，老城区构建以云龙湖生态绿地为核心，沿故黄河、二环西路、湖北路等两侧建设绿廊的"一心、多廊联网"结构；徐州新区构建以大龙湖水库生态绿地为核心，新区外围生态绿环和水系、路网构筑的景观、防护绿带组成的"一心、一环、多廊联网"结构；城东新区、九里山片区、金山桥片区和坝山片区构建滨河、高压走廊与道路绿廊交织呈"环网状"结构（图 2-1～图 2-3）。

该规划实施几年来，虽然达到了城市绿地总量与城市规模扩张保持同步发展的目标，但从生态园林城市对绿地系统内部结构要求看，存在以下突出问题：

一是公园总体布局不均衡。云龙山、云龙湖周边的公园绿地较集中，服务设施较完善，北部地区、东部地区、"城中村"、工业与居住混合区的公园绿地相对缺乏。

二是公园绿地类型、数量构成不够合理。公园绿地的服务类型较为单一，有一定体育设施等活动设施的专类公园分布不均。大、中型绿地斑块发展较快，但社区公园与街旁绿地比例偏低。

三是随着城市建设的进展，土地级差加大，城市内的苗木生产基地变动频繁，规划的实施率较低。

四是城市防护林体系尚未构建健全。部分工业区与居住区之间，铁路等重要的交通廊道和部分河道水系廊道两侧等尚未建起足够的防护林带。

五是附属绿地建设中，新建居住、工业园区、大中型企业和学校内部绿地率高，绿地质量好；老城区、城中村、城乡接合部居住区和小企业单位绿地率偏低，

图 2-1 2005 年徐州市城市建成区绿地遥感图

注：图中绿色画线为建成区界线

图 2-2 2005 版徐州市城市绿地系统规划图

注：图中绿色画线为规划建成区界线

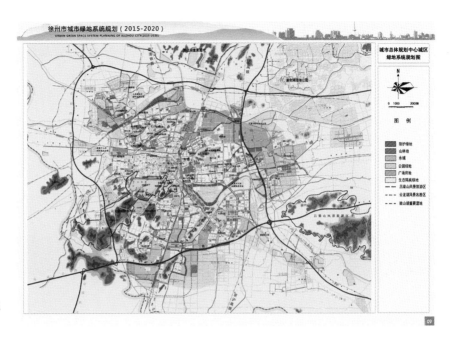

图 2-3 中心城区绿地系统规划图

小游园规模偏小，绿地质量偏低。城市新区道路绿地建设质量较好，老城区道路绿地率偏低。

六是廊道绿地密度偏低，各种绿地的连接性不强，缺乏有机联系，从而影响了城市绿地的连续性、整体性和城市生态网络的构建。

2. 布局调整

针对徐州市城市绿化现状和存在的主要问题，确定徐州市城市建成区绿地空间规划的基本对策为：

1）优化生态基底。加强城市北部、东部、西部区域的退建还山、显山露水工程，进一步做好城区"沿水、沿路"文章，打造主城区大型绿色斑块和廊道，加厚生态基底。

2）实施城市内部空间结构调整。结合棚户区、城中村改造，进行城市空间梳理，以生态园林城市标准布局和建设老城区绿化薄弱地区的公园绿地、道路绿地和居住区绿地。特别是和平路以北、三环西路以东、二环北路以南、庆丰路至金水路以西的老城区，合理增加公园绿地，建立完整城市公共游憩系统，提升综合公园的景观品质，优化人居环境。

3）增加贯通性生态廊道与绿道，并与建成区外围的大型生态斑块相衔接，使之成为生态网络的骨干，增强建成区内外生态功能空间的相互渗透性，从而增强城市绿地系统的连续性和整体性。

三、城市规划区与市域生态腹地绿地生态系统规划

（一）城市规划区绿地生态系统规划建设

城市规划区是城市建成区与市域生态腹地的过渡区，景观特质和土地利用方式上由城市型不断向农村型过渡，基本符合距离衰减效应，是空间结构灵活性最大的区域，适当超前的绿地生态系统的规划建设，对保持城市空间拓展趋势合理、生态环境趋好、城市空间结构完整性与形态合理具有重要的意义。绿地生态系统规划主要任务是保护自然山水地貌形态和发展生态资源（图2-4）。

徐州市城市规划区绿地系统结构可以概括为"两带、四楔、三环、十三廊"的结构布局模式。

两带——故黄河和京杭大运河是徐州最为主要的两条河流水系，规划特别强化两河的滨水绿地建设，形成规划区内蓝绿辉映的生态锦带。

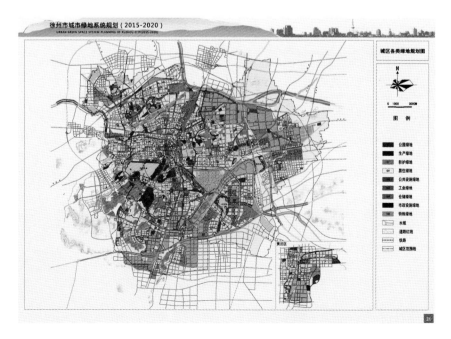

图2-4 城市规划区绿地系统规划图

　　四楔——规划区东北、西北、东南、西南四个方向呈楔入状布置着山林绿地和生态湿地，主要的生态资源有：大洞山、潘安湖湿地、大黄山湿地（森林）公园、吕梁山风景区、云龙湖风景区、泉润湿地公园、桃花源湿地公园、九里湖湿地公园以及微山湖湿地等。通过营建从规划区向主城区在东北、东南、西南、西北四个方向上的楔入式大型绿地，将外围的绿地渗透到城市中心来，为徐州市的城区提供兼具生态过渡功能与休闲游憩功能的绿色景观渗透带，同时"四楔"也构成了徐州规划区内的主要开敞空间格局。

　　三环——沿规划的外环公路、现状的环城高速公路和三环路的两侧的绿地形成了三个绿色环带，进一步强化了规划区的绿地空间结构。

　　十三廊——结合由主城区向外放射的徐韩公路、徐丰公路、徐商公路、徐萧公路、北京路、徐淮公路、徐贾公路、城东大道、徐沛快速通道、344 省道、324省道、玉带大道、中山路南延段等 13 条国道、省道以及高速公路、铁路、小型河道等构筑景观廊道，展现沿线的自然人文景观特色，加强规划区绿地系统内外之间的联系和交融。

（二）市域绿地生态系统规划建设

　　城市自身空间规模的有限性和生态安全上的耦合性[1] [41]，要求用区域理论与方法来认识与解决各类生态与环境问题，将城市生态问题建立在区域基础上加以解决才是正确的选择[42]。城市生态腹地很好地体现了生态城市概念中的区域思想，它在理论上解决了一个重要的问题，即从生态视角看，城市生态腹地是城市生态空间的有机组成部分，城市生态安全的重要依托[43]（见图 2-5）。

　　根据徐州市城乡空间结构以及自然地形、地貌，重点规划和建设"一环、四楔、四横、六纵"大型城乡一体生态系统。

　　"一环"为环城高速大型生态防护林带。

　　"四楔"指在中心城区四周，以云龙山风景名胜区（西南）、九里山绿地（北）、杨山—大山绿地（东）、拖龙山绿地（东南）构成联系城市绿地系统与外围生态绿地的重要廊道。

　　"四横"为横跨市域的微山湖—铜北山地生态公益林—贾邳山地生态公益林—邳北国家银杏博览园，义安山生态公益林—霸王山生态公益林—九里山生态风景

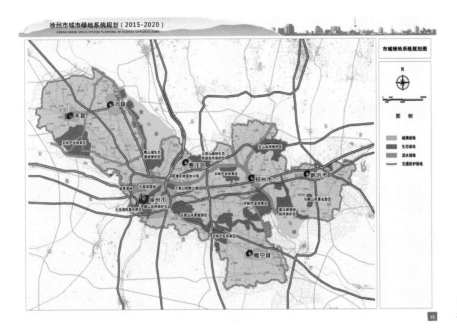

图 2-5　市域绿地系统总体结构图

林—京杭运河沿岸防护林带—骆马湖湿地，云龙湖风景名胜区生态风景林—娇山湖风景区生态风景林—拖龙山生态风景林—大龙湖风景区湿地与风景林—故黄河下游湿地—吕梁山风景区生态风景林—铜睢邳生态公益（风景）林，房亭河湿地与沿岸防护林带。

"六纵"为纵穿市域的大沙河湿地与沿岸防护林带，微山湖—铜北山地生态公益林—城北采煤塌陷区湿地—故黄河上游湿地—云龙湖风景名胜生态风景林，大洞山生态风景林—贾汪采煤塌陷区湿地—大黄山采煤塌陷区湿地—大庙山地生态风景林—故黄河下游湿地—拖龙山生态风景林—杨山头生态风景林地，邳北生态公益林—中运河湿地与沿岸防护林带—骆马湖湿地、沂河湿地与沿岸防护林带—骆马湖湿地、沭河湿地—马陵山防护林带。

市域生态腹地的核心部分，《徐州市重要生态功能保护区规划（2010-2020）》保护面积 2624.19km² （扣除重叠区域面积），占全市国土面积的 23.31%。在保护面积中，禁止开发区域面积 301.655km²，占全市国土面积的 2.68%，限制开发区域面积 2322.535km²，占全市国土面积的 20.63%（详见表 2-2~ 表 2-11）。

徐州市自然保护区 表 2-2

序号	保护区名称	位置	主导生态功能	总面积（km²）	禁止开发面积（km²）
1	泉山自然保护区	泉山区	生物多样性、自然和人文景观	2.61	1.31
2	大洞山然保护区	贾汪区	生物多样性、水源涵养	39.4	14.585
3	骆马湖然保护区	新沂市	生物多样性、湿地生态	132.7	41.1
4	艾山然保护区	邳州市	生物多样性、自然和人文景观	13.9	5
5	黄墩湖然保护区	邳州市	水生动、植物资源	28.4	15.33

徐州市风景名胜区 表 2-3

序号	保护区名称	位置	主导生态功能	总面积（km²）	禁止开发面积（km²）
1	云龙湖风景名胜区	泉山区	自然和人文景观	27.6	6.6
2	马陵山风景名胜区	新沂市	生物多样性、自然和人文景观	28.4	10.5
3	微山湖湖西湿地风景名胜区	沛县	生物多样性、湿地生态	172.4	9.3
4	屾山风景名胜区	睢宁县、邳州市	生物多样性、自然和人文景观	60.2	0

徐州市森林公园 表 2-4

序号	保护区名称	位置	主导生态功能	总面积（km²）	禁止开发面积（km²）
1	徐州环城国家森林公园	主城区	生物多样性、自然和人文景观	12.84	1.31
2	邳州国家银杏博览园	邳州北部	生物多样性、自然和人文景观	153	0
3	邳州黄草山省级森林公园	邳州南部	水土保持、自然和人文景观	13.3	13.3

徐州市重要水源涵养区 表 2-5

序号	保护区名称	位置	主导生态功能	总面积（km²）	禁止开发面积（km²）
1	小沿河水源涵养区	铜山区	水源涵养、水质保护	56.2	56.2
2	凤凰山水源涵养区	睢宁县	水源涵养	30.55	0

徐州市重要水源保护区 表 2-6

序号	保护区名称	位置	禁止开发面积（km²）	限制开发面积（km²）
1	小沿河饮用水源保护区	铜山区柳泉、柳新、茅村、利国 4 镇关联区域	19.9	81
2	骆马湖（中运河）饮用水源保护区	邳州新河、运河，新沂窑湾 3 镇关联区域	3.6	0
3	微山湖饮用水源保护区	沛县赵庙、大屯 2 个镇关联区域	7.1	8.8
4	骆马湖（新沂）饮用水源保护区	新店镇关联区域	4.52	0
5	徐洪河饮用水源保护区	睢宁梁集镇镇关联区域	2.52	0
6	七里沟地下水饮用水源保护区	铜山区铜山、三堡 2 个镇及鼓楼、云龙、泉山区关联区域	0.125	87.875
7	张集地下水饮用水源保护区	铜山区张集、徐庄、伊庄、房村 4 镇关联区域	0.22	111.78
8	丁楼地下水饮用水源保护区	铜山区拾屯，泉山区桃园、苏山，鼓楼区九里 4 办事处关联区域	0.048	38.072
9	贾汪地下水饮用水源保护区	贾汪、汴塘 2 个镇关联区域	14.596	100.304
10	丰县地下水饮用水源保护区	凤城、孙楼 2 个镇关联区域	0.048	11.652
11	沛县地下水饮用水源保护区	沛城镇关联区域	0.053	10.147
12	邳州市地下水饮用水源保护区	运河镇关联区域	0.022	2.478
13	睢宁县地下水饮用水源保护区	睢城镇关联区域	0.039	7.061
14	新沂市地下水饮用水源保护区	新安镇关联区域	0.025	6.975

徐州市调蓄洪区　　　　　　　　　　　　　　　　　　　　　　　　表 2-7

序号	保护区名称	位置	主导生态功能	总面积（km²）	禁止开发面积（km²）
1	邳苍分洪道	邳州市	洪水行洪和调蓄	68	68
2	高塘水库	新沂市	洪水调蓄、生物多样性保护	8.34	8.34
3	阿湖水库	新沂市	洪水调蓄	2.73	2.73
4	黄墩湖	邳州市、睢宁县	洪水调蓄	145.3	145.3

徐州市重要湿地保护区　　　　　　　　　　　　　　　　　　　　表 2-8

序号	保护区名称	位置	主导生态功能	总面积（km²）	禁止开发面积（km²）
1	故黄河湿地保护区	丰县、睢宁县、铜山区、泉山区	湿地生态系统维护	126.9	0
2	大沙河湿地保护区	丰县、沛县	湿地生态系统维护	35.2	0

徐州市重要生态公益林区　　　　　　　　　　　　　　　　　　　表 2-9

序号	保护区名称	位置	主导生态功能	总面积（km²）	禁止开发面积（km²）
1	岚山生态公益林	睢宁县	水源涵养、水土保持	15.3	0
2	戴庄、车辐山生态公益林	邳州市	水源涵养、水土保持	3.05	0
3	汉王生态公益林[1]	铜山区	水源涵养、水土保持	9.38	0

① 不含云龙湖风景名胜区重叠部分。

徐州市清水通道维护区　　　　　　　　　　　　　　　　　　　　表 2-10

序号	保护区名称	位置	禁止开发面积（km²）	限制开发面积（km²）
1	京杭运河市区段	铜山柳新、茅村 2 个镇，水体及两岸各 1km	1.6	18.4
2	京杭运河贾汪区段	贾汪区、铜山区 2 个镇，水体及两岸各 1km	6.6	55.4
3	京杭运河铜山区段	马坡、柳新、茅村 3 镇，水体及两岸各 1km	11.37	22.11
4	京杭运河沛县段	沛县 7 个镇，水体及两岸各 1km	11.4	74.6
5	京杭运河邳州市段	车夫山、宿羊山 2 个镇，水体及两岸各 1km	4.37	22.73
6	中运河	邳州市戴庄、邳城、赵墩、戴圩、运河、新河 6 镇，河口线外 1km	18.92	71.18
7	徐洪河	睢宁县、邳州市 8 镇，河道中心线两侧各 250m	2.52	29.48
8	房亭河	铜山区、经济开发区、邳州市 12 镇河中心线两侧各 250m	0	30.8
9	郑集河	丰县、铜山区，河中心线两侧各 250m	0	29.15
10	沛沿河	丰县、沛县 4 镇，河中心线两侧各 250m	0	18.9

徐州市采煤塌陷地生态恢复区规划　　　　　　　　　　　　　　　表 2-11

序号	保护区名称	位置	主导生态功能	总面积（km²）	禁止开发面积(km²)
1	潘安湖煤矿塌陷地生态恢复区	贾汪区	湿地生态系统	9.6	9.6

第三节　城市绿地空间建设

　　城市绿地空间建设是生态园林城市建设的核心内容。进入 21 世纪以来，徐州市以彻底改变城市生态环境为目标，不断探索资源型老工业基地城市创建生态优良、环境优美、功能完备的生态园林城市之路，"一城青山半城湖，满市公园四时花"的山水园林城市形态得到彰显，城市绿地系统发挥出显著的生态功能，详见表 2-12、图 2-6。

徐州市城市建成区园林绿化主要指标（2014年） 表 2-12

序号	项目	指标值	国标（一星）±
1	建成区绿化覆盖率（%）	42.87	+2.87
2	建成区绿地率（%）	40.04	+5.04
3	城市人均公园绿地面积（m²/人）	16.3	+5.3
4	公园绿地服务半径覆盖率（%）	90.8	+0.8
5	林荫路推广率（%）	92.32	+7.32
6	城市防护绿地实施率（%）	90.93	+0.93
7	城市道路绿地达标率（%）	71.9	−8.1
8	大于40hm²的植物园（个）	1	=
9	林荫停车场推广率（%）	65.75	+5.75
10	河道绿化普及率（%）	81.76	+1.76
11	受损弃置地生态与景观恢复率（%）	82.44	+2.44
12	建成区绿化覆盖面积中乔、灌木所占比率（%）	90.5	+20.5
13	城市各城区绿地率最低值（%）	33.69	+8.69
14	城市各城区人均公园绿地面积最低值（m²/人）	7.96	+2.96
15	万人拥有综合公园指数（个）	0.14	+0.07
16	城市道路绿化普及率（%）	100	=
17	城市新建、改建居住区绿地达标率（%）	100	=
18	城市公共设施绿地达标率（%）	96.93	+1.93
19	综合物种指数	0.6085	+0.1085
20	城市热岛效应强度（℃）	0.8	−2.7

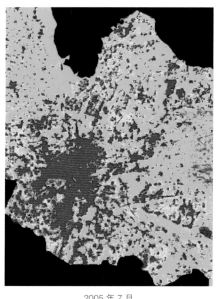 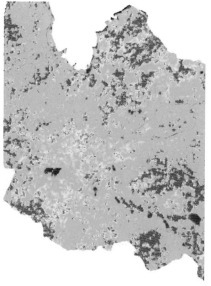

图 2-6 徐州市区热岛效强度分布遥感图

2005 年 7 月　　　　　　　　　　　2012 年 7 月

一、生态恢复重构城市生态格局

徐州依山带水，比有山的城市多水，比有水的城市多山，4 大水系 5 大山系从主城区延伸到远郊乡村，山水资源丰富，构建了极富特色的山水城市骨架。但由于历史原因，至 2005 年时，徐州市区不仅还遗有较大面积的石质荒山，而且开山采石、占山建筑、占水养殖等生态环境问题也比较突出。为恢复良好的城市生态环境格局，十年来，持续实施"显山露水"、"退渔（港）还湖"、"扩湖增水"、"湿地修复（采煤塌陷地）"、"宕口治理"、"荒山绿化"等城市生态恢复工程（见表 2-13），全面恢复被破坏了的自然生态环境，重构了城市生态环境格局。

2005-2014 年徐州市主要生态修复工程　　　　　　　　　　　　　　　　表 2-13

序号	项目	实施时间（年）	实施范围	规模（hm²）
1	退建还山、退建还绿、退渔（港）还湖工程	2005-2014	主城区	693
2	市区山地绿化工程	2006-2009	主城区、云龙湖风景名胜区	1629.3
3	吕梁山风景区山地绿化工程	2009-2010	吕梁山风景区	617.7
4	二次进军荒山工程	2011-2014	市域	6239.7
			其中：铜山、贾汪 2 区	4553.3
5	采煤塌陷地生态修复工程	2008-2014	市区	6432
6	采石宕口生态修复工程	2007-2014	主城区	80

（一）退建还山

徐州岗岭四合，山包城，城环山。据 2005 年编制实施《徐州市市区山林资源红线保护区划定规划》时统计，当时市区 [包括鼓楼区（含金山桥片区）、云龙区、泉山区、九里区及云龙湖风景名胜区] 共有山头 156 座，山林面积 6016.73hm²。山林中违章建筑 760 余处，面积近 300hm²。此外，更大数量的、历史上村民依山合法建筑的民居，更是退建还山、恢复山林生态的难点。为保护和扩大这一片片城市绿肺，提升生态和景观能力，重塑城市形象，近 10 年来，在实施严格的山林绿线保护规划、严格控制新的侵占山林绿地行为的同时，先后组织实施了云龙山、珠山、西凤山、白云山、无名山等山体周围单位、村庄整体拆迁、退建还山工程（详见表 2-14）。对退建出来的土地，从规划源头抓起，邀请高水平的园林景观设计单位参加方案竞标，进行多方案比较。从总体布局的生态性、植物配置的怡人性、广场铺装的舒适性和园路设计的便民性等各个环节反复斟酌。对于、生态景观区位重要、市民关注度高的敏感工程，方案确定后，还专门做成沙盘模型或多渠道向社会公示，广泛征求市民和社会各界的意见、建议，确保设计方案的科学性、可行性以及市民百姓的参与性和认同度。工程建设全面推行招投标制和第三方监理制，保证了工程质量。

2005-2014年徐州市区退建还山工程   表 2-14

序号	项目	实施时间（年）	搬迁规模（hm²）	主要建设成果
1	云龙山周边	2003-2014	25	十里杏花村、云龙山敞园
2	西珠山周边	2009-2012	45	珠山风景区
3	韩山东北坡	2010-2014	42	韩山山景公园
4	泉山北坡	2013-2014	3.1	泉山森林公园
5	北无名山	2013-2014	8	北无名山公园
6	子房山	2013-2014	30	子房山公园
7	白云山	2008	0.1	白云山公园
8	杨山	2012-2013	4.2	杨山体育休闲公园
9	白头山	2008-2009	1.2	白头山山景公园
10	南凤凰山	2012-2014	1.8	南凤凰山公园

云龙山退建以后，根据该区域山湖相连的自然地形地貌和历史文化资源，确立了东坡（苏东坡）文化为主题的改善林相、景观恢复重建方案。在植物景观的营造中，充分利用自然条件，结合游览观赏需要，以创造多层次的绿化空间和优美的生态环境为目标，着重强调生态景观与人文景观的高度统一，以各类杏花为主栽花木，配置以碧桃、樱花、紫薇、桂花、蜡梅等观花树木，主景主意突出，又丰富和延长了景区赏花期。山势地形自然起伏，常绿树种作为背景基调，适当栽植常绿乔灌木和季节花卉，采用片植、群植、丛植等手法，给人以强烈的视觉冲击，再现了大文豪苏东坡笔下"云龙山下试春衣，放鹤亭前送落晖。一色杏花三十里，新郎君去马如飞"的如画诗境（图 2-7）。

在人文景观重建中，遵循"景因古迹而有内涵，古迹因景而更有生机"的原则，着力特色塑造。"新亭演古义"的刘备泉、流碧石，"苔遥踏新绿，缓步龙山曲。

清泉石罅中，潺潺流碧玉。"在不多见泉水的徐州城区，让市民加深了对古诗意境的理解。刘备亭中徐风习习，追思当年徐州牧；三让亭前巧设 63 级台阶，为彰两千多年前陶谦三让徐州之大义。由徐君墓、挂剑台、纪念牌坊、挂剑亭等组成的"古台续新义"，重现了徐君热忱待客、季子重信守诺这一佳话，为诚实诚信的徐州精神的历史注释。"苏公塔"再现了苏东坡一生行迹，使古塔成为又一个东坡文化风景带上的新亮点。

图 2-7 云龙山、珠山等退建还山范围与前后对比图

对环绕珠山的大山头、沟湾、屯里村整体拆迁后，在折出的80hm²区域，以道教文化为核心，以徐州丰县籍道教创始人张道陵仙路历程——得道、修炼、斗法、立教、升天——来展示道家文化。同时充分注重游人的参与性与融入性，以植物配植进行合理的空间布局和动静分区，特色鲜明的集休闲、生态、自然为一体的开放式主题性景区。主要景点"鹤鸣台"象征张道陵得道阶段，其中的无极雕塑、混沌花园乃凸显景点主题的点睛之笔。"百草坛"取张道陵为拯救百姓苍生，制出祛病健体的神秘草药配方，瘟疫得以祛除的故事，直径约50m，色彩夺目的台阶花坛中间是一个大型树池，栽植一棵高达8m的石楠，与下沉星宿广场形成阴阳。二十八星宿雕塑起到画龙点睛的作用，突出景点主题。"天师广场"象征张道陵的斗法阶段。广场呈半圆形，设有台阶花坛、错层平台等。广场上的玄珠雕塑，表达着道家对于世界的认知及其深厚的哲学思想。"五斗瀑布"和"天师岭"。"五斗瀑布"因道教亦称五斗米教而名，由天师岭景点叠石引水而成，整个叠石用了5000余吨的绵羊石，石、水是一刚一柔、一静一动，相映成趣。山下水中种植了野芦苇、旱伞草、美人蕉等水生植物，这些植物错落有致，充满了野趣。天师岭顶矗立张道陵像，塑像背靠青山，面向烟波浩淼的云龙湖，得道仙境油然而来。

（二）退渔、退港还湖

徐州作为一个历史上傍运河漕运而兴，现代依铁路、公路枢纽而盛的区域中心城市，水陆转运是重要的城市经济功能之一，内河港口规模较大；而云龙湖等众多水面，亦曾在很长时间内是重要渔业生产基地。这些原来位于城郊的生产性水域，随着城市规模的不断扩大，已完全成为城市内水。实施产业转移，将生产性功能水域转换成生态景观性水域，成为建设生态城市的必然要求。从2003年起，先后组织实施云龙湖养殖场、徐州内港、丁万河港等退渔、退港还湖工程，建成了小南湖、九龙湖、劳武港、两河口公园和徐运新河、丁万河带状公园。

小南湖生态游览观光区原以鱼塘为主，兼有少量菜地、大棚、花市，水资源丰富，居民点较少，景观通透，视野开阔，景观可塑性强。景区总体布局呈"W"形。"W"中间的空白部分为水面，景区内有一池二岛、三轩五园。水面精巧、环湖布景。分为湖滨休闲旅游观光区、南湖堤游览区、生态林景观培育区以及荷风岛、百花洲等区域，整个设计突出了湖堤春早、荷塘渔藕、柳浪闻莺、雪地飞鸿等四

图 2-8　小南湖退渔还湖前后
效果图

季景观，以线形的变化配合两侧植被，进一步丰富了地形、地貌。工程共开挖土方
120 万 m³，新扩湖域 69.6 hm²，北湖沿岸根据地形地段按照 1:2~1:8 的坡度进行了
生态护坡，形成了曲折起伏的自然景观。通过水景的改造、提炼、升华，形成以
荷塘渔藕为主体景观，水乡人家、会馆艺苑点缀其间，小桥流水、茗苑流香。亭、
园、榭、轩、阁与桥、堤、台、柳、莺，构成了一幅"静湖幽园"的中国古典人
文及自然景观特色高度融合的自然山水画卷 (图 2-8)。

　　徐州内港退港还湖(九龙湖公园)工程，设计以水、湖为主题，突出"开放、文脉、
生态"的有机结合，采用现代造园手法，以公共艺术品为亮点，以历史文化为内容，
营造九龙湖公园亲水、透水、造水、沐绿、透绿、造绿的景观效果。工程共拆除
规划范围内居民及企业危旧房屋约 3.4 万 m²，对湖区进行彻底清淤后，再加护砌，
改善了水体水质。公园按地理空间，划分为三部分：一是南区市民广场、二是湖面(音
乐喷泉、湖心岛)、三是北部公园。2010 年实施敞园改造建设。改造后的公园重
新划分为四个区域：生态游园景观区以自然植物群落组合为主，栈桥体验景观区
以水杉和桧柏为主调树种，栈桥两侧及附近水域栽植水生植物和水生花卉。主题
广场景观区以高大乔木如香樟、银杏、榉树等为主调，形成绿化效果、活动广场、
休息环境三位一体的树阵式广场活动空间。康体活动景观区以柳树、竹林为主，
配以乔木林带等 (图 2-9)。

　　徐运新河是原徐州内港进出京杭大运河的联络水道。随着徐州内港的退港还
湖，其运输使命亦告完成，为打造滨水带状公园提供了条件。建成后的徐运新河
带状公园与九龙湖公园、荆马湖带状公园、两河口（丁万河带状）公园、三环北
路生态廊道相交联，并与祥和路绿地等有机结合，形成北区完整的生态网络，辐

图 2-9 徐州内港退港还湖（九龙湖）前后效果图

射到清水湾、华夏生态园、朱庄小区等十余个小区，极大地改善了北区生态环境。

劳武港防灾避险公园整体景观结构为"两轴一带，一心多点"。按整体功能与景观分区为防灾教育景观区、救灾纪念景观区、煤运码头改造区、森林休闲区、趣味养生花园区以及康体乐活景观区六大片区。植物种植整体呈"边缘两带展开，中部块状嵌套"的布局结构。树种选择考虑平灾结合、丁万河生态廊道、景观游憩和防灾避险的功能需求，主要有银杏、垂柳、木荷、大叶女贞、枫杨、悬铃木、青桐、广玉兰、垂柳、榉树、重阳木等。

两河口公园是丁万河与徐运新河景观带的交汇节点。公园突出生态、净化、观赏、享乐融为一体的设计理念，分为台地景观区、湿地景观区、森林体验区三个区域利用原有煤堆场的高差，做成台地景观，并将带有"煤"元素的景观小品融入其中，同时围绕水系设计了多种景观样式，设有滨水挑高廊道、钢构景观桥、榉树林小广场等景点。同时，在植物配置上，将栽植香樟、水杉、桂花、广玉兰、杜鹃、垂丝海棠等植物，以达到"移步换景"的效果。

（三）工矿废弃地生态恢复

1. 露采矿山废弃地（采石宕口）生态恢复

徐州市区长期开山采石形成的106个废弃矿山宕口，危岩耸立，乱石嶙峋，满目疮痍，不仅景观极差，而且地质灾害时有发生，安全隐患极大。为消除安全隐患、改善城市景观、恢复山体生态，2007年起，组织实施市区两山口、东珠山、鸡毛山、隔鸡山、龙山、雷鼓山、粪山、虎山、石鼓山、柳山等一批露采矿山废弃地生态恢复，到2014年，共完成42处宕口生态修复，生态恢复率39.6%。

两山口（王山）采石宕口生态恢复是徐州市最早实施的露采矿山废弃地生态恢复工程。王山位于迎宾大道西南侧，是市区向东南方向的主要出入通道。根据采空区地貌，采取生态复绿与摩崖石刻相结合的生态和景观恢复方法，对遗留的大型垂直岩壁，修整后摩崖石刻。其他区域综合运用削、垫、支、挡和挂网喷播等技术方法，进行生态复绿。摩崖石刻的内容选用汉画像石中的出行图，与迎宾大道相对应。生态景观恢复效果见图2-10。

东珠山采石遗址公园是徐州市区生态与景观恢复水平最高的露采矿山生态恢复项目。工程从2009年开始分2期完成。依据依形就势原则，以保留必要的采矿业遗迹，打造城市历史的时空图式，进而组合成新的矿山遗址景观为目标，突出表现原有宕口的奇峰异石与设计的景观节点之间的完美结合，真正做到一步一景、步移景异，为游客提供生态的、连续的、丰富的景观体验，被国家、省国土资源局誉为国内城市矿山治理的典范。生态景观恢复过程及效果见图2-11。

2. 采煤塌陷地生态恢复

徐州市采煤矿塌陷地主要集中在城市北部。以2007年"九里湖森林公园"和

图 2-10 两山口（王山）采石宕口生态与
景观恢复效果

图 2-11 东珠山宕口遗址公园建设前、后
对比

图 2-12 龟山采石宕口生态与景观恢复效果

"九里湖湿地公园"的实施为起点，至 2014 年，市区采煤塌陷地已完成生态恢复 6432hm²，生态恢复率 82.5%。

九里湖湿地公园位于主城区西北部，数十年的煤炭开采造成了地面的塌陷，至 2008 年初，已达 31.2km²。这些采煤塌陷地，大多积存了水，深浅不一，最深处达到 6m。但水面并不是一个整体，有的变成了一个个鱼塘，有的成了垃圾倾倒场，还有的在无水处建起了小工厂，因而外貌杂乱无章，并形成了污染。为改变环境脏乱差的状况，根据徐州市"东进、南扩、北造、西延"总体战略，市政府决定将这片塌陷地进行生态重建，项目列入 2007 年徐州市重点工程之一进行建设。九里湖发展架构为一湖两轴八片区，总体规划范围为 30.8km²，起步区范围 11.2 km²，主体湖面为 3.5 km²。2010 年《徐州九里湖湿地公园总体规划》通过江苏林业局论证，并获得 2010 年度"江苏省人居环境范例奖"。2012 年底，九里湖获评"江苏省省级水利风景区"，2013 年初，国家林业局正式命名九里湖湿地为国家湿地公园，成为主城区西北部生态文化新区和绿色能源之地的"点睛"之笔。

图 2-13 九里湖采煤塌陷地生态恢复前后效果图

　　潘安湖采煤塌陷区湿地公园位于主城区与贾汪区驻地的中间地带，为权台煤矿和旗山煤矿的采煤塌陷区域。湿地公园景区规划总面积 52.89km²。其中，核心区面积 16.00km²，外围控制面积为 36.89km²。整个湿地公园景区分为北部生态休闲区、中部湿地景观区、西部民俗文化区、南部商旅服务区和东部生态保育区五个部分，以展示湿地生态、发展农业观光、水上娱乐、科普教育、度假休闲生态经济区为目标，重在体现农耕文化、民俗文化和自然生态景观。其中，中部湿地景观区设置了大小 9 个湿地岛屿，岛上主要以香花植物为特色，每个岛主题各异，古典与现代交织、中式传统与西方浪漫风情相映，动静结合、功能各异，细细品味，回味无穷，具有苏北独特田园风光的中国最美乡村湿地。诗人徐书信赋诗赞曰："鹭影飞舟何处饮，池杉岸柳初成荫。潘安五月雨蛙鸣，璀璨榴花千里沁"。2013 年 11 月，潘安湖水利风景区被水利部评为第 13 批国家级水利风景区。2014 年 6 月，经全国旅游景区质量等级评定委员会评定，潘安湖湿地公园被评为国家 4A 级旅游景区。

图 2-14 潘安湖湿地公园植物景观

（四）石质山地生态恢复

徐州城市历史悠久，但由于历史上屡遭战乱摧残，自然植被遭到严重破坏，到 1948 年底，全市仅有云龙山北端约 300 亩山林。新中国成立后，广大干部群众响应毛主席在徐州考察时提出的"绿化荒山，发动群众上山造林"号召，进行大规模荒山造林，并成功总结出"侧柏、鱼鳞坑、良种壮苗"的丘陵山地造林经验。但是，随着宜林荒山逐步绿化，剩余荒山立地条件越来越差，造林难度越来越大。1995 年原林业部全国荒山"灭荒"验收时，确定江苏省"暂不宜林荒山"50 万亩。其中，徐州市约占 40%。

为全面推进绿色生态徐州建设，徐州市委、市政府决定在全市完成"暂不宜林荒山"的绿化。林业部门以《徐州市丘陵岗地森林植被恢复主导树种及营造林模式示范推广》（sx〔2005〕110 号）、《丘陵地区造林新树种青檀、杂交马褂木的引种与推广（苏发改苏北发〔2007〕484 号）》、《废弃矿山（区）植被恢复关键技术与石灰岩山地造林技术集成示范》（lysx〔2007〕12 号）等项目为依托，组织实施"暂不宜林荒山"造林新技术集成推广，并从 2007 年 1 月开始组织大规模的工程造林，到 2014 年 5 月，累计营建石质荒山生态风景林 8486.7hm²；运用的造林树种（含灌木）达到 33 个，每个山头不少于 5 个，侧柏比例降至 50% 以下。造林树种的大幅度增加，彻底改变了苏北石灰岩山区长期以来造林绿化树种单一、林分结构不合理的局面，生物多样性和森林生态系统稳定性得到增强，山林向结构稳定、功能良好的正向演替发展创造了条件。

图 2-15 徐州市主城区石质荒山
分布图（2006 年）

注：图中阴（浅色）斑为已绿化山体，红色部分为未绿化山体。

图 2-16 主城区典型荒山绿化效
果（2012 年）

二、均衡公园布局重塑城市风貌

（一）突破薄弱区域，推进环境福利均等化

长期以来，徐州市市区公园布局存在着"南多北少、四周多中心区少"的问题，这种不平衡性影响到市民生活环境的改善和国家生态园林城市的建设。为此，近几年来，坚持以民为本，突破利益樊篱，按照市民出行 500m（步行 10min）就有一块 5000 ㎡ 以上的公园绿地的目标，结合棚户区、城中村改造，进行城市空间梳理，重点布局和建设和平路以北、三环西路以东、九里湖以南、庆丰路至金水路以西的老城区绿化薄弱地区。具体建设项目采取遥感定位，实地调研，深入论证，反复斟酌，有序实施，科学推进。2013~2014 年，从收储的土地中就拿出 50 多个地块用于公园绿地建设。其中北区玉潭湖扩建、龟山二期及徐运新河、下淀路、荆马河、劳武港、两河口、徐矿城等大型公园绿地约占市区园林绿化工程总量的60%。北区公园绿地面积大幅增加，景观质量明显提升，人居环境大幅改善，城市绿地分布更趋平衡。目前，市区 5000 ㎡ 以上的公园已达到 174 个，5000 ㎡ 以上公园绿地 500m 服务半径覆盖率达到 90% 以上，基本实现了生态文明成果人人共享的目标追求。徐州市建成区公园绿地面积见表 2-15。

徐州市建成区公园绿地面积统计表 (2014) 单位（hm²）　　　　　　　　表 2-15

区域	合计	综合公园	带状公园	专类公园	社区公园	街旁绿地
合计	2692.36	788.27	347.13	1306.4	128.93	121.63
鼓楼区	403.05	150.2	56.95	128.24	29.31	38.35
泉山区	1291.41	178.71	95.26	953.89	31.13	32.42
云龙区	594.57	298.77	93.13	150.67	34.14	17.86
铜山区	125.67	56.31	32.93	–	26.87	9.56
贾汪区	277.66	104.28	68.86	73.6	7.48	23.44

（二）加强郊野公园建设，构建城乡一体化公园体系

郊野公园是指位于城市边缘地带的具有良好的自然景观的可以为居民提供游憩功能的公园。郊野公园是生态园林城市公园体系的重要组成部分，近几年来，以城乡绿地环境一体化为目标，结合受损弃置地生态与景观修复治理工程和"第

二次进军荒山"行动，对部分山林、河库和生态恢复绿地等进行公园化建设，先后实施了九里湖、潘安湖、南湖等大型城郊湿地公园建设，成功走出了一条煤矿塌陷地治理的有效路径。对东珠山、王山等长期采石形成露采矿山废弃地进行生态恢复，其中"东珠山宕口遗址公园"被国土资源部誉为国内城市废弃矿山治理的典范。在不断提升云龙湖风景名胜区建设水平的同时，积极推进吕梁风景旅游区、大洞山风景旅游区 2 个特大型近城风景区建设，有效提升了城市绿化隔离地区绿地系统的质量水平和生态景观效果，增加林木绿地的社会、经济服务功能，让市民更直接地享受绿化建设成果，满足市民生产、生活的需求，建设生态良好、环境优美、人与自然和谐的生态城市、宜居城市发挥了重要的作用。

图 2—17 徐州市城市建成区公园服务半径分析图（2014 年）

（三）突出生态便民，构建多功能公园体系

　　随着经济社会的发展，城市公园正经历着从过去的"经营性公共绿地"向"开放性公共绿地"的转变。为此，本着"生态、便民、求实、发展"的原则，以"群众身边的环境福利"和市民的日常休闲需要为主要目标，一是加强公园设计创新，

加大公园内树阵式广场建设规模，营建林下广场，普遍增设运动设施，铺设健身步道，增添座椅、凉亭、林荫停车场、厕所、健身器材等，为市民休闲健身娱乐提供良好空间，提高了公园的使用性、适用性。二是适应城市防灾避险、历史人文和自然保护以及市民群众多样化需求，新建了劳武港、科技广场防灾避险公园，九里湖等城市湿地公园，东珠山等采石宕口遗址公园，汉兵马俑、龟山等历史文化公园，奥体体育公园以及植物园等不同主题的公园。三是将公园建设与城市基础设施相协调，合理设置公共自行车停放场地，保障公园内交通微循环与城市绿道绿廊等慢行交通系统有效衔接。

三、拓展"二沿"空间重建城市生态网络

将散布在城市各处的绿色斑块，通过绿色廊道连接成一个相互联系的生态系统，是生态园林城市的基本要求。根据徐州城市土地及利用特点，做好"沿水、沿路"文章，拓展"二沿"空间，实现绿廊网络化和人本化。

（一）滨河景观带营建

河流是城市重要的生态廊道和文化载体，是营造城市绿色景观的重要元素，也是广大市民亲近自然的最佳场所。徐州市河道资源较为丰富，流经市区城市河道20条，长度达到210km。将流经市区的河道作为最重要的自然生态景观资源，近几年中，先后组织实施了故黄河、丁万河、荆马河、徐运新河、玉带河、楚河、奎河等城市河道的综合治理，严格保护原有水域、地貌，埋设截污管道，改善河流水质；同时，全面实施沿岸生态景观建设，在河道两侧广植杨树、柳树、刺槐、泡桐等乡土树种，形成宽度10~100m的生态景观带（详见表2-16）。因地制宜设置节点游园、广场、码头、清水平台等，形成了纵横交错的绿色滨河风光带，为市民临水赏景、休闲、健身提供大小错落的多处空间，打造出一条条美丽怡人的翠绿玉带（图2-18）。

故黄河从西北到东南，在市区内曲折蜿蜒53.7km，是徐州市最重要的生态景观河道。由于长期以来上游已无来水，一度堤岸残破、河道淤塞、两岸杂草丛生。自20世纪80年代以来，通过持续实施综合治理，打造了"一条风光带，五个风貌区"，

改造和新建了兵魂广场、故黄河公园、黄楼、显红岛、百步洪等不同文化内涵的水上景区，实现了水环境、水文化、水经济、水安全、水景观五位一体的治理目标。

　　奎河因黄河而生，是故黄河以南主城区唯一的排洪河道。由于历史原因，一度成为排污沟。2009年至2010年对奎河两岸全面实施截污、河道清淤、扩挖、河底河坡生态防护。主城区段两侧已没有生态绿化空间的河段加盖SP大板，覆土栽种花木而成生态景园。主城区外河段沿岸增添生态驳岸、雕石画栏、亭台楼榭，铺设景观道路，增添娱乐、健身设施，成为主城区中南部的重要生态景观廊道。

　　徐运新河、荆马河、丁万河在徐州内港等港口外迁后，成为主城区北部以排涝、输水和生态景观为主要功能的河道。2008年起实施河道清淤、截污、两侧绿化、建造大型节点公园等生态景观工程建设，到2013年全部工程完成，对重塑城北生态环境格局起到重大作用。

　　三八河是主城区东部骨干排涝河道，2012年起，云龙区政府对两侧实施绿化改造，经过连续3年建设，在庆丰路与汉源大道之间构成一个完整的滨河公园。公园以三八河自然形态为主体，自然生态为主线，充分依托河道现状，利用现有造景因素，因地制宜，形成由点到面再到生态滨水长廊的景观格局。

　　楚河位于市区南部一条重要排涝河道，根据河道两侧腹地较大的特点，围绕生态、文化、休闲，突出地方特色，构建紫薇园、梅园、樱花园、木瓜园、松林园、琵琶园、枫香园、海棠园、石榴园、桂花园等10个特色鲜明的景观园，成为集休闲、娱乐、观赏、健身、科教、纪念、泄洪等多功能为一体的大型滨水生态景观带。

　　临城河是贾汪城区的一条重要泄洪通道。2008年对其进行大规模生态修复改造，主要通过建造上游泵站和设置三级橡胶坝，抬高水位，保证水源，将临城河改造成景观通道，同时配套建设河畔广场和园艺路，形成功能齐全的玉龙湾风景区。

（二）绿色通道工程

　　城市道路绿化是城市绿地系统的重要组成部分，它不仅以树冠阻截、反射及吸收太阳辐射，也会经由林木的蒸发作用而吸收热气，借此调节夏天的气温，庇荫行人免受炎炎夏日暴晒之苦。而且，其叶面能够黏着及截留浮游尘、净化空气、增进市民健康；诱导视线、遮蔽眩光等使道路交通得以缓冲，提升行车安全性；软化城市建物了无生机的粗硬线条和立面，改善市民视觉环境；为野生动物建造

徐州市城市河道及堤岸绿化情况统计表（2014）　　　　　　表 2-16

河道名称	起/止位置	河长（km）	河宽（m）	其中：水面（m）	绿化带长（km）	绿化带宽（m）	主要树种
合　计	－	210	－	－	338.1	－	－
不牢河（京杭运河）	茅夹线/徐贾快速路	12	140	100	18	50	杨树等
故黄河	周庄闸/程头胶坝	53.7	130	100	87	65	法桐、香樟、垂柳等
奎河	云龙湖/杨山头闸	18	40	24	29.7	14.3	海桐、冬青、柳、杨等
玉带河	闸河/玉带桥	7.2	31	19	10.1	12.1	杨树、洋槐树等
荆马河	九里山/大运河	11.2	35	25	20.2	20	杨树、柳树、海桐等
徐运新河	九里湖/丁万河	4.7	36	36	7.6	13.2	柳树、紫薇、冬青等
三八河	民富园/大庙站	8.6	48	30	15.5	15	松树、冬青、紫薇等
丁万河	大运河/故黄河	12.4	36	36	24.8	20	景观绿化树种、公园等
房亭河	大运河/大庙站	12.2	55	35	20	12.6	杨树、柳树等
闸河	故黄河/白头闸	11.2	36	36	20.2	13.2	杨树、柳树等
顺堤河	六堡水库/大龙湖	4.3	40	25	7.5	100	地被、景观树种
琅河	顺堤河/棠张	5.1	38	26	7.5	25	景观树种
闫河	顺堤河/棠张	5.6	45	30	6	30	防风杨树林
楚河	葛楼村/二堡	9	85	70	18	45	地被、景观树木
玉泉河	曹村/高营	4.2	55	40	8.4	20	地被、景观树木
府东沟	玉泉河/楚河	2	40	25	4	17.5	地被、景观树木
府西沟	玉泉河/楚河	2	35	20	4	15	地被、景观树木
临城河	北塘/屯头河	8.6	50	45	9.6	50	地被、景观树木
新西排洪道	石头桥/屯头河	14	20	15	12	10	杨树
锦凤溪	凤鸣湍/屯头河	4	40	20	8	8	杨树

图 2—18 徐州市典型滨水生态廊道

存在空间，提升城市生物多样性，恢复自然韵律，提升市民愉悦情绪。规划完善之道路绿地系统，是市容景观之表征，市民大众的基本福祉，历经数十年漫长岁月培育苗然有成的林荫大道，还是社会发展的见证，宝贵的乡土文化的一部分，在城市人居生态环境与景观特色的塑造中具有重要的地位。

近年来，城市道路建设发展迅速，道路长度由 2010 年的 492.18 km 增加到 2013 年的 564.03 km。在道路快速发展的同时，根据城市道路特点和功能要求，合理运用补植、扩植、间植、调整、更换、环境改造等措施，组织实施景观路工程、道路绿化普及工程和林荫路提升工程 3 大道路绿廊建设工程，环城高速公路、三环路构成二圈大型城市绿环，构建起支撑城市绿廊的骨架。沿三环公路至绕城高速公路之间的 104 国道、206 国道、310 国道等 13 条放射状城市对外出入通道和三环路以内的二环北路、平山路、襄王路、迎宾大道、三环南路等主干路网，建设带状公园，提升道路绿廊。对路宽 12m 以上的城市主、次干道和支路全面实施行道树完善工程。从而构建起结构完整、风格各异的城市道路绿化景观和绿色生态廊道（图 2-19）。

1）快速路。快速路车辆通行速度快。为保障行车和行人安全，在快速路绿化中，通过绿地连续性种植或树木高度位置的变化来预示或预告道路线性的变化，引导司机安全操作；根据树木的间距、高度与司机视线高度、前大灯照射角度的关系进行植物配置，使道路亮度逐渐变化，并防止眩光。种植宽、厚的低矮树丛作缓冲种植，防止行人穿越；出入口有作为指示性的种植，转弯处种植成行的乔木，以指引行车方向，使司机有安全感；在匝道和主次干道汇合的顺行交叉处，种植

图 2-19 徐州市典型道路生态廊道

较为低矮的树木以免遮挡视线；立体交叉中的大片绿地即绿岛，不允许种植过高的绿篱和大量的乔木，以草坪为主，点缀常绿树和花灌木，形成了富有特色的景观造型。

2）主干路。主干路是城市道路网的骨架，连接城市各主要分区的交通干道，是城市内部的主要大动脉。城市主干路的绿化，根据道路的周边环境，选择花期长或观叶效果好的乔木、灌木、多年生宿根花卉及地被植物相结合，成线、成片、成面建绿，形成了四季有花、层次丰富、色彩优美、有明显季相变化的道路景观。

3）次干路。次干路是城市中配合主干路组成城市干道网，起联系各部分和集散交通的作用，并兼有服务的功能。次干路绿化以简为主，避免繁琐；以规则式绿化方式为主，避免杂乱无章的绿化方式。营建了绿量高、景观城市分明、生态功能明显的道路景观。让人行走于城市之间就像置身树林之中，像王陵路的大法桐绿荫如盖，整条道路都被其覆盖，就是一条简明而怡人的绿色走廊。

4）支路。城市支路是城市次干路与街坊路的连接线。支路路幅较窄，一般不设置分车绿带，以行道树为主。树木的栽植做到同树种、同规格、等距离、无障碍、连续栽种，并因地制宜的进行垂直绿化。

2010–2013 年徐州市道路绿地达标率变化　　　　　　　　　　　　　　　　　　表 2–17

年份	道路长度（m）	达标道路长度（m）	达标率（%）
2010	492184	164003	33.3
2011	524872	409848.9	78.1
2012	541283	428408.62	79.1
2013	564032	475917.82	84.4

2013 年徐州市不同类型城市道路绿化普及率分析　　　　　　　　　　　　　　表 2–18

道路类别	道路总长（m）	行道树总长（m）	绿化普及率（%）
快速路	27999	27999	100
主干道	305419	304502	99.7
次干道	186995	185784	99.3
支路	43618	39177	89.8
合计	564032	557463	98.8

2013 年徐州市不同类型道路绿地率分析　　　　　　　　　　　　　　　　　　表 2–19

道路类别	道路长度（m）	道路宽度（m）	绿化带宽度（m）	道路绿地率（%）
红线宽度大于 50m	99956	2208.1	1083	49.0
红线宽度 40~50m	182878	3698.6	1169	31.6
红线宽度小于 40m	255453	4454.6	1406	31.5
景观路	25744	723.0	473	65.4
合计	564032	11084.4	4131	37.2

四、绿色图章保障单位、居住区绿化

在人居环境的宏观、中观、微观三大层次中，单位、居住区是承接宏观的城市环境和微观的建筑内部人居环境的纽带。单位、居住区绿化是城市绿化的重要组成部分，利用植物的独有特色形成一个既有统一又有变化、既有节奏感又有韵律感、既有相对稳定性又有生命力的生活空间，不仅能为居民创造良好的户外休息放松环境，而且能为居民提供丰富多彩的活动场地，满足各种游憩活动的需要，对提高居民生活环境质量，增进居民的身心健康至关重要。

由于城市土地的稀缺性，发展商通常会通过提高容积率来增加盈利，往往将单位、居住区绿化环境建设视为一种成本负担，为了降低建设投入，往往降低单位、居住绿化水平。

为加强单位、居住区绿化建设，《徐州市城市绿化条例》第七条规定：建设工程项目的绿化用地面积占建设工程项目用地总面积的比例指标，应当符合下列规定：（一）新建居住区不得低于百分之三十；（二）新建高等院校、医院、疗（休）养院以及体育场（馆）等不得低于百分之三十五；（三）旧城改造区前两项相关绿化用地比例指标可以降低五个百分点；（四）工业、商业、城市道路以及其他建设工程项目绿化用地比例指标按照国家有关规定执行。第八条规定：规划主管部门确定建设工程项目规划条件、核发建设工程规划许可证，应当按照第七条的规定执行。第九条规定：建设工程项目附属绿化工程应当与主体工程同步规划、同步设计，统一安排绿化工程施工，并在主体工程建成后的第一个绿化季节完成，所需资金列入工程总预算。

根据《徐州市城市绿化条例》，将单位、居住区绿化规划设计审核和竣工验收纳入政府行政审批项目，严格管理。自 2002 年以来，市区累计新建、改建设居住区 192 个，建设总面积 1521.04hm²。其中，新建居住区 192 个，建设面积 1521.04hm²。新建、改建居住区中，绿地率达到 30% 以上的新建居住区 192 个，建设面积 1521.04hm²，新建、改建居住区绿地达标率 100%。市区建成区有庭院的公共设施单位共 254 家，公共设施单位用地总面积 977.5hm²，绿地达标的城市公共设施单位用地总面积 947.5hm²，城市公共设施绿地达标率 96.93%。

徐州市省市级园林式单位、居住区统计表（2013年）　　　表 2-20

	类　别	数量（个）	市区（个）	县（个）
合计	园林式单位	503	298	205
	园林式居住区	320	203	117
省级	园林式单位	117	70	47
	园林式居住区	77	49	28
市级	园林式单位	386	228	158
	园林式居住区	243	154	89

九里峰景小区　　　　　　　　　　　和风雅致小区

绿地国际花都小区　　　　　　　　　枫林天下小区

图 2-20 徐州市居住区绿化情况

康怡佳园　　　　　　　　　　　　　泰康红郡

江苏师范大学铜山校区　　　　　　　　　徐州市环境科学研究

徐州烟厂　　　　　　　　　　　　　　天能集团

图 2-21 徐州市单位绿化

五、节约型园林助推海绵城市建设

徐州市区属南暖温带半湿润气候区，据气象资料统计，近 60 年来，徐州市区年均降雨量 823.2mm，且降水时空分布不均，干湿季节明显。在一年中，降水主要集中分布在 7、8、9 三个月，约占 56.9%~59.6%，其他三季约占 30.6%~43.1%.

徐州市雨水资源的这种时空分布，一方面是夏季大雨之后常常发生局部淹水内涝，另一方面是在一年中的多数时间里，水资源缺乏。消减大雨时的雨水径流和加强雨水的收集利用，建设海绵城市，成为城市园林绿化的重要任务。

根据徐州市城市地形地貌，推进海绵城市建设，主要有以下途径：

一是加强城市河、湖、库等湿地资源保护建设，以骨干河道为纽带，推广"长藤结瓜"的雨洪利用模式，沟通、拓展市区河道、湖泊（水库）及其他大小水体，充分利用小型塘坝等拦截径流降水。

二是加强植被保护，推行复层结构，增加绿量，充分发挥植被在涵养水源、保持水土方面的功能，精心营建"城市海绵体"。

三是在大型公园绿地规划设计中，根据场地特点，普遍设置不同的小微湿地水景，配以适当的引水设施，既丰富了景观，又发挥了雨水收集和灌溉等多重功能。

四是在园林建设中，广泛运用透水砖、草坪砖等透水透气材料铺装，发挥对雨水的吸纳、蓄渗和缓释作用，有条件的区域，建设渗透井等集雨设施。其中，透水性生态铺装有嵌草路面和草皮砖、各种疏松粒料、多孔沥青与多孔混凝土等。嵌草路面和草皮砖是在路面中留出一定的间隙填充草皮或地被植物，孔隙率可达20%~50%能较好地与植被相结合，在公园次干道、游步道中广泛运用。各种疏松粒料如卵石、碎石、木屑等，透水性好，作为装饰材料来填充树池或公园游步道边。在公园主路、停车场采用多孔沥青与多孔混凝土，达到较好的渗水效果。

表 2-21

徐州市节约型园林技术应用率

绿地类型		绿地面积（hm²）	节约型绿地（hm²）	节约型绿地（%）
公园绿地	综合公园	1410.9	1259.7	89.3
	社区公园	254.7	218.2	85.7
	专类公园	85.4	54.8	64.1
	带状公园	225.3	166.9	74.1
	街头绿地	6.9	0.81	11.7
道路绿地	快速通道	81.8	75.7	92.5
	主干道	436.6	370.4	84.8
	次干道	209.9	194.8	92.8
	支路	31.3	25.9	82.8
合计平均		2742.9	2367.4	86.3

图 2-22 徐州奎山公园雨水利用模式

图 2-23 徐州百果园雨水利用模式

图 2—24 徐州彭祖园雨水利用
模式

图 2—25 金山东路太阳能捕虫器

第四节 市域重要生态功能保护区建设

徐州市市域范围内需要保护和建设的重要生态服务功能区，包括自然保护区、风景名胜区、森林公园、地质遗迹保护区（公园）、洪水调蓄区、重要水源涵养区、清水通道维护区、重要湿地、生态林区以及特殊生态产业区几种类型。

一、陆地生态系统为主体的自然保护区、风景名胜区、森林公园、地质遗迹保护区（公园）

（一）泉山自然保护区与环城国家森林公园、云龙湖风景名胜区

1. 区域范围

泉山自然保护区位于市区三环南路南侧，包括东、西泉山、虎头山等生态风景林，总面积 2.61km²，限制开发范围包括东西泉山，其中禁止开发区为自然保护区的核心区和缓冲区，包括泉山、虎头山主峰区域，面积 1.31km²。

环城国家森林公园为环绕徐州城区的各个山头，总面积 12.84km²。禁止开发区为泉山自然保护的核心区和缓冲区。限制开发区包括泉山自然保护区、云龙山、泰山、凤凰山、九里山、杨山、拖龙山等生态风景林。

云龙湖风景名胜区从云龙湖北的湖北路起，向南包括泉山区和铜山区汉王镇的山丘区，总面积约 44.7km²。限制开发范围包括云龙湖及周围各生态风景林，禁止开发区分为南北两片，北部包括云龙湖深水区；南部为拉犁山以南，汉王镇区东北的 100m 以上生态风景林，包括老虎山、尖山和小小窝山等区域，面积 6.6km²。

泉山自然保护区与环城国家森林公园、云龙湖风景名胜区的关系如图 2-26 所示。

2. 植被保护重点

1）泉山自然保护区

本区以地带性石灰岩山地森林植被生态系统的构建和保护为主要目标。目前的主要森林植被均系人工林，主要为侧柏林和刺槐林 2 个群系。自然性差，徐州

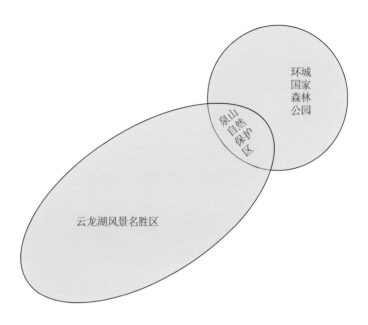

图 2—26　泉山自然保护区与环城国家森林公园、云龙湖风景名胜区的关系

地区石灰岩山地的地带性植被类型（落叶阔叶栎类林，落叶阔叶杂木林）尚未在保护区内恢复，森林生态系统处于不稳定状态，有必要在土层较为深厚地段营建栎类林和杂木林，造林树种可选择黄连木（*Pistacia chinesis*）、五角枫（*Acar mono*）、栓皮栎（*Quercus variabilis*）、栾树（*Koelreuteria paniculata*）、黄檀（*Dalbergia hupeana*）、麻栎（*Quercus acutissima*）等；杂木林造林树种可选择青檀（*Pteroceltistata rinowii*）、青桐（*Firmiana simplex*）、朴树（*Celtis sinensis*）、乌桕（*Sapium sebiferum*）等；在立地条件较好的侧柏林中，以增加较大规格种源树种的方法人工促进侧柏林演替，逐步改造成针阔混交林，以较大幅度地提高其物种多样性，使其抗性和稳定性增强；同时，加强对保护区的科学管理，严格控制人工割草等不适当管理活动的频繁干扰。

2）市区山丘风景林区

包括城区南部和西部（环云龙湖）云龙山、泰山、凤凰山、珠山、韩山等生态风景林风景区，城区北部九里山—琵琶山风景林区，城区东部无名山—大山风景林区等。这些山丘风景林由于所处的区位不同，经营及人为干扰强度差异较大，森林植被群系也略显多样，主要类型有侧柏（*Platycladus orientalis*）林群系、侧柏—青桐群系、侧柏—刺槐（*Robinia pseudoacacia*）群系、侧柏—构树（*Broussonetia papyrifera*）群系、侧柏—黄连木—栾树群系、侧柏—五角枫—三角枫 (*Acar buergerianum*) 群系等。

本区以森林植被景观多样性构建为主要目标。因此，在进行拟自然状态的植物配置的原则基础上，应当保持常绿树为骨架，色叶树种点缀其间，林缘下木附以花灌木，组织多层次、多色彩，密林、疏林相间出现的自然景观，达到春天山花烂漫、夏日浓荫蔽日、秋季金黄灿烂、寒冬青山常在的景观效果。林相改造中，可考虑选择耐寒的常绿阔叶树种，如女贞（*Ligustrum lucidum*）、苦槠（*Castanopsis sclerophylla*）、青冈（*Cyclobalanopsis glauca*）、冬青（*Ilex chinensis*）等，落叶树种可以重点考虑栾树、刺槐、三角枫、五角枫、青桐、楝 (*Melia azedarach*)、乌桕、枫香 (*Liquidamba formosana*)、黄连木、青檀、榆树 (*Ulmus pumila*)、朴树（*Celtis sinensis*）、榉树 (*Zelkova schneideriana*)、臭椿 (*Ailanthus altissima*)、黄栌 (*Cotinus coggygria*)、石榴 (*Punica granatum*)、木槿（*Hibiscus syriacus*）、紫薇（*Lagerstroemia indica*）、火棘 (*Pyracantha fortuneana*)、黄刺玫（*Rosa xanthina*）、绣线菊（*Spiraea salicifolia*）、山桃 (*Prunus davidiana*) 等。

3）其他山丘风景林区

主要为云龙湖风景名胜区中位于城郊的山丘风景林。森林植被的构建以地带性森林植被为目标，规划为秋季赏红叶景区。近期以生态风景林绿化为主，对为绿化荒山，中上部生态风景林以侧柏、火炬树（*Rhus Typhina*），中下部以五角枫、栾树、黄连木、合欢（*Albizia julibrissin*）等易生长的荒山绿化先锋树种进行绿化，提高植被覆盖率。远期规划进行林相改造，对侧柏纯林采取人工增植栾树、五角枫、黄连木、黄栌等色叶树种的办法，丰富生态风景林植被色彩，创造良好的山林野趣生态环境。秋季可观赏到满山遍野的红叶，体验其层林尽染、绚丽夺目的壮丽景观。

4）湿地水生植被

本区主要水体有云龙湖、玉带河、老龙潭、汉王水库、石杠水库、王窑河、军民河等。目前，湿地水生植被系统较为简单。对于湖、库类面状湿地，重点强化湖滨、岛屿的绿化，大量种植水杉（*Metasequoia glyptostroboides*）、池杉（*Taxodium ascendens*）、落羽杉（*Taxodium distichum*）等高大挺拔的乔木。没有岛屿的大型水面，采取设置人工生态浮岛，种植美人蕉（*Canna indica*）、旱伞草（*Cyperus alternifolius*）、香根草（*Vetiveria zizanioides*）、鸢尾（*Iris tectorum*）、香蒲（*Typha orientalis*）、黑麦草（*Lolium perenne*）等，丰富景观层次。河道类线状湿地，在遵循原地形肌理的基础上，适当扩大河道水体面积，重要水景区要考虑水生花卉栽植，丰富水面层次。其他水域以净化水质功能强的水生植物为重点，人工栽种湿地植物进行湿地生态系统修复，改善入湖（库）水质。

（二）大洞山自然保护区与大洞山森林公园、叠层石地质公园

1. 区域范围

大洞山自然保护区位于贾汪区政府驻地东部，总面积 39.4km²，由南、北两部分构成。其中南部区域呈馒头形，面积 30.33km²，以大洞山为主峰，海拔 361m，为徐州市行政区域内第一高峰，周围由 100 余个群山环绕，沟谷纵横，能全面代表徐州山地的自然地理特征。北部区域呈松鼠形，面积 9.07km²，以西部（鼠尾）的龙门山最高，海拔 265m。其中，大洞山、龙门山和奶奶山主峰区域为自然保护区的核心区和缓冲区，禁止开发面积 14.585km²。

2011 年，江苏省林业局批准成立大洞山森林公园。2013 年，省国土资源厅下

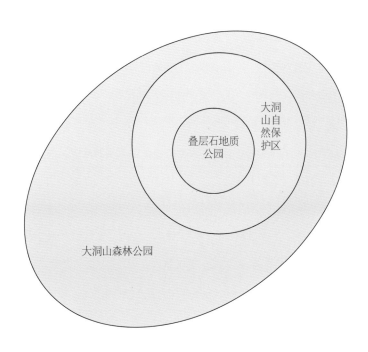

图 2-27 大洞山自然保护区与大洞山森林公园、叠层石地质公园的关系

文批准建设贾汪省级叠层石地质公园。公园以保护和丰富区域内森林植被为主要目标，充分利用人文景观、自然景观开展森林旅游。禁止开发区域为保护区的核心区，限制开发区域为保护区的缓冲区。

大洞山自然保护区与大洞山森林公园、叠层石地质公园的关系如图2-26所示。

2. 保护重点

1）自然保护核心区和缓冲区

大洞山自然保护区属于森林生态系统类型自然保护区。现有森林植被可划分森林、灌丛、灌草丛、稀疏植被四个植被型组。该区原有森林覆盖率不高，近年来，徐州市政府通过大力推进"二次进军荒山"造林绿化工程，加快森林植被的恢复，营造大面积的以地带性落叶阔叶树种为主的混交林，已基本消灭宜林荒山荒地。森林植被类型主要有侧柏纯林群系、侧柏—青桐、女贞、楸树（*Catalpa bungei*）、五角枫、栾树针阔混交群系和乌桕、栾树、五角枫、楸树、青桐、女贞、三角枫阔叶混交群系等。

2）人文景观保护区

大洞山有茱萸寺、玄德庙、泰山奶奶庙等古寺名刹遗迹近10处。在充分保护的基础上，根据适当时机，适时恢复部分遗迹原貌，同时营造景观林，使自然与人文有机结合。

3）自然景观保护区

区内有天然观音洞、云雾洞和人工备战洞若干个，有古生物化石群、惟妙惟肖的石羊坡和优质泉水等自然资源。特别是芦山、黄山、大京山三座叠层石山，其中芦山、黄山总体面积约1000万 m^2，大京山东部叠层石单层面积达 $9km^2$。地质遗迹景观分为12亚类16个基本类型。包括地层剖面景观：芦山南华纪剖面、猴家山组与魏集组平行不整合面；地质构造景观：黄山断层、大洞山断层崖、芦山断层；古生物景观—叠层石：叠层石产出层位、叠层石产状、叠层石产出类型、叠层石造型特点；山体景观：大洞山、芦山、黄山及大京山；地貌景观：可溶岩地貌；水体景观：督公湖、一口泉；其他景观：竹叶石、鲕粒灰岩、龟形石、奇石；洞穴景观：芦山洞、人防工程与天然溶洞、观音洞、大云窟、矿洞、怪坡等。

山南坡万亩石榴园，树龄长者高达300余年，是全国三大石榴园之一，北坡

图 2—28 徐州市大洞山森林公园

大面积桃林掩映其间，形成春赏桃花、夏季避暑、秋采石榴、冬季休闲的生态景观。

（三）圣人窝自然保护区与吕梁山风景旅游区

1. 区域范围

圣人窝自然保护区与吕梁山风景旅游区位于市区东部铜山区境内，地理位置为 N34° 8′ ~34° 13′，E117° 22′ ~117° 32′，呈三角形，大致由东北—西南向的连霍高速公路、东南—西北向的 G104 国道和南北向的 252 省道合围而成，总面积 209.97km²。地貌特征为三片山区间夹三片平原。由于群山分割，景区内水系不统一，分属京杭大运河 (不牢河段)、故黄河、房亭河、奎濉河 4 大水系。山区湖泊 (水库) 众多，其中较大的有吕梁湖水库、倪园水库、圣人窝水库、杨洼水库、白塔水库、白桥水库等。

2. 植被保护重点

圣人窝自然保护区属于森林生态系统类型自然保护区。本区植物资源较为丰富，国家重点保护植物有青檀、野大豆（*Glycine soja*）、喜树（*Camptotheca* acuminata）、杜仲（*Eucommia ulmoides*）、核桃（*Juglans regia*）、鹅掌楸（*Liriodendron chinense*）以及名贵中药材半夏（*Pinellia ternata*）、茵陈（*Artemisia capillaris*）等。以侧柏林为主，典型植被群落有针叶林、阔叶林和针阔混交林。

1）自然景观核心区

以地带性石灰岩山地森林植被生态系统的构建为主要目标，重点建设水土保持林、水源涵养林和生态保育林。水土保持采用生长旺盛、根系发达、固土力强，能形成具有较大容水量和透水性死地被凋落物的树种营造复层混交林，主要树种可以选用女贞、杜梨、楝树、榆树以及迎春等。水源涵养采用根系深、根域广，冠幅大，林内枯落物丰富和枯落物易于分解，长寿的树种营造复层混交林，主要树种可以选用侧柏、山杏、五角枫、青檀以及海桐等。生态保育采用鸟类提供丰富食物来源的树种为主要造林树种，为鸟类提供觅食和栖息场所，主要树种可以选用榔榆（*Ulmus parvifolia*）、大果榆（*Ulmus macrocarpa*）、青桐、梓树（*Catalpa ovata*）、山里红（*Crataegus pinnatifida*）以及酸枣等。

2）人文景观核心区

在进行拟自然状态的植物配置的原则基础上，以现有侧柏林为基质，碎块状混交的方式，组织多层次、多色彩相间出现的自然景观。重点建设春花秋实、夏花秋实、模纹景观林、宗教文化林。

春花秋实以春花类造林树种为基调树种，少量混交常绿树种和春（秋）色叶树种，并在林下混交早春花灌木和常绿草本植物，营建春季森林景观为中心的四时景观，主要树种选用山杏（*Armeniaca sibirica*）、杜梨（*Pyrus betulifolia*）、山桃（*Prunus davidiana*）、红花槐（*Robinia hispida*）、女贞、黄连木、枫香、五角枫、迎春（*Jasminum nudiflorum*）和连翘（*Forsythia suspensa*）等。

夏花秋实以夏季观赏性好的花果类造林树种为基调树种，少量混交常绿树种和秋色叶树种，并在林下混交常绿灌、草，重点营建夏季森林景观为中心的四时景观，主要树种选用石榴、黄栌、山里红、女贞、夹竹桃（*Nerium indicum*）、海桐（*Pittosporum tobira*）、紫薇（*Lagerstroemia indica*）、石楠（*Photinia serrulata*）、夏石竹（*Dianthus chinensis*）等。

模纹景观从区域历史文脉出发，利用生态风景林自然的形与势，综合运用带、

图 2-29 吕梁山风景旅游区

块状混交技术，以秋色叶树种为基调树种，常绿树种组成一定吉祥寓意的乔木林模纹，主要树种选用侧柏、女贞、龙柏（*Sabina chinensis*）、黄连木、五角枫、臭椿、黄栌等。

宗教文化林以寺庙常用的长寿树种为主造林树种，营造肃静清幽的气氛，形成具有浓郁佛教文化信息的森林景观，主要树种选用侧柏、青檀、榆树、青桐、五角枫、三角枫、黄栌、山杏、冬青、箬竹（*Indocalamus tessellatus*）等。

3）生态控制区

植被群落以生态保持林和经济林为主。生态保持林以生态风景林、林地保护为主，通过封山育林、人工造林，推进植被演替，逐步形成地带性森林植被。经济林在以桃、李、杏、樱桃等传统果树基础上，积极开展以果、花、叶、芽等多部分收获对象的经济林，玫瑰、香椿、金银花（*Lonicera japonica*）等。

3. 人文景观保护

宋代王应麟所著《通鉴地理通释》中写道："泗水至吕县，积石为梁，故号吕梁。春秋时期，孔子曾驻足吕梁洪边，目睹"悬水三十仞、流沫四十里"的壮观景象，留下了"逝者如斯夫，不舍昼夜"的千古名句。吕梁山风景区自然和人文遗迹较为丰富，吕梁奇石、孔丘峰山观洪、凤冠山古碑刻名传天下，天然溶洞、鳌卧沙丘、古庙遗址、吕梁山烈士亭等也独具特色。

（四）黄草山森林公园与岠山风景名胜区

1. 区域范围

黄草山森林公园东至占城镇甘山村，北至便民河，南、西分别与睢宁县、铜山区接壤。包括白山村、甘山村、占城果园、山上、沟北，面积13.3km²；岠山风景区以山脊线为界，北侧为邳州八路镇境内，面积2.6km²；南侧为睢宁古邳镇境内，面积2.5km²，总面积5.1km²，最高峰海拔204.7m，属低山丘陵地貌。

2. 植被保护重点

史料记载，岠山古木蔽日，山峰秀美。由于年代久远，加上累遭地震、洪水、战乱等自然灾害以及人为活动的破坏，岠山的自然植被已残存无几。近年来通过石山造林，森林植被得到较好的恢复，主要树种有侧柏、女贞、雪松（*Cedrus deodara*）、栾树、五角枫、火炬树（*Rhus typhina*）、枫杨、泡桐（*Paulownia sieb*）、青檀、黄栌、臭椿、苦楝、青桐、刺槐、国槐、杏、柿、板栗（*Castanea mollissima*）、山楂、核桃、石榴、木瓜（*Chaenomeles sinensis*）、枫香、榆树、柳（*Salix matsudana*）、杜梨（*Pyrus betulifolia*）、紫叶桃、竹子、红叶石楠、小叶女贞、火棘（*Pyracantha fortuneana*）等。

3. 人文景观保护

岠山所在八路镇是"一门三烈"宋绮云、徐林侠、"小萝卜头"宋振中的故乡，名胜古迹较多，有天池、凤凰台、蟠龙湖、龙井泉、葛仙洞等故事传说；有贝丘遗址、张良纳履、关公护嫂及曹操、刘备、吕布争战白门楼等许多楚汉俊杰、三国英豪的故事迹址；有成群的汉墓；目前建有小萝卜头纪念馆、宗善禅寺景区、葛洪井景区、葛驿亭景区、白门楼景区等。

（五）邳州国家银杏博览园

银杏（*Ginkgo biloba*）是徐州市市树。

1. 区域范围

邳州银杏国家博览园位于邳州市东北部，总面积 153km^2，其中银杏园面积 33.3km^2。

2. 资源保护

邳州国家银杏博览园植物资源保护的重点是银杏种质资源和古树资源 2 类。

1）古树名木

全市古银杏树 1393 株，其中 100~299 年 1367 株，300~499 年 41 株，500 年生以上的 13 株。

2）种质资源

邳州银杏，栽培量极大，乔木林面积 5562.72hm^2，计 686.05 万株，主要连片集中分布在邳州市港上、铁富、邹庄、官湖、陈楼等五镇。其中，产前期 681.33

图 2-30 邳州国家银杏博览园

万株，初产期 3.84 万株，盛产期 0.88 万株。城镇和四旁散生栽植 64.77 万株，其中，径阶 10cm 及以下 47.81 万株，径阶 12~20cm15.15 万株，径阶 22cm 及以上 1.81 万株。银杏品系多样，优良乡土品种丰富。原生银杏品种主要有马铃、梅核、龙眼、佛手等品种（群）。新选育的有宇香、亚甜等果叶兼用型新品种。并有从国内外引进的种质资源 82 份，其中长子类 30 份，圆子类 21 份，佛手类 12 份，马铃类 13 份，梅核类 6 份。规划以邳州银杏研究所为重点，建立银杏种质资源基因库 1 个，配套建设种质资源库圃、种子园、良种采穗圃、良种苗木生产圃。

（六）艾山九龙沟自然保护区（艾山九龙景区）

1. 区域范围

位于邳州北部苏鲁两省交界铁富镇内。北起虎皮山与破头山构成的山区，南至龙凤鸭河水带，东抵万亩桃园东侧景区公路，西至艾山西村，总面积 13.9km²。山分南北，九条龙脊，一道水脉，主峰海拔 197.2m，属低山丘陵地貌。

2. 植被保护重点

为自然生态保护区，区内动植物资源丰富，主要森林群落为以麻栎—椰榆落叶阔叶混交林、侧柏—刺槐混交林、侧柏纯林、桃树等经济林。其中麻栎（*Quercus acutissima*）、合欢、乌桕、椰榆、刺槐、棠梨（*Pyrus calleryana*）等树种为徐州地区地带性树种，多为天然次生林，群落稳定性较强。

3. 人文景观保护区

在原有自然保护区基础上，扩展范围至 20km²，建设景区。对自然生态进行保护和完善同时，区域内有春秋时期的艾王城遗址，三国时期徐庶隐居的徐庶洞，唐宋时期的古战场黑风口，明清时期的奶奶庙，少林寺下院—铁佛寺，世界第三大玉卧佛—华严寺等人文景观。更有如意湖、凤凰台、九龙脊、九龙涧、橡树林等自然景观。

（七）马陵山风景名胜区（森林公园）

1. 区域范围

马陵山风景名胜区位于新沂市区南部、骆马湖北部，总面积约 60km²，规划面积 28.4km²。总体布局为三大景区：三仙洞景区为核心景区，精华所在，面积 11.8km²，黄巢湖景区以自然野趣和水上活动为特色，面积 11.28 km²；花厅景区以"花厅古文化遗址"的丰富历史文化内涵为主要内容,具有科普游览功能,面积6.82km²。马陵山生态风景林土质为紫砂页岩构成,有多处典型的丹霞地质风貌。

2. 植被保护重点

马陵山风景名胜区森林植被的构建与保护以生态风景林为目标。现有森林植被以黑松、侧柏为主,果木以苹果、葡萄、梨、杏、柿、板栗、银杏、核桃等居多。全景区主要乔木树种有侧柏、黑松(*Pinus thunbergii*)、麻栎、乌桕、棠梨、雪松、刺槐、柘树(*Cudrania tricuspidata*)、竹类、女贞等50多种。

3. 人文景观

景区内有省级文物保护的"花厅文化遗址"、"小徐庄文化遗址"等;有春秋著名的"马陵道"和蒲松龄笔下的"三仙洞"、"七真岩洞";新建有"苏北大战碑亭"、"三仙洞文化长廊"、"马陵山博物馆"、"欢乐大峡谷"、"五花园"、"五花山庄"、"藏兵洞"、"三仙洞水库游船"、"老虎窝"、"长寿泉"、"读书煮春茶社"、"吴牛望月"、"群龟望海"、"司吾清晓茶座",建于宋代的"禅堂寺"、"红陵寺"、"山隐寺"等30多处景点。

二、湿地生态系统为主体的自然保护区、风景名胜区、湿地公园

(一)骆马湖自然保护区

1. 区域范围

骆马湖徐州境内湖面隶属草桥、棋盘、窑湾、新店四个乡镇及骆马湖林场,总面积13270hm²。其中滩地(包括湖岛)面积1173hm²。湖区有大小湖岛69个,其中沈楼、李圩子、花嘴、盐场、高场、阎场、陆渡口、陆楼等岛面积在2~8hm²之间。保护区域为湖区以及大堤外1km区域及新沂河河床分布的区域。核心保护区为湖区深水分布区域,面积4110hm²。地理坐标:N34°8′~34°13′,E118°4′~118°11′。

2. 生态保护重点

骆马湖自然保护区属于湿地生态系统类型自然保护区。水生植物覆盖量达95%以上,主要水生植物群落类型包括:芦苇群落、喜旱莲子草群落、槐叶萍群落、菰群落、

水鳖群落、水蓼群落、菱群落等。其中芦苇群落和喜旱莲子草群落分布最广泛。

主要动物种群有浮游动物 67 种，底栖动物 20 种，鱼类共有 58 种，两栖类 6 种，其中属省级保护动物的有金线侧褶蛙（*Pelophylax plancyi*）、黑斑侧褶蛙（*Pelophylax nigromaculata*）；爬行类 19 种，其中属省保护动物的有中华鳖（*Trionyx Sinensis*）、乌龟（*Tortoise*）、黑眉锦蛇（*Elaphe taeniura*）；兽类 16 种，以黄鼬（*Mustela sibirica*）、兔（*Leporidae*）等经济种常见；鸟类 71 种，其中国家二级保护鸟类 5 种，分别为小鸦鹃 (*Centropus bengalensis*)、短耳鸮 (*Asio flammeus*)、雀鹰 (*Accipiter nisus*)、普通鵟 (*Buteo buteo*) 和红隼 (*Falco tinnunculus*)。

（二）九里湖湿地公园

1. 区域范围

位于徐州市泉山区的西北部，通过对原煤矿坍陷地进行生态修复建设而成。按照清华大学编制的概念性总体规划，九里湖生态湿地公园规划区域为 30.8km²，其中，起步区 11.2km²。空间规划架构为"一湖两轴八片区"，包括水景区、生态恢复区、运动休闲区及生态居住区等 8 个片区。

2. 生态保护重点

通过对采煤塌陷地生态修复，重点改善生态环境，营造人工湿地公园。选择抗碱性强的本土树种，共 7 大类 95 个品种，营造湿地周围的森林生态系统，沿岸及浅水区种植大量芦苇（*Phragmites australis*）、菖蒲（*Acorus calamus*）、鸢尾、千屈菜（*Lythrum salicaria*）等水生植物，形成陆生—水生植物的自然过渡。通过恢复和保护湿地自然环境，使湿地生物逐步呈现多样化，为野鸭、白鹭、天鹅等珍稀鸟类和鱼类提供栖息和生存环境。

（三）潘安湖湿地公园

1. 区域范围

潘安湖湿地公园位于贾汪区西部，通过对原煤矿坍陷地进行生态修复建设而成。规划总面积 52.87km²，其中核心区面积约为 15.98km²，外围控制区面积约为 36.89km²。

2. 生态保护重点

集"生态环境修复、湿地景观开发、基本农田再造、采煤塌陷地复垦"四位一体。

充分利用原有煤矿坍陷废弃地，通过复绿、治水、育土、建景等生态修复手段，拓展、保护水源地森林植被，优化群落结构，增强和提高湿地综合功能。通过多层次绿化，修复生态、改善和提升人居环境，形成人与自然和谐的中国最美乡村湿地。整个区域分为生态保护区、万亩湿地观光区、民俗文化区等几大区域。植物群落主要体现地带性落叶乔木混交林、常绿落叶混交林、灌木林、水生植被四大类，重点栽植和保护植物品种约 195 个品种。其中，乔木 78 个品种，水生植物 30 种。

（四）微山湖湖西湿地风景名胜区

1. 区域范围

微山湖位于 N34° 27′ ~33° 20′，E117° 21′ ~116° 34′ 之间，是中国著名的浅水型、河流堰塞湖。微山湖湖西湿地面积约为 473.34km²，其中沛县 306.67km²，铜山区 166.67km²。

2. 植被保护重点

植物资源丰富。据调查，乔木以杨树为主，部分栽植泡桐、臭椿、榆树、楝树、侧柏、柳树、刺槐等乡土树种，灌木有紫穗槐、白蜡、杞柳等。水生草本植物 42 种，隶属于 22 科，有芦苇、野麦、菰草、荆三棱、香蒲、华夏慈姑、芡实、莲等，尤以芦苇最多，群落密度大，生长整齐，总盖度可达 95% ~ 100%。大部分为由芦苇单种组成的纯群落，少数杂有小量禾草类和一些缠绕性草本植物。

（五）黄墩湖自然保护区

1. 区域范围

位于江苏北部徐州市与宿迁市交界处。地理坐标：N34° 8'2″ ~34° 12'43″，E118° 2'3″~118° 5'49″。分属于骆马湖湿地地区，保护区总面积达 5333hm²，核心区面积 2840hm²。内有河流湿地（面积 286hm²）、沼泽湿地（面积 321hm²）和人工湿地（面积 767hm²）等几种类型。

2. 生态保护重点

以淡水湖泊、河流湿地生态系统为主要保护对象。主要植物种群有高等植物 34 科 54 属 59 种。主要植物群落类型包括芦苇群落、菰群落、水蓼群落、喜旱莲子草、绿萍群落、狗尾草群落、狗牙根群落。野大豆等重点保护物种群落也有少量分布。主要动物种群有浮游动物共有 43 种，底栖动物共 18 种，鱼类共有 58 种，两栖类有 5 种，其中属省级保护动物的 2 种。爬行类有 9 种，其中属省保护动物的有 3 种。兽类有 5 目 6 科 9 种，鸟类有 23 科 47 种，其中红隼 (*Falco tinnunculus*) 为国家二级保护鸟类，属中属候鸟保护协定的有青脚鹬 (*Tringa nebularia*)、矶鹬 (*Actitis hypoleucos*)、金眶鸻 (*Charadrius dubius*)、黄苇鳽 (*Ixobrychus sinensis*)、白鹡鸰 (*Motacilla alba*)5 种，属中日候鸟保护协定的有罗纹鸭 (*Anas falcata*)、绿头鸭 (*Anas platyrhynchos*)、红尾伯劳 (*Lanius cristatus*)、北红尾鸲 (*Phoenicurus auroreus*)、白鹡鸰 (*Motacilla alba*)、田鹀 (*Emberiza rustica*)6 种。

（六）大沙河湿地与故黄河上游湿地

1. 区域范围

大沙河是黄河南徙夺淮入海期间于 1854 年蟠龙集决口冲击形成的，至今已经有两千多年的历史。在徐州上游区经过丰县、沛县，全长 61km（其中丰县境内 28km，沛县境内 33km），加之流经丰县的黄河故道 26.5km，总长度 87.5km，涉及区域面积达 737km²。其中河流湿地保护区总面积 35.2km²。

2. 生态保护重点

该区域是省级饮用水保护地。区域内动植物资源丰富，树木主要以杨树、苹果、刺槐为主，部分地区栽植泡桐、楝树、柳树、臭椿等乡土树种，灌木有紫穗槐、水蜡等。湿地植物主要有芦苇、水花生、茅草、蒲棒等 10 多种。野生动物主要有鸟类 33 种，其中省重点 9 种 (鹌鹑、四声杜鹃、杜鹃、戴胜、绿啄木鸟、大斑啄木鸟、发冠卷尾、灰喜鹊、大山雀)；两栖类 4 种，其中省重点 2 种 (黑斑侧褶蛙、金钱侧褶蛙)。

（七）故黄河中游湿地

1. 区域范围

故黄河中游湿地从铜山区西部经泉山区、鼓楼区、云龙区、经济开发区到铜山区东部，其中铜山区境内 56.3km，市区 20.7km。沿线串联分布有泉润湿地公园、六堡水库、吕梁湖水库等大、中型水库湿地。

2. 生态保护重点

故黄河中游湿地生态系统维护保护重点，为以下 4 个区域：

一是铜山区西部河段，以河道湿地生态系统为保护重点，两岸 50~100m 经济林带。

二是泉山区泉润湿地公园和桃花源湿地公园，均位于主河道南侧，为原卧牛煤矿采煤塌陷地经生态恢复形成的大型城市湿地公园。

三是云龙区和铜山区东部河段，故黄河湿地生态系统维护，包括两内里100m生态风景林带，保护重点为河道湿地生态系统。

四是吕梁湖水库，面积733hm²，两旁群山拥抱，一面与故黄河道相连，生物多样性保护重点为水鸟等鸟类。

（八）故黄河下游湿地

1.区域范围

黄河故道中游湿地位于睢宁县境内，西起双沟镇，经王集镇、姚集镇、古邳镇、魏集镇到徐洪河，长66.5km，包括庆安水库，总面积116.6 km²。

2.生态保护重点

自然河道湿地生态系统维护。

（九）白塘河湿地公园

1.区域范围

白塘河湿地公园位于睢宁县城西北角，占地面积3.8km²，四至为下邳大道以南、环城路以西、104国道以北、睢邳路以东。

2.生态保护重点

通过对原地形地貌进行科学生态修复，将原有的汪塘、沟壑、鱼塘、水地进行清淤归集，恢复湖面、高滩、浅滩等湿地自然地貌，构建水生、湿生和陆生植物群落，注重物种的保护、繁衍，逐步提升湿地功能。整个公园规划建设湿地保育区、农耕体验区、科普教育区和佛教文化区4个区域。

湿地植物景观包含多种乔木、灌木、水生植物、湿生植物、地被及其他作物等，是湿地生态保护和景观游览的核心工程。主要乔灌木品种有水杉、栾树、楝树、乌桕、玉兰、柏树、樱花、梅花、桃花、枣树、紫薇、柿树、海棠、山楂、板栗、杨树、柳树50余种等；水生植物有荷花、菖蒲、芦苇、千屈菜、鸢尾、荷、慈姑、茭白等10余种，地被以各种野花组合为主。

图 2—31 白塘河湿地公园

>>

园林是承载地方文化、形成特色景观的重要载体。在内涵与功能越来越复杂的现代园林中，将现代化园林与传统文化、地域文化相融，或者更进一步创造性结合，形成丰富多彩，有文化有意境的园林环境，是园林创作的重要课题。

第一节　徐派园林风格

　　徐州地区自古经济文化发达，私家园林历史悠久[①]。但由于徐州历来为"兵家必争之地"，饱受战火"洗礼"，黄河又数次对其造成毁灭性破坏，到 1948 年，徐州仅存一座私家园林。进入 21 世纪以来，徐州园林在快速发展的同时，逐步形成了鲜明的地方特色：在公园文化和艺术表现上，将"不南不北"的地缘和人文因素演绎成"南秀北雄、楚风汉韵"的园林艺术风格；在公园景观要素中，建筑密度大幅度降低，以植物为主的景观取代了传统园林建筑为主的景观；景观表达手法更多采用直白且理性的手法，和缓起伏的地形及草坪、地被的建立，广场空间的布置，大幅度增加了环境容量；依托自然山水条件，积极挖掘城市棕地潜力，综合运用新技术、新材料、新艺术手段，创造出"整体大气恢宏、细部婉约雅致"，自然绚丽，雅俗共赏的新型园林绿地。

一、楚风汉韵并蓄

　　"自古彭城列九州，云龙遗迹几千秋。绿林烟锁黄茅岗，红杏香渺燕子楼。戏马台前生细细，云龙山上乐悠悠。当年楚宫今何在，惟见黄河水东流。"徐州既是汉高祖刘邦的故乡，也是项羽故都。灿烂的楚汉文化的发祥于此，经过两千多年不断地丰富和发展，重情重义，粗犷豪迈，淳朴大方，大气恢宏的楚汉风韵和博大精深的文化渊源，在徐州众多的园林风景中都得以体现，哺育和造就了古老徐州的地域文化，呈现出鲜明独特的地域特色，成为徐州不同于江南及齐鲁文化的标志。

（一）汉文化景区——粗犷恢宏的大汉气象

　　徐州汉文化景区由原狮子山楚王陵和汉兵马俑博物馆整合扩建而成，东起三环路，南至陇海线，西接京沪线，北迄骆驼山，总占地面积 1400 亩，是以汉文化为特色的全国最大的主题公园，囊括了被称为"汉代三绝"的汉墓、汉兵马俑和汉画像石，集中展现了两汉文化精髓，它是徐州区域内规模最大、内涵最丰富、

[①] 现今有据可考的最早的私家园林，当为唐代贞元年间，武宁军节度使张愔镇守徐州时，为爱妻关盼盼特建的"燕子楼"。从苏东坡《永遇乐·彭城夜宿燕子楼》一词，可见当年燕子楼的园林胜景和风致。

两汉遗风最浓郁，集历史博览、园林景观、旅游休闲于一体的汉文化保护基地和国家 4A 级精品旅游景区，成为徐州的金名片（图 3-1）。

图 3-1 徐州汉文化景区

徐州汉文化景区秉承汉文化精髓，以徐州汉代历史为背景，按照"庄重、粗犷、恢宏、大气"的概念，充分展示新汉风文化主题，形成中国传统风格的主题景观，体现历史年轮中特有的的"大汉气象"。景区由核心区和外延区两部分构成，核心区由狮子山楚王陵、汉兵马俑博物馆、汉文化交流中心（展示汉化像石艺术）、刘氏宗祠、竹林寺、羊鬼山展亭（王后陵）、水下兵马俑博物馆等两汉文化精髓景点组成；外延区包括汉文化广场、市民休闲广场、棋茶园、考古模拟基地、滑草场等景点。整个景区"有俑有陵有汉画、有山有水有古刹"，呈现为一部立体的汉代史。

狮子山楚王陵处于汉文化景区的核心区，是西汉早期分封在徐州的第三代楚王刘戊的陵墓。该陵墓"因山为陵，凿石为藏"，结构奇特，工程浩大，完全在演示之中凿建而成，是一座罕见的特大型西汉诸侯王崖洞墓葬，也是徐州地区规模最大、文物遗存最多、历史价值最高的西汉王陵，被评为 1995 中国十大考古新

图 3-2 狮子山楚王陵

图 3-3 徐州汉兵马俑博物馆
图 3-4 水下兵马俑博物馆

发现之首、中国 20 世纪 100 项考古大发现之一（图 3-2）。

　　徐州汉兵马俑是继西安秦兵马俑后的又一重大发现。作为楚王的陪葬品，四千多件汉俑是用写意的手法，将汉代军旅中士兵们的思想、神念和情感惟妙惟肖地刻画出来，具有很高的艺术欣赏价值。徐州汉兵马俑博物馆是在原址上就地建馆，占地面积 6000m²，由汉兵马俑新馆和水下兵马俑博物馆两部分组成。汉兵马俑新馆为局部两层建筑，设计借鉴汉代建筑风格，充分体现了汉代建筑古朴稳重、恢宏大气的神韵。汉兵马俑馆北侧 100m（狮子潭内）新建有目前国内唯一的水下兵马俑博物馆，该馆为两个方形槲斗状建筑，借鉴汉代屋顶建筑形式，呈四坡面，展出了复原的俑坑和精心修复的兵马俑（图 3-3、图 3-4）。

　　汉文化交流中心为一座巧妙建造在狮子潭水面上的干栏式建筑，依山傍水，与周围自然环境完全融合为一体。整座建筑借鉴汉代建筑的神韵，到处可见汉文化符号，又极富现代气息，主要展示了东汉时期比较兴盛的汉画像石艺术，成为一个中外文化艺术交流的场所（图 3-5）。

　　汉文化广场东西长约 280m，南北宽约 90m，占地 1.8 万 m²，采取规整庄严的中轴对称格局，以东西为空间走向，依次布置了入口广场、司南、两汉大事年表、

图 3-5 汉文化交流中心

历史文化展廊、辟雍广场等景点，终点矗立汉高祖刘邦的铜铸雕像，构成完整的空间序列，犹如一段立体空间化的汉赋，通过"起"、"承""转"、"合"四个章节，抑扬顿挫、弛张有度，将汉风古韵自然呈现出来（图3-6）。

（二）龟山汉墓景区——雄浑恣肆的楚汉雄风

龟山汉墓是西汉第六代楚襄王刘注的夫妻合葬墓，工程浩大，建筑雄伟、奇巧，洋溢着雄浑恣肆的楚汉雄风，充分体现了汉代粗犷豪放、大朴不雕的美学风格，被誉为"中华一绝"、"千古奇观"，是全国重点文物保护单位，首批国家 3A 级旅游景区，

图 3-6 汉文化广场

图 3-7 徐州龟山汉墓

中国 20 世纪百项考古大发现之一，被列为"十一五"期间 100 处国家重点大遗址保护专项，是徐州市重点打造的两汉文化旅游集散地，弘扬徐州楚风汉韵、南秀北雄地方特色的景点之一（图 3-7）。

　　龟山汉墓景区位于鼓楼区九里山以北，占地面积 22hm²，以汉墓为景观主线，通过充分挖掘汉代墓葬文化和龟山汉墓自身特点，将景点梳理整合，划分为"汉墓核心景观区"、"圣旨博物馆区"、"石雕艺术馆区"、"珍珠潭景观区"、"龟山探梅景观区"五大景区。景区各景点均围绕龟山汉墓展开，如铜熏台以出土的铜熏为原型塑造，珍珠潭以"素衣龟精坐化成山"的美好传说为背景，旱溪也是依山势在原有沟渠基础上改造而成，处处体现出了"龟山特色"和墓葬文化，构成了一个景观层次丰富的环山公园（图 3-8、图 3-9）。

（三）戏马台景区——古台生春会有时

　　戏马台位于徐州市中心区户部山最高处，因西楚霸王项羽"因山为台，以观戏马"而得名。有着两千多年历史的戏马台，重修后是一个仿造清官式建筑式样重建的仿古建筑群，结构严谨、布局匀称、错落有致、沉雄庄重。迈过百步青阶，穿过门楼式山门，戏马台的雄姿便尽收眼底：风云阁玉立中轴，占尽风情；霸业雄风鼎迎面而竖，摄人心魄；隔断墙上，"拔山盖世"四字赫然醒目（图 3-10）。

　　戏马台分为四个游览区，前区分"楚室生春"、"秋风戏马"两组宏伟的仿

图 3-8　圣旨博物馆

图 3-9　石雕艺术馆

图 3-10　戏马台雄姿

图3-11 山门

图3-12 霸业雄风鼎、拔山盖世墙

图3-13 风云阁

图3-14 项羽石雕像

古皇家建筑群，东院内有一新塑的项羽石雕像，按剑怒眉，英气勃勃；后区依山就势逐步递进，错落有致，设计为百米长廊，长廊以古来咏台诗词，古今书法大家笔迹勒石镶壁，外围有明清古民居建筑群，西侧为新开发近两千平方米的绿化带。景区内遍植名木异卉，更有霸业雄风鼎、重九台、乌骓槽、系马桩、项王武库、人杰鬼雄石等诸景点缀其间，使戏马台景区疏密有致，蔚为大观，成为徐州市楚汉文化中杰出的代表（图3-11～图3-14）。

二、南秀北雄兼得

城市形态是城市特色的外在表现。一个城市的形态塑造与这个城市的自然禀赋有着十分密切的关系。徐州是一座内陆城市，但也是一个山水城市，城内外有七十二座山峰，北区的九里山莽莽苍苍，连成一片，气势磅礴，又有临波倚翠的九里湖、九龙湖，玉带回转的故黄河风光带，湖光山色，刚柔相济；南区的云龙山、泉山冈峦环合，绿波层涌，山峰不高却十分秀美，云龙湖水质清澈，仿佛一颗明珠镶嵌在市区南部，湖光山色，相映成趣。"山包城、城包山"壮美的山水格局，使徐州披戴着一袭醉人的锦山秀水，自然景观兼有北方的豁然大气和南方的钟灵秀丽。正因为此，徐州园林呈现出"北雄南秀"的风格，真山真水打造的园林景观，整体磅礴大气，细节精致婉约，山水风韵秀甲淮海。

（一）云龙湖风景区—三面云山一面湖

云龙湖风景区位于徐州城区西南部，是徐州市标志性景区之一。云龙湖东傍云龙山，南靠珠山、大山头、拉犁山，西依韩山，三面青山，叠翠连绵，北临滨湖大堤，一湖波光，尽收眼底，令人胸襟豁然，构成了"三面环山一面湖、一堤一城相毗邻"的城景相依的自然态势。沿湖而行，绿草如茵，三春桃红柳绿，仲夏荷花比艳，深秋枫叶如火，严冬青松傲雪，东岸夏景，西岸秋景，北岸冬景。四时风光鲜明，各自异彩纷呈（图3-15）。

整个景区地形自然起伏，游园步道曲折蜿蜒，休憩广场风格各异，古典园林建筑隐约其间。"静湖幽园、苏北江南；亭楼肆苑、水乡闲情"的小南湖荷塘鱼藕幽静雅致，湖堤春晓典雅清秀，石瓮倚月古朴端庄，十里杏花扬雪映湖，苏公岛、鸣鹤洲、荷风岛清风习习、荷香阵阵，秋韵园芦苇轻摇、层林尽染，真山真水的珠山古朴清幽自然，小桥流水、名苑流香，亭、园、榭、轩、阁与桥、堤、台构成一幅自然山水画卷，北湖之雄、南湖之秀，在这里得到了完美的诠释（图3-16～图3-17）。

（二）云龙山景区——状若游龙

徐州城南毗连市区的云龙山，因常年有云雾缭绕又蜿蜒起伏，3km的九节山头像一条昂首向东北，曳尾于西南的苍茫巨龙而得名。山上翠柏蓊郁，殿宇亭台掩映其中，朝暮云霭变幻，令人心旷神怡。苏轼曾在《放鹤亭记》描述：春夏之交，草木际天；秋冬雪月，千里一色；风雨晦明之间，俯仰百变……云龙山不但景色瑰丽，而且名胜古迹众多，山门牌坊、"云龙山"石刻、名闻遐迩的放鹤亭、饮鹤泉、大石佛和兴化寺、大士岩和东坡石床、云龙书院、观景台等，集佛教文化、宋代文化

图 3-15 三面云山一面湖

图 3−16 南湖之清秀

图 3−17 珠山之清幽

以及唐宋明清石刻和建筑文化于一身，早在南北朝时期就已经成为远近闻名的游览胜地，素有"徐州诸景之首"的美誉（图3-18～图3-25）。

（三）九里山——气势雄伟古战场

"九里山前古战场，牧童拾得旧刀枪。顺风吹起乌江水，恰似虞姬别霸王。"九里山坐落于徐州北部，西南东北走向，东西连亘九里，气势雄伟，峰峦迭起，为徐州北部之天然屏障，更因系古战场而出名。九里山西腰有座自然岩洞白云洞，深不见底，每到夏日雨季，洞内常有雾气涌出，恰似仙境（图3-26至图3-27）。

（四）九里湖生态湿地公园

九里湖生态湿地公园原址为采煤塌陷区，总体规划面积30.8km²，主要由东南

图3-18 云霭变幻云龙山

图3-19 "云龙山"石刻
图3-20 山门

图 3-21 放鹤亭
图 3-22 大士岩

图 3-23 观景台
图 3-24 刘备泉

图 3-25 兴化禅寺

图 3-26 九里山古战场

图 3-27 白云寺

湖、西湖和东北湖三个景区组成，三湖以徐丰路为中轴隔路相望。一期东南湖景区景观特色为精巧雅致。这里水域广阔，林木葱郁，草地起伏，广场绿地布局灵活，亭台水榭造型轻盈，栈道曲桥形式多变，于现代简洁的城市绿地景观形式中，展现出质朴、淡雅的自然风光，营造出人与自然和谐共存的城市湿地环境，游人在运动休闲中体验生态湿地乐趣，于自然景观中感受生态湿地景观带来的视觉愉悦。二期西湖景区遵循总体规划目标，进一步体现城市公园和生态湿地独特的自然景观特色。景区环境以"绿"和"水"为空间基质，构成景观开阔轩昂、具有自然品质的亲水性休闲活动空间，与东南湖景区取得统一协调（图 3-28）。

（五）故黄河景观带

黄河故道这条古老河流从宋代至清代在徐州流经了 600 多年，由西北向东南滔滔碧水绵延 14km，像一条弧形的碧玉带穿徐州城而过。河两岸高楼鳞次栉比，绿树掩映，古迹众多。绿地内地形高低起伏，园路曲折流畅，黄楼、牌楼、镇河牛、显红岛，各具特色的滨水广场、古朴的古典建筑、充满文化气息的各式小品、花团锦簇的植物，形成了层次丰富、景观优美、人文景观丰富的滨水特色公园。

昔日的黄河故道，像一道亮丽的都市风景线，为名城徐州溢光增彩，平添妩媚的

魅力（图 3-29～图 3-37）。

图 3-28 生态湿地公园九里湖

图 3—29 绿色玉带故黄河

图 3-30　黄楼

图 3-31　"五省通衢"牌楼

图 3-32　"汴泗交汇"碑

图 3-33　镇河牛

图 3-34　古黄河公园

图 3-35　显红岛

图 3-36 百步洪广场
图 3-37 滨水休闲步道

第二节　空间布局与地形处理

公园绿地是城市绿地的主体，是城市中向公众开放的、以游憩为主要功能，同时兼有健全生态、美化景观、防灾减灾等综合作用的绿化用地。作为城市开放空间的重要组成部分，"徐派园林"在建设过程中，既考虑了公园绿地所处功能区及主导服务人群的差异性和特殊性，同时也考虑到了山水城市格局特色，合理规划利用，充分发挥山水资源的生态作用，以此达到传承历史，融入地域文化的目的，并强化徐州地域特色，增强公众心理上对城市的认知感与归属感。

一、结合自然地形、充分体现自然风貌

"园林惟山林最胜，有高有凹，有曲有深，有峻而悬，有平而坦，自成天然之趣，不烦人事之工"。（《园冶.山林地》）自然山水是构成城市的骨架，是不可再塑的城市形象。山、水更是构成园林的基本要素，一个扩大了的园林是山水城市建设的目标，而自然山水则是这个大园林的背景。这个背景的完善，就如同布的底色一样重要，赋予园林绿地美学意境，体现自然之美和人事之工。

　　徐派园林得山水之便利，充分结合自然地形，通过对山水要素的运用和塑造，体现自然风貌，聚珠荟萃，构筑造园，已成蔚然大观之景象。如云龙湖珠山景区、小南湖景区、泉山自然保护区、云龙山景区等，通过合理开发利用，结合景点的自然地形、地势地貌，体现乡土风貌和地表特征，切实做到顺应自然、返璞归真、就地取材、追求天趣，成为一处处"源于自然，高于自然"的城市绿色斑块。"园基不拘方向，地势自有高低"。徐派园林还注重因景制宜，融建筑于自然景色与地形之中。利用不同的自然地理条件，将传统的亭、台、楼、阁等园林建筑巧妙合理地布局其中，消除建筑与环境的界限，协调建筑与周边环境，使地形景观与建筑景观融为一体，体现返璞归真、崇尚自然、向往自然的心理。人们漫步于山水之间，达到闹中取静的休闲体验，真正获得人与自然的和谐共生的生态效应。

　　珠山景区位于云龙湖南岸，作为云龙湖的一大亮点，"亮在山水的自然交融，把厚重历史文化与现代自然景观融合在一起。"珠山景区在建设中，充分融入了"环境优先，人与自然和谐发展"的理念，对自然山水充分利用，依山而建、临水为景，在总体布局上突出其生态性，以"徐州新天地和珠山新印象"为设计主题，体现"人文、生态、活力"，将景区分为滨湖主入口广场区、水杉林游览区、滨湖休闲景观区、水生植物游览区等9个功能区及观鱼沉水廊道、道教主题广场、水杉林大道、沿湖木质栈道等多个景观节点，用环绕整个珠山总占地面积80万 m² 的区域，打造出真山真水的园林景观，尽显磅礴大气，使市民能够充分享受受绿色的恬静和舒畅，

图 3-38　珠山景区——真山真水、恬静舒畅

真正做到还绿于民（图3-38）。

鹊鸣谷：充分利用原有地形、因地制宜、因材施用，在制高点建立六角重檐亭，即珠山亭，形成全区的观景点，与原有的榆树、法桐等大树一起，形成古朴、清幽、自然的原生态景观群落，成为景区中的一大亮点（图3-39）。

天师岭：景点考虑自然山体在广场总体设计中的重要性，充分利用山体自然态势，叠石引水，成为广场空间围合的实体背景。石与水一刚一柔、一静一动，起到了相映成趣的效果。"飞流湿行云，溅沫惊飞鸟"，远远可以看到"五斗瀑布"飞流直下，通过与广场空间的对比，成为整个景点的重要组成部分和欣赏焦点（图3-40、图3-41）。

好人园：徐州市第一座纪念普通百姓的园林。该园背依珠山，依山傍水，主体是好人广场，整个广场长78m，最宽47m，最窄的地方22m，这里原来是一个采石宕口，在

图3-39 鹊鸣谷
图3-40 天师岭

图3-41 天师广场
图3-42 好人园广场

图 3-43 黄茅岗群羊坡

设计的时候，利用先前的山石坡度条件再结合现场的施工，因地就势设计出以善举墙为中心，结合大小不一的广场及两层台阶，围合出一个独具特色的空间（图 3-42）。

　　黄茅岗群羊坡：云龙山北麓的黄茅岗群羊坡，是云龙山敞园改造工程一期林相改造工程的点睛之笔。改造过程中为体现云龙山奇特的地理风貌，清除了山体上原有附着物，充分凸显山体自然形态，漫山遍野的绵羊石在侧柏和湿地柏的掩映下或蹲或卧，惟妙惟肖，宁静的水面，遒劲的松柏，让人仿佛置身画卷。还原千年前苏轼笔下"满岗乱石如群羊"的壮观景象（图 3-43）。

二、注重城市公园绿地更新

　　城市公园是最具可识别性的城市景观空间，作为延续和展示城市独特文化的重要场所，在城市的更新中也发生形式和意境的更新，从而体现浓厚的文化性。

　　徐州市在云龙公园、彭祖园等封闭式公园的敞园改造建设中，针对公园绿地存在的客观实际问题与城市发展、居民需求的矛盾，注重反映都市人回归自然的理想，在充分了解公园历史、现状、文脉环境的基础上，尊重公园历史和现有景观，对其进行适当的修缮、改造，从空间布局上、功能上、景观上进行有机更新，使之更好地融合在城市空间之中；从形式和意境中体现实际功能，从城市居民的角度以开放的方式为居民健身、散步、玩耍娱乐、社交等活动不限时段地提供场所，充分调动现有公园的承载能力，满足高密度人群的活动和审美需求，进而提升城市品位，促进城市健康可持续的发展。

　　云龙公园：始建于 1957 年，是徐州市区最早的综合性公园。占地 24.35hm²，其中水面 8.4hm²。为了在更大程度上提高市民百姓的生活环境质量，满足人们对

图 3-44　云龙公园——林在城中，人在林中

图 3-45 云龙公园组景

绿色休闲游憩场所的需求，2007 年，市委、市政府决定对云龙公园全面实施敞门改建工程，并将其列入了当年市政重点工程和为民办实事工程（图 3-44）。

公园改造坚持"增加绿量，增大水面，增加历史文化内涵"的指导思想，保留燕子楼、盆景园、马鞍桥、化石林等具有历史和景观价值的景点，按江南园林的建筑风格采用纯木结构复建了水榭长廊等原有建筑，将公园分为五大功能区：以王陵母墓、燕子楼为中心的历史文化区；以亲水平台、木栈道和疏林草地为中心的滨水休闲区；以水杉林、牡丹园、梅园为主的特色植物天然氧吧区；以十二生肖广场、旱喷广场为中心的休闲聚集区；以盆景园为中心的文化商业休闲区。改造后的公园近可赏花戏水，远眺云龙湖山。改造后的公园闹中取静，绿树成荫，四季常绿，步移景异，亭台楼阁别有风味，假山拱桥古朴如初，充分体现了"林在城中、人在林中"的人文生态景观（图 3-45）。

彭祖园：彭祖园始建于 1976 年，时称南郊公园，占地面积 520 亩，地处云龙湖风景区范围内，西傍蜿蜒的云龙山，南临小泰山，东依凤凰山，周边风景名胜、人文旅游资源丰富。相传此地是 4000 多年前彭祖带领先民练功养生、祈福祈寿的风水宝地，是彭祖文化的发源地和集萃地。2010 年，在徐州市委、徐州市人民政

府的主导下，彭祖园实施敞园改造计划，改造总体规划面 积420亩，其中水面30亩，
功能定位为以植物造景为主，集文化、休闲、健身于一体的开放性公园。

在敞园区域改造过程中，彭祖园始终契合"让生态融入景区，让市民拥抱自然"
的城市发展定位，把自然生态、绿色活力等元素融入城市公园建设理念，同时依
托公园山水天全的景观格局，将公园合理划分为五大景区：彭祖文化景区、不老
潭景区、名人馆景区、福寿山林景区、游乐园景区，巧妙融合山体、水体、绿地

图 3—46 彭祖园西大门

图 3—47 寿山

图 3—48 徐州名人馆

图 3-49 不老潭

图 3-50 彭祖祠

图 3-51 彭祖像

图 3-52 友谊樱花林

等自然风貌，进一步完善园内亮化、绿化、水系和山体等基础设施，使公园成为城市生态宜居环境最有力的构成要素，完成从传统封闭式公园向开放式公园的建设发展的发展过渡，重新回归市民的生活中去（图 3-46 ～图 3-52）。

三、强调公园空间布局合理化

公园绿地作为与居民日常生活联系最密切的公共绿地，需要强调的就是其公平性，要让每一个生活在城市中的居民都能方便地享用到这些绿地。造园的目的就是创造空间。一方面要保持单个空间在功能以及景观效果上的相对独立性，另一方面也应该注意各空间在公园在整体上的关联性，使其可以成为一个完整、流畅的园林空间序列，这是园林建设的关键。

　　园林空间是一个不断变化的进展型空间，这种进展性主要表现为景致总是会随人们所处的时间和区域的转换而产生的步移景异的变化，进而构成一个有机的整体序列，即园林空间的动态展示序列，一般可以概括为：起景部分、过渡部分、高潮部分以及结景部分，从而达到移步换景，步移景异，为游人展现丰富多彩的连续景观。徐州园林在展示序列方式上不再局限于传统的单一展示程序，运用巧妙动态序列组合和空间布局以适应现代生活的快节奏，大多采用多向入口、循环道路系统、多条游览路线的布局方法，在以一条主游览路线组织全园多数景点的同时又以多条辅助的游览路线为补充，以满足游人不同层次的游园需求。

（一）奎山公园

　　奎山公园采用自然式的造园手法，以曲线为脉络的道路系统，基本体现了我国风景式园林艺术的造园理念。公园可基本分为山上和山下两部分，山上部分基本由山道两旁的针阔叶绿化带和山顶部分的松涛亭组成；山下部分是全园风景的主要组成部分，公园的休息区、活动区、观光区都集中在这部分。主要景点有曲水溪流、状元桥、玉兰广场、松涛广场等。在空间的动态序列布局手法上，大体采用了以若干主题景观为核心的循环序列布局，设置了多向入口，通过蜿蜒曲折的园路达到了各景点之间以及各景点与各出入口之间的循环沟通。在保持全园总体循环序列的同时，公园以各入口为起景，以相关的景区景点为构图中心，设置多条游览路线，以方便游人的集散，进而更加合理地组织空间序列。这种分散式游览路线的布局方法比较适合于应用在人员密集度较高的城市居住区公园，既满足了要容纳高游客量的客观需求，又易于使游人产生步移景异的新鲜感，增加公园的观赏性。

　　公园主入口：奎山公园的主入口被设计成广场式入口，占地约300m²，采用类似半圆的整体造型，具有半围合的容积空间特点。广场正中放置了刻有园名的黑金沙花岗岩砌筑而成的方形石块，岩体经过放射性抽象手法处理后呈流线型按照形状大小一字排开，四周则围绕着由一品红和一串红组成的花坛，造型巧妙、色彩艳丽，在空间效果上具有较强的向心力，成为整个广场的视觉焦点。岩体两侧栽植

图 3-53 主入口

了两组香樟，在两组树木的数量上，与以流线手法砌筑的四块花岗岩岩体形成了整个公园东高西低的呼应，在整体空间上表达出一种和而不同的协调感（图 3-53）。

劝学励志广场：是一个典型的地景广场，位于和淮海战役烈士纪念园林北大门相对应的方向，通向广场的干道同淮海战役烈士纪念园林的主入口基本保持在同一轴线上，自北向南，高低呼应，中间虽有解放路的阻隔，但丝毫不影响两处景观在视觉感官上的贯通感，从广场中心向南眺望，可以看到淮海战役纪念馆的轮廓，采取这种具有借景效果的布局手法可以比较巧妙地烘托出广场劝学励志的主题，在空间处理上也达成了远景和近景的融合。在这个为半径 11m 的圆形小广场上，东西两侧各有一条与其他分区相贯通的游步道，南面是次入口主干道，采用条石嵌草的路面铺装，庄重而不沉闷，背面则配置了密集的园林植物，完全遮蔽了游客透向山间的视线，结合东西两侧的植物配置，不仅做到了疏密有序，也在一定程度上维持了广场空间的封闭性。

曲水溪流：全长约 100m，由东西两处相连池塘组成，中间则由汀步连接，经

图 3-54 劝学励志广场
图 3-55 曲水溪流

图 3-56 入口广场
图 3-57 玉兰广场

过高低地形处理，东边池塘的水体经由两池中间的汀步，可以源源不断地流向西边的池塘。假山叠泉和挺水雕塑是这部分的核心景观。模拟瀑布形态制作假山跌泉，创造出水位高差，让水体循环流动，产生跌水、溢水和涓流动态水景，强化水体与景石、池面的接触、碰撞进而激起水花，使原本趋于静态的景观空间呈现出动态的美感。在假山南侧的挺水雕塑，就是魁星点斗。点斗本身就具有明显的仪式性，将这一过程制作成雕塑，放置在游人不易靠近的区域，在取得审美效果的同时也可以营造出一个带有神秘感的园林空间，增加公园的观赏性（图 3-54～图 3-57）。

（二）彭祖园

　　"构园无格，借景有因"。彭祖园在改造建设过程中紧紧围绕公园特有山水构架、空间形态，以生态保护为前提，因势利导，巧于因借，对各区域进行有针对性的改造设计，形成两轴、五景区的总体景观布局，远借云龙山逶迤山势为公园背景，近借福寿山、不老潭为造景骨架，山上林木郁郁葱葱，掩映着古朴凝重的建筑，潭中碧水清澈，倒映着拱桥、水榭影影绰绰，山上小路幽静，花间林下广场静谧，山、水、石、树有机结合，营造出不同的生态景观，使活动休憩场所与自然生态环境完美融合（图 3-58～图 3-61）。

图 3-58　远借迤逦云龙山

图 3-59　碧水倒映

图 3-60　花间林下

图 3-61　山路幽静

图 3-62 林下小广场
图 3-63 化石林绿地

图 3-64 疏林草地
图 3-65 滨水休闲

图 3-66 十二生肖广场
图 3-67 东入口广场

图 3-68 花间林下
图 3-69 水杉林

图 3-70　园中园—艺林
图 3-71　牡丹园

（三）云龙公园

云龙公园改造工程突出对生态环境的改造升级，既体现当代园林空间的设计理念，也融合了我国古典风景式园林的造园思想，在空间营造方面运用了具有独具特色的表现手法，把主题思想融入公园各个景点中，充分考虑不同年龄、不同文化层次、不同爱好者的游憩需要，依据不同空间的特点，营造出风格各异的空间氛围，显现出不同的园林效果及功能。如东大门入口、十二生肖广场和旱喷广场等，即以宽阔平坦的绿地、舒展的草坪或疏林草地，来营造开朗舒爽的空间氛围；知春岛、王陵母墓、牡丹园、水杉林、滨水休闲区通过高低错落的地形处理，以创造更多的层次和空间，以精、巧形成景观精华，通过各类空间衔接串联和丰富的植物配置，营造出层次多变的园林艺术空间，让人既能登高远眺，包揽美景，也能在绿树丛林中享受那份惬意，进一步拓展了城市的亲民空间，将公园融入城市中去，成为徐州市中心集生态、展示、游览、休闲活动等功能于一体的敞开式城市公园绿地（图 3-62～图 3-71）。

第三节　植物与群落配置

生态园林至少应包含 3 个方面的内涵：一是具有观赏性，能够美化环境，为城市人们提供游览、休憩的娱乐场所；二是具有改善环境的生态作用，通过植物的光合、蒸腾、吸收作用，调节小气候，防风降尘，减轻噪声，吸收并转化环境中的有害物质，净化空气和水体，维护生态环境；三是依靠科学的配置，建立合理人工植物群落，为人们提供一个赖以生存的生态良性循环的生活环境。

植物群落的构建，尤其是复层群落必须拥有一定的面积，并具有一定的层次来表现群落的种类组成、规范群落的水平结构和垂直结构，才能形成比较稳定的群落环境，降低人为干扰强度和城市环境的胁迫。植物群落的构建不是简单的乔、灌、藤本、地被的组合，应从自然界或城市原有的较稳定的植物群落中去寻找生长健康、稳定的组合，在此基础上结合生态学和园林美学原理建立适合城市生态系统的人工植物群落。

一、构筑地域植被特征的景观格局

园林植物群体的外貌特征主要取决于优势树种。徐派园林在园林植物选用上，立足乡土植物作为绿化的基本材料，大力开发利用地带性园林树种，如银杏、重阳木、栾树、黄连木、无患子、三角枫、榔榆、朴树、榉树、柿树、梨树、枫香、乌桕、广玉兰、白玉兰、丁香、海棠类、白皮松、枇杷、紫薇、蜡梅、梅花、桃、杏等，根据在园林植物生态适应性及生态功能性方面的特征，科学地进行配置，创造复层结构，

图 3-72 朴树—故黄河公园
图 3-73 柿树—百果园

图 3-74 乌桕林—淮塔烈士陵园
图 3-75 三角枫—淮塔烈士陵园

图 3-76 银杏—淮塔烈士陵园
图 3-77 榉树——淮塔烈士陵园

图 3-78 红枫—植物园
图 3-79 栾树—植物园

图 3-80 湖东路绿地

图 3-81 彭祖园

图 3-82 云龙公园
图 3-83 植物园

图 3-84 东坡运动广场
图 3-85 户部山西坡

以保持植物群落的稳定性，构筑具有较强的稳定性和抗干扰能力的植物群落，保持和展现地带性景观特色。同时适当引种外来树种增加景观效果，尽量丰富树种的种类，营造绿地人工群落，增强和完善徐州绿地功能（图3-72～图3-79）。

二、构建复层式人工植物群落

在创建国家生态园林城市工作中，徐州市园林部门将建设生态型、节约型园林作为工作重点，在保证"崇尚自然、生态舒适"的近自然生态效应前提下，在植物配置上特别注重常绿与落叶搭配，注重树、花、草搭配，注重乔、灌搭配，广泛采用自衍花卉和多年生宿根花卉营造自然景观，结合公园中湖泊、河流的风貌特征以及因地制宜的微地形设计，建设以乔、灌、花科学结合的复层结构的城市森林绿地，以丰富多样的植物造景体现绿色生态景观。无论从建设成本、养护成本还是生态、环境效益，都优越于那些高投入、低效益的，过度密植式的"立地成景"及千城一面的模纹色块，而多种植物不同花期不同形态的次第开放，使得城市园林植物景观多了一份颇具时光质感的画意（图3-80～图3-85）。

三、营造丰富的主题性季节景观

植物造景，也称植物配置，即运用各种园林植物材料，通过艺术手法，综合考虑各种生态因子的作用，充分发挥植物本身的形体、线条、色彩等方面的美感，来创造出与周围环境相适宜、相协调，并表达一定意境或具有一定功能的艺术空间。植物造景方式在最大限度地利用绿化空间的同时，注意研究绿化种植与市政设施、交通人流疏导之间的关系，绿地分布科学合理，并留有足够人为活动空间。

徐州园林在植物配置上，不仅重视乡土植物的运用，还注意保留原有大树及生长势较好的植物，增加观赏价值高的植物，增加常绿树种、色叶树种，营造多树种、多色彩、多层次、富变化、主题突出的植物景观，形成一园一品，一路一景，把植物造景从传统的绿化走向园林艺术化，充分展现了园林艺术特色。在公园、景区中推广适应本地环境的宿根、球根花卉和自衍花境的应用，如荆马河绿道绚丽多彩的波斯菊；郭庄路旁竞相绽放的醉蝶花、美女樱；丁万河畔赏心悦目的金

图 3-86 十里杏花醉云龙

图 3-87 云龙湖映日荷花

图 3-88 淮塔之秋
图 3-89 龟山探梅园

鸡菊、蛇目菊、玉簪花；云龙湖中美丽动人的睡莲、荷花、萱草；湖东路上的月见草、常夏石竹，斑斓盛开如同缀花地毯，为徐州城区带来诗意与浪漫（图3-86～图3-89）。

彭祖园：在敞园改造过程中针对园内植物造景为主的景点特色不突出，缺少季节景观变化的问题，以彭祖文化为公园之魂，赋予山水林园诗情画意，彰显彭祖园文化的特点，使公园内的仿古建筑、水体、植物花卉和彭祖园文化相互交融相得益彰，对各景点结合主题进行合理植物配置，丰富乡土树种，使不同植物品种形成不同的植被群落，形成密林氧吧，达到城市森林的生态效应，对市民及游人起到清幽、静心、养神的功能。植物配置设计时充分考虑其季相变化，营造丰富多彩的景观。园中景点无处不是色彩斑斓，绿色是本园植物的主调，在绿色的基调上点缀着红色、黄色等，如红色的枫叶、黄色的银杏叶。花的颜色更丰富的多，红、橙、黄、绿、白、蓝、粉、紫在这儿都可以找到。植物的"色"随着季相的变化而不时变化，使游人徜徉于山间、水町、林中、回廊时，举步抬眼间皆是美景，

图 3-90 彭祖园植物之"色"

图 3-91 云龙湖植物之"画"

无不赞叹"冬赏梅花，春看樱花，夏听飞瀑，秋观红叶"之美。打造出"日日有花，月月不断，季季各异"、"不虚此行赏美景，足不远行品江南"的独特植物景观，凸显了彭祖园的造园艺术（图3-90）。

云龙湖：云龙湖景区在进行植物景观营造时，充分利用山势地形自然起伏的条件，重点彰显各景点主题特色，结合游览观赏需要，以丰富的植物配置创造多层次的绿色空间。整个景区沿湖而行，绿草如茵，三春桃红柳绿，仲夏荷花比艳，深秋枫叶如火，严冬青松傲雪，东岸夏景，西岸秋景，北岸冬景。四时风光鲜明，各自异彩纷呈（图3-91）。

其中，云龙山麓的杏花春雨，以原有常绿植物为背景，采用片植、群植、丛植的手法，栽植大片杏林，配置以碧桃、樱花、紫薇、桂花等观花植物，突出东坡诗意，早春时节，杏花盛开，如烟如雾，蜂飞蝶舞，给人以强烈的视觉冲击。

小南湖景区设计利用依水带绿的环境空间特点，突出湖堤春晓、荷塘鱼藕、柳浪闻莺、雪地飞鸿等四季景观，以线形的变化配合两侧植被，进一步丰富地形地貌，做到绿化空间错落有致，既强调了一望无际的酣畅感，又凸显了曲径通幽的神秘感。如苏公岛为一挖湖堆砌而成的小岛，具有得天独厚的山水地理条件，在植物配置时，就着重突出其简约、浑然天成而又辽阔无线的空间感。结合岛上良好的山水环境优势，主要以微地形处理为主，以大面积的丛植和群植为主，运用成片栽植的竹林、梅海、海棠林等，选用"诗化"的植物，营造诗意的环境。整体景观空间着重于舒朗通透，特别是临水景观，流出足够的林间空地，借景于对面的鹤鸣洲，可以观看到烟云隐映、时隐时现的滨水景观，引人无限遐想。

珠山景区的鹊鸣谷，充分利用原有地形，同时借鉴杭州园林的造园手法，突破固有的植物造景方式，结合运用了江南园林的造园手法，细节的打造上注重盆景式景观的设计，通过增加其他的植物配置，与原有的榆树、法桐等大树一起，形成古朴、清幽、自然的原生态景观群落，营造出精致、婉约、典雅、秀丽的江南园林风情，较好地将"北雄南秀"的城市特质融入其中，彰显出生态徐州建设的恢宏大气。

云龙公园：在造景设计时充分运用了植物的季相和色彩变化，公园内广植银杏、香樟、广玉兰等乔木，牡丹、紫薇、海棠等花灌木以及花境、草坪等地被植物，

图 3-92 云龙公园植物之"境"

值得一提的是，伴随云龙公园的改造，"花境"这一花卉种植形式被首次引入徐州，各种多年生草本、木本花卉以其自然野趣、丰富的季相变化成为云龙公园一大特色景观。

公园植物还大量选用了金边黄杨、雀舌黄杨、金叶女贞、红叶石楠、红花檵木、海桐、杜鹃、火棘等观叶、观形、观花、观果的中层植物进行搭配，或以常绿类观叶、观花、观果和落叶类观枝干植物搭配，达到了四季有景的效果。如在滨水景观区的园路边缘，用红叶石楠、金叶女贞和金边黄杨片植成沿道路曲折变化的模纹花带，3 种植物色彩的二次变化组合避免了游园环境色彩变化的单一。在十二生肖广场的植物景观设计中，沿路横向设计中以南天竹—金边黄杨—红叶石楠片植布置，颜色由暗到明，由冷色到暖色，起到导向作用。在纵向设计中，颜色由暖色到冷色，而且结合地被、灌木、乔木高差变化，营造更加深邃的空间环境。在空间围合度方面，通过地形、植物和水体的相互关系，使设计充满整体感和方向感，并创造出各种印象深刻的画面，在水体与地形的过渡中，利用灌木孤植、群植与常见的水生植物搭配，使过渡更加平滑（图 3-92）。

第四节　徐派园林文脉表达

"没有文化的城市是空洞的，没有记忆的城市是苍白的"。城市风景区作为城市自然和文化的重要载体，在传播城市文化、彰显城市特色方面发挥着重要作用[8]。徐州是彭祖故国、刘邦故里、项羽故都，这座山水城市不但山清水秀、风景迷人，而且历史久远、文化厚重。众多的名胜古迹、出土文物见证着这个历史文化名城深厚的文化内涵与魅力。"徐派园林"在建设和管理风景区的过程中，充分挖掘历史文化内涵，将山水文化、两汉文化、楚文化、名人文化、宗教文化等文化资源加以提炼、外延、利用，打破了园林建设中"千城一面"的瓶颈，形成了各具特色的城市风景区。

一、强调文脉，传承发展历史文化

一个城市或一座公园的文脉，既包括当地的自然环境条件，如地质、地貌、气候、土壤、水文等。也包括其历史人文内涵，如历史、社会、经济、文化等元素，它是一个融自然环境、地域文化、历史传统和社会心理的为一体的综合单元。在公园设计中，强调文脉可理解为注重其所在的社会历史环境，反映其文化特征，体现场所的认同感，保持发展的连续性。这就是所谓的"对传统文化的继承和发展"。

人们在建设与管理风景区过程中，创造和形成了具有自身特色的各种物质的、非物质的文化，无一不留下时代的烙印。徐州园林建设紧紧抓住文脉构成历史性要素，同时突出自身地域性特征，做大两汉文化，做特荆楚文化，做活彭祖文化，做响苏轼文化，做深名士文化，做通民俗文化，做美山水文化。按照打造"一园一品"的要求，将挖掘历史文化内涵与园林景点特色结合起来，先后建成了以王陵母墓和燕子楼为文化主题的云龙公园、彰显彭祖文化的彭祖园、以苏轼文化为主线的小南湖景区、以丰县籍道教创始人张道陵仙路历程为主题的珠山道教文化景区、彭城金石园等精品园林，以借鉴、保留、转化、重现、象征、隐喻等手法，通过建筑、雕塑、小品等丰富多样的形式加以表达，展现出雄浑、古朴的蕴意，增加城市文化内涵。

汉文化景区："秦唐文化看西安，明清文化看北京，两汉文化看徐州。"汉文化景区是以汉文化为特色的全国最大的主题公园，也是徐州区域内规模最大、内涵最丰富、两汉遗风最浓郁的汉文化保护基地。景区以狮子山楚王陵、汉兵马俑、汉文化交流中心三个博物馆等为核心，通过建筑、雕塑、地刻、文化墙等形式集中展现了两汉文化精髓。尤其是东入口的汉文化广场，采取规整庄严的中轴对称格局，其空间定位以东西为走向，依次布置了入口广场、司南、两汉大事年表、历史文化展廊、辟雍广场等景点，终点矗立汉高祖刘邦的铜铸雕像，构成完整的空间序列。汉文化广场的铺装以仿制的汉砖为主要材料，图案取汉代画像中常见的勾连云纹等装饰图形。两汉大事年表四周设计了少量的水景，不仅可以与石材形成一刚一柔的对比，更成为两汉文化广场中将各个景点联系起来的手段，使人从中感受到"一勺则江湖万里"的恢宏气魄，领略两汉文化源远流长的魅力。广场的设计犹如一段立体空间化的汉赋，通过"起"、"承"、"转"、"合"四个章节，抑扬顿挫、

图 3-93　东入口汉阙
图 3-94　司南与勾连云纹

图 3-95　刘邦铜像与书简雕塑
图 3-96　两汉大事年表

图 3-97　车马出行雕饰
图 3-98　刘氏宗祠

图 3-99　历史遗训浮雕墙
图 3-100　文化墙

弛张有度，将汉风古韵自然呈现出来（图 3-93 ～图 3-100）。

楚园：楚园本是丁万河景观带的玉潭湖公园，改扩建后占地 635 亩，成为北区规模最大、规格最高、文化氛围最浓厚的公园之一。公园改建以浪漫、自由、奔放的楚文化为内蕴，建设成以项羽和彭城西楚文化为主题的汉风楚园，按"一湖一岛二环三桥五广场"的设计思路进行规划：一湖指原玉潭湖，现更名为虞渊，位于楚园中心。凭湖远眺，依稀可见金鼎屿。沿湖的亲水步道和 4 米宽的环湖主园路合称为"二环"；青萍桥、锦衣桥、东归桥为"三桥"；另有 5 个亲水广场，分别是：鸿门广场、春华广场、巨鹿广场、秋思广场和人杰广场。公园共有南北两大主入口区，其中，紧邻汉城未央宫的南广场也称为战神广场，以虞美人花为主，环绕广场建成浪漫花景，表达美人伴英雄的意境。战神广场与丁万河景观桥形成"凤舞九天"的造型。西侧有三把插入土中的霸王剑，营造战神广场的气氛。"拔山力尽霸图隳，倚剑空歌不逝骓。明月满营天似水，那堪回首别虞姬。"漫步楚园，每个区域都呈现浓厚且不同的西楚文化意涵。沿途可看到刻着诗人咏楚诗句的楚文化石雕、形似祥云的楚文化符号坐凳、古代兵器"戈"形的路灯以及白墙青瓦的仿古建筑，营造出浓浓的楚文化氛围（图 3-101 ～图 3-106）。

彭祖园：地处云龙湖风景区范围内，西傍蜿蜒的云龙山，南临小泰山，东依凤凰山，周边风景名胜、人文旅游资源丰富。相传此地是 4000 多年前彭祖带领先民练功养生、祈福祈寿的风水宝地，是彭祖文化的发源地和集萃地。敞园改造工程重点打造以祭拜大道为中轴，包括彭祖像、彭祖祠、大彭阁、祭拜广场等多个景点，集中展示彭祖历史文化；循着福寿广场上的"彭氏迁徙图"，游客可以更加直观地了解到自彭祖以后彭氏的迁徙分布；在东门广场石牌坊西侧，古往今来，中国历代名人书法家所书写的"福寿"二字被收集于此，共计 99 块。而在这 99 块石碑下，则是一个喷泉；建成后的名人馆景区用于展示古今徐州的本土名人，彰显徐州底蕴深厚的人文历史，彰显徐州名人文化，体现地方人文精神传统；同时园内还新增了造型精美、以"福寿"图案装饰的院落灯，进一步丰富了彭祖福寿文化的内容。改造后的彭祖园整个园林实现了提档升级，与云龙山、东坡运动广场等融为一体，成为市民休闲娱乐的新景点（图 3-107 ～图 3-112）。

云龙湖景区：云龙湖三面秀峰环绕，一面长堤横卧，山水叠影，翔鸟声声。

图 3—101 鸿门广场楚园石雕
图 3—102 垓下歌石雕

图 3—103 石牌坊
图 3—104 楚渊锦衣桥

图 3—105 楚润广场三叠水地雕
图 3—106 荷香榭

2003 ~ 2004 年徐州市政府首先对云龙湖东岸进行"显山露水"工程，在湖东文化古迹游览区内新建了刘备泉、三让亭、季子挂剑台，以彰显古人诚信之风和徐人重隋尚义之德，较好地和唱了"有情有义、诚实诚信、开明开放、创业创新"的新时期徐州精神，使城市文化得以传承和创新。2005 ~ 2007 年又先后实施了小南湖一期、小南湖二期和秋韵园工程，以苏轼文化为主线，新建了杏花春雨、苏公岛、鹤鸣洲、荷风岛、紫薇岛等景点，用自然手笔造景，通过粉墙黛瓦、栗柱灰砖、亭廊花窗、叠石理水等园林手法，融自然景观与人文精神于一体，营造出绿水交融、动静结合、精致淡雅的景观，隐喻了刚正不阿、不媚权贵的人品性格和淡泊明志、返璞归真的情怀。

云龙湖珠山景区则主打以张道陵为核心的道教文化，与彭祖园彰显的彭祖文

图 3-107 福寿喷泉广场
图 3-108 东门福寿牌坊

图 3-109 名人馆名人雕塑
图 3-110 名人雕塑

图 3-111 西大门祭拜大道
图 3-112 九龙壁

化、汉文化景区彰显的刘邦文化等相得益彰，使每一块绿地都有自己的文化主题，每一段历史都融入了公园广场。在珠山景区漫步，游客们会看到无极、八卦图、二十八星宿、玄珠、道教葫芦等一系列象征道教元素的特色雕塑；此外，鹤鸣台、百草坛、天师广场、创教路、天师岭五大景点，全面展示了道教创始人张道陵得道、修炼、斗法、立教、升天的整个仙路历程。道教文化属于中国的本土文化，其主张的"道法自然，天人合一"的观点，把天、地、人看成是一个统一的整体，不但提倡人与人之间的和谐，还十分重视天人和谐以及人与万物的和谐发展。徐州作为道教文化的发源地，通过珠山景区的建设，不仅对于提升整个城市的文化素养和内涵，意义更加深远，对推动道教文化的发展也有着积极促进作用。玄妙

而博大精深的道教文化根植于此，让市民在游赏美景的同时，同时也体会到历史
文化的厚重（图3-113～图3-123）。

金石园：位于徐州滨湖公园西园东部、八一大堤北侧，在一片百花草坪中，
一块块随意摆放的花岗石上，篆刻着徐州出土的历代名印，将中国最古老的文化
艺术——篆刻，和最现代的建筑文明——园林文化结合在一起。特别引人注目的
是，园中矗立着一方长12m、高2m的巨石，这块巨石是金石园的标志，上书"彭
城金石园"五个大字，四周刻着100枚名人、帝王印章，周围铺设一圈玻璃印章。

图3-113 无极雕塑
图3-114 百草坛

图3-115 创教路

图3-116 神道
图3-117 二十八星宿

图 3-118 八卦图
图 3-119 玄珠雕塑

图 3-120 天师广场
图 3-121 天师岭

图 3-122 道教葫芦
图 3-123 张天师铜像

图 3-124 金石园篆刻

　　这一方方放大了的印章，透着古朴典雅的书卷气，驻足在形形色色的名人印章前，品味着这一件件作品带给我们的历史故事，认识这一个个历史文化名人，无不感到受益无尽。彭城金石园以其系列篆刻作品为云龙湖增添了浓烈的文化韵味，也为徐州这座历史文化名城书写了新的篇章（图 3-124）。

二、创建公园文化，彰显人文之时代精神

公园绿地，作为大众休闲、游憩、锻炼的重要活动场所，需要的不仅仅是绿树红花，草地湖泊，小桥流水，金色宜人，不可或缺的是还要有公园文化。从某种意义上说，公园文化更能代表一座公园的风格特色，也更能吸引游人的驻足与参与。

公园文化，形式是娱乐的，内涵是文化的。在舒心、快乐地看、听、唱、跳等娱乐中，接受知识、艺术与文化的熏陶。对许多人来说，精神的愉悦始终是最高的享受。徐州在公园绿地的文化建设中，也充分认识到这一点，依据公园自身不同的软、硬件条件，准确定位，不遗余力地创建公园文化品牌，如以运动为主题的东坡运动广场、突出劝学励志主题的奎山公园、呈现凡人善举的好人园等，彰显人文之时代精神，提升公园的文化品位，赋予"徐派园林"崭新的文化内涵。

东坡运动广场：东坡运动广场占地 6 万余平方米，为改善生态环境，推动生态园林城市建设，方便市民运动健身，工程定位为运动广场。全园分儿童游乐区、中心广场区、健身区、浅溪细沙区、休憩休闲区等 6 大区域。全园布置 70 余套健身器材，能满足不同年龄层次的健身需求，同时专门设置儿童健身区、旱冰场，为确保儿童安全，儿童健身区下部采用塑胶铺设，同时从芬兰引进儿童健身器材 3 套，砂石路安装 20 余套健身器材，在此可进行全方位身体锻炼。

在主入口的正前方，设立一座高 9m、重 11t 的铜雕，艺术地再现了我市高山滑雪、乒乓球、技巧等传统优势项目。为体现我市体育健儿在世界性的比赛所取得的辉煌成绩，在长 72m、宽 8m 的涌泉通道上，摆放着我市在世界性的大赛中获得冠军 20 名运动员的足迹及名言，通过他们，我们不仅可以了解我市体育历史上的辉煌战绩，同时也激励人们向更高、更强的目标迈进。

为丰富景观，使人们更加亲近大自然，在北部布置浅溪广场，溪流驳岸采用卵石镶贴，巧妙地利用了地势高差，形成曲折的三层跌水景观，岸边设置白沙区，供儿童戏水玩沙，入口处设置音乐程控喷泉，结合冷雾，营造一种人间仙境的绝美景色，冠军大道采用五色波光泉，形成一种水柱拱门长廊，人穿行其中，其乐无穷，下设置感应喷泉，增加儿童的好奇心（图 3-125）。

图 3-125 东坡运动广场

图 3-125 东坡运动广场（续）

　　奎山公园：奎山公园坐落于徐州市南区，南邻淮海战役烈士纪念塔，北至徐州中心医院，东达汉桥，西临凤凰山，与彭祖园仅一街之隔，因园中奎山而得名。曾经的"江北第一塔"奎山塔遗址就在这里，在明万历皇帝以后近 400 年的时间里，这里一直被称为古徐州八景之一。公园占地 130 亩，结合原有地貌重新布局，突出植物造景，着力打造生态自然景观。结合南部高校学校分布较多，文化教育氛围较浓，且对面就是淮塔爱国主义教育基地，因而把公园改造确定为以"劝学、励志"为主题的开放式公园。公园在保留原特色的基础上，一方面挖掘老奎山历史人文内涵，保持公园的传统文化魅力，另一方面则在景观的营造上积极创新，增加新景点，应用新技术，丰富公园植物种类，使公园不仅在景观上有所创新，改造后建有下沉式广场、白玉兰广场、六艺广场、曲水溪流、高风亭、状元桥等诸多景点，配以桂花、紫薇、紫荆、杜鹃等观赏植物和雕塑，给人以典雅、宁静的情调，在空间处理、植物配置等方面都体现出园林建设的新水平（图 3-126 ～图 3-129）。

　　好人园：湖中路南端向西走约 100m，步行至云龙湖珠山公园北侧，只见一个宽阔的广场依山而建。5 个小广场外加 1 个大广场，呈众星捧月之势，即是好人园，

图 3—126 劝学励志雕塑
图 3—127 状元桥

图 3—128 魁星点斗
图 3—129 六艺广场

图 3—130 徐州好人园

是在原先的采石场口基础上建造而成，整个广场长 78m，最宽 47m，最窄的地方 22m。贺思群、李影、刘开田、渠立强、宋玮、王杰、夏爱民、张公兰、张广之、张玲兴、掌家忠 11 座好人雕塑分别位于广场两侧。广场入口是一个标志性雕塑，由五颗心形建筑组成的"爱心"标志。广场内，立着 5 根花岗岩美德柱，5 根柱子上分别篆刻了仁、义、礼、智、信几个大字。广场最里侧是一个善举墙，上面写着"存善心、积善行、养善性"。好人广场第一个台阶共有八级，分成了两个，分别代表事事如意，事事顺心。而第二个台阶的踏步分别设有七级和六级台阶，分别代表生活的每一天顺顺利利，也祝好人一生平安。

作为第一座纪念徐州普通百姓的园林，好人园在建造初就将"体现凡人善举、凡人壮举"这一城市文化内涵融入景观建设，加以提炼、外延，以植物、雕塑、景墙、小品等多种形式，展示了徐州近些年来涌现的好人好事，宣传彭城好人、道德模范、美德少年、彭城孝星，叙述历史，启迪后人。好人园还将作为徐州市精神文明的教育基地，在这里举办相关的主题活动，宣扬好人好事，将人们身边涌现出的普通好人的形象、事迹进行展示，引导市民学好人、行善举，使这座城市充满温情，体现出生动文明。

第五节　城市文化的传承与发展

生态园林城市是"人工生态与自然生态相协调，人文景观与自然景观和谐融通，并形成独特的城市自然、人文景观，具有优良的城市自然、经济、社会生态体系和优美的人居生活环境"的城市。城市文化的传承与发展，是打造生态园林城市"独特的人文景观"的灵魂。

一、历史文化街区传承城市文脉

徐州 2700 多年的建城史中，遗留了大量璀璨夺目的优秀文化遗存，国务院 1986 年 12 月 8 日公布徐州为全国第二批"历史文化名城"之一。

户部山

青年路老街坊

老东门

民主南路

图 3-131 徐州市历史文化街区

在"显山"、"秀水"充分恢复自然生态、展示自然风貌的同时，徐州市致力"彰文"，将城市建设、园林绿化与历史文化的保护和利用有机结合。

1985 年市政府编制了《徐州市历史文化名城保护规划》，此后又进行了多次修编完善，以适应城市发展和文物保护工作的新形势。

《徐州市城市总体规划 (2007-2020)》划定了"传统历史城区地下文物埋藏区和户部山历史街区与云龙山历史街区"，包括历史街区、古遗址区（地下文物保护区）、古建筑群和传统风貌区四种类型。

根据《文物保护法》、《城市紫线管理办法》等，对市区 5 处全国重点文物保护单位、24 处省级文物保护单位和 42 处市级文物保护单位确了保护范围、保护措施。将市级以上文物的文物保护范围及建设控制地带划为一类紫线；历史文化街区、历史建筑的保护范围划为二类紫线。

设立"回龙窝历史文化街区管理处"，使皇城大厦地下城遗址、时代广场护河石堤遗址、汉代采石场遗址在开发建设过程中都得到了有效的保护；一批反映明清时期历史风貌和建筑特色的古民居、古街巷如翟家大院、余家大院、崔焘故居、李蟠状元府等古院落得到抢救恢复。

通过持续努力，形成了户部山历史文化街区、汉文化景区、龟山汉墓景区、民主路历史文化街区以及云龙公园、淮海战役烈士纪念塔等一批历史文化景区，使古代文明与现代化交相辉映，既体现了城市文化底蕴，又洋溢着现代文明色彩，有力地提高了国家历史文名城的知名度和美誉度。

二、城市色彩规划打造城市特色

一座城市和城市中的代表建筑物的主色调，从一定角度来看，代表了一座城市的形象。做好城市的色彩规划，能够进一步提升城市的品位和高雅程度。

（一）关于城市色彩

色彩具有第一视觉特性，总是先于物体的形态引人注目的。色彩试验表明：在正常状态下观察物体时，首先引起视觉反应的是色彩。当最初观察一物体时，对色彩的注意力为80%，而对形体的注意力仅为20%，这一过程大约持续20秒。当延续2分钟后，对形体的注意力可增加到40%，对色彩的注意力会降到60%。5分钟后，形体与色彩各占50%。可见，在形成物体的形象时，色彩具有突出的视觉特性，也正是由于这个特性，色彩是城市中最突出、最抢眼的景观元素。许多城市正是以其突出的色彩特征引人瞩目的。例如以碧海、蓝天、红瓦、黄墙、绿树为色彩特征的青岛，金色的威尼斯，红色的锡耶纳，米灰色调的法国巴黎，朱红灰调的尼斯，土黄色调的佛罗伦萨，以黑白色为主色调的热那亚，砖红色调的英国伯明翰，褐色调的德国汉堡，还有色彩绚丽的华沙、布拉格等。城市的色彩以其第一视觉特性，先声夺人地表达了城市的文化品位、人文魅力和地域风情，表现出最鲜明、最直接城市意象。

城市色彩在城市中以各种形态、各种类别存在着，因角度不同，有多种分类方法：

按存在数量比例，可以分为基调色彩、辅调色彩、点缀色彩等；

按载体形式，可以分为实体色彩元素、虚体色彩元素等；

按分布位置，可以分为核心城区色彩、郊区色彩、城市边缘地带色彩等；

按色彩层叠关系，可以分为城市的底色、城市的前景色彩、城市的中景色彩、城市远景色彩等；

按色彩载体性质，可以分为自然环境色彩、人文环境色彩、人工环境色彩。其中：城市中裸露的土地（山体、岩石）、植被、水体、天空等构成城市自然环境色彩；城市日常生活的常用色彩、节庆活动的主要色彩、历史文化传统中色彩偏好和色彩禁忌构成城市中的人文色彩。城市中的建筑物、广场路面、构筑物、交通设施、街道家具、广告、流动的交通工具等都是城市的人工色。

在城市人工色构成中，还可再按物体的性质，分为固定色和流动色、永久色和临时色。其中，城市各种永久性的建筑物、构筑物、交通设施、街道广场、城市雕塑等，构成城市的固定色彩；城市中车辆等交通工具、行人服饰构成流动色；城市广告、标识路牌、报亭、路灯、霓虹灯及橱窗、窗台摆设等构成临时色。

（二）徐州城市色彩的管理

为加强城市建筑色彩及材质管理，美化城市环境，2008 年徐州市政府颁布了《徐州市城市建筑色彩及材质管理暂行办法》，2011 年徐州市第 30 次规划委员会会议上，把"龙腾黄"、"青玉绿"两种颜色作为徐州的城市代表色，从视觉上突显了城市色彩简洁而不失稳健，自信而愈加成熟的良好形象。同时把黄、白、

图 3-132　徐州市街区色彩规划效果

灰三种色彩作为城市的基调色，适当设定十几种辅助色，严格限制控制色的使用。在实际操作过程中，制定出色彩使用模本，并把模本下发到各个设计单位，要求设计单位严格按照城市色彩规划的要求进行建筑外立面的色彩设计。划定色彩管控区，重点做好新城区、高铁站区、中心商圈、主干道、历史文化保护片区、云龙湖周边、开发区等地区的色彩管控，加强对城市重点区域色彩建设的宏观指导。近年来，通过调整老建筑色彩、控制新建筑色彩、统一改造门头字号等方式，使整个城市的视觉形象大幅度提升。

三、规范城市广告提升城市品位

户外广告作为城市文化形象的符号之一，直接反映着城市的风貌和文化品位。设置好的户外广告是城市的景观元素，而设置差的户外广告则是城市的视觉污染。根据户外广告的特性，能使户外广告成为城市景观。运用专业的手段，促成户外广告设置从"无序"走向"有序"，是提高一个城市品位的重要手段之一。

（一）规范原则

1. 符合城市规划原则。户外广告设置必须符合城市总体规划的要求，并与城

图3-133 广告规划效果

市用地功能布局相适应。

2. 环境依存原则。尊重城市自然环境和历史人文环境，广告设置位置、尺度、形式、造型、色彩及规格要求与周围环境相协调，符合城市景观建设的要求。

3. 以人为本原则。户外广告设施的设置不能影响公共交通、公共安全、市政公用设施的使用和市民的正常生活，切实加强广告设施的安全保障，保证城市活动的安全感与安全性。

4. 创造城市景观原则。突出强调户外广告的装饰效果，美化、活跃城市景观。优秀的广告在传递信息的同时，也是构成城市景观的积极要素，提高户外广告的艺术性，有利于帮助提高城市的整体文化形象。

5. 注重视觉效果原则。户外广告视觉效果与视角、视距、光照及广告的间距等有关，应根据视角、视距的不同，选择最佳广告位置，达到最佳视觉效果；道路上的广告，设置间距要合理，要坚持疏密有致，避免视觉疲劳；户外广告的光照要柔和、清晰，避免眩光或看不清广告内容。

（二）广告管理

加强城市户外广告设置规划和管理，美化城市景观，徐州市出台了《徐州市人民政府关于进一步加强市区户外广告（店招）设置管理工作的意见》，根据户外广告的特点、性质，确定影响户外广告设置品质的 7 个控制要素，即位置、形式、规格、密度、色彩、材料、照明等。明确户外广告设置管理范围及内容，实行归口管理、部门协作的管理体制，严格户外广告设置审批程序，进一步加快户外广告市场化运作步伐。及时更新或修复陈旧、损坏的广告设施与标识；加强沿街建（构）筑物、公共设施等野广告监管，保持完好、整洁、美观，无乱涂、乱画、乱贴、乱挂，无破损的整体形象。同时结合徐州市的文化特色，规范城市户外广告设置，合理利用公益广告和依附于建筑的店招牌匾、墙等户外广告景观体系，从而有效控制城市资源，提升城市品位。

>>

生态园林城市除应积极发展城市绿色生态空间外，还要求实现环境、经济和社会生态化，要求城市以低碳经济为发展方向，市民以低碳生活为理念和行为特征，从而为城市生态园林化提供支撑。

第一节　产业经济生态化

产业经济生态化是实现经济发展和环境保护和谐统一的有效途径，其目的在于提高资源利用效率，减少排放，减少对生态环境的影响和破坏，从而提高经济发展的规模和质量，并实现经济发展与自然环境的和谐和可持续[44]。

一、产业治理控制污染源头

（一）淘汰落后产能，普及清洁能源

1. 坚定调整城市工业结构和布局

作为全国老工业基地之一，至 20 世纪末，徐州主城区内仍分布着一批机械、建材、纺织、塑料、化工、食品（酒类）等企业。"偏重型"工业结构，对城市空气环境质量和水环境质量带来巨大的压力，消除工业污染，除了创新生产工艺，加强工业废气的治理和回收利用等技术措施外，更重要的是必须坚决推进产业结构调整，实施落后产能淘汰计划，不断淘汰高污染、高耗能的落后产业，控制新增污染源的同时，注重发展循环经济，促进新型绿色产业快速发展。市政府出台了《关于落实环保优先促进科学发展的实施意见》，明确了中心城区不设工业园区、不新增工业项目，在全市重点限制化工、冶炼、水泥、铸造等影响大气环境质量的项目建设。对位于市区 100 余家严重影响市区大气环境质量的立窑水泥生产企业，全部分期、分批予以关停；淘汰近 200 家涉水"五小"企业，全面取缔徐洪河流域 270 余家塑料加工厂；对机械、纺织、电子、化工等企业也全面实施退城入园工程。彻底关停 66 家煤炭、建材小码头企业，迁建徐州内港等位于主城区的煤炭交易市场，实施亿吨大港建设，将位于市区内的煤炭等交易、运输市场迁至环城高速以外地区。

2. 普及应用清洁能源

结合国家"西气东输"工程的实施，以拆除市区范围内燃煤设施和改燃清洁能源为重点，划定高污染燃料禁燃区，开展高污染燃料禁燃工作，推动燃煤企业改燃清洁能源，着力治理煤烟型污染，2003 年以来累计拆除燃煤锅炉 790 台。对

主城区的热电等还不能进行清洁能源替换的企业，实施外迁。通过强化城市污染源头控制，大幅度降低了工业污染物排放总量。

（二）发展可再生能源建设低碳城市

积极贯彻落实国家有关促进光伏发电、太阳能光热利用、秸秆直燃发电、生物质成型燃料、大中型沼气等发展政策，大力推动清洁能源特色产业集群发展和可再生能源的普及应用，2013年市区可再生能源年消耗量已达到100.85万t标准煤，占当年市区能源消费总量的10.1%，详见表4-1。

徐州市区各类新能源利用情况统计表（2013年）　　　　　　　　　　　　表4-1

新能源 技术类别		利用规模	产能（折标煤 万t）
太阳能	太阳能光伏发电	68.66MW	5.2
	太阳能热利用	3000万m²	26.24
	太阳能灯	130盏	0.08
生物质能	生物质成型燃料	100万t	50
	生物质发电	24MW	12.65
	沼气供气	2000万m³	1.87
	污泥掺烧	200t/日	2.65
风力发电		2MW	0.2
地热能	地源热泵	73万m²	1.96

1. 太阳能利用

徐州市太阳能利用主要集中在太阳能光伏发电和太阳能热利用领域，特别是太阳能光伏发电方面进行了较大规模开发，取得了较好的实践应用效果。截至2013年，市区光伏发电总装机68.66MW，分布式光伏28.573MW，地面光伏电站40MW，个人光伏电站0.08MW。市区12层以下建筑中，太阳能热水系统应用率为90%，12层以上高层住宅建筑中太阳热水系统应用比率约为35%。太阳能热水应用总面积约3000万m²（其中，集热器安装面积200万m²，分户式太阳能热水器2800万m²）。在金山桥开发区示范安装太阳能路灯30余盏，总功率约为1.8KW，在全市部分道路路口安装太阳能信号灯100余个。

2. 生物质资源利用

徐州市是农业大市，农业生物质资源丰富。2013年农业废弃物综合利用率达到84%。生物质能源化利用主要包括生物质成型燃料、生物质（沼气、生活垃圾和污泥为燃料）发电、沼气供气、生物乙醇等。全市秸秆压块生产能力100万t，用于市区分散小锅炉、开发区分布式能源站及铜山宜丰三堡生物质电厂燃料。市区协鑫24MW垃圾发电项目满负荷运营，日处理垃圾量约1800t。通过开展"一池三改"、规模畜禽养殖场沼气治理以及秸秆气化集中供气工程，年产沼气、秸秆燃气等燃料约2000万m³。徐州建平环保热电公司（贾汪）将污泥进行处理，将废物综合利用与煤掺烧发电，污泥处理能力200t/d，实现经济和环境效益双赢。

3. 风力发电

目前，徐州市已建成维斯塔斯2MW离网风力发电项目，用于维斯塔斯铸件（徐州）有限公司厂区照明，年发电量630万kW·h。

4. 热泵技术

徐州地区恒温带深度为25～30m，温度为16℃左右，矿井地温梯度3℃/100m左右，随开采深度加深，地温将明显升高。基于本地地热资源情况，积极采用地下水源热泵技术，推行实施了东方美地三期工程、徐州金驹物流园水源热泵中央空调工程、高铁站地下水源热泵工程等一批项目，截至2013年，市区地（水）源热泵应用建筑面积73万m²，年可节约1.96万t标准煤。

二、清洁生产提升环境质量

作为一座以工业化为支撑的区域中心城市，实践证明，要从根本上改善城市的环境状况，不能单靠以末端治理为主的环境管理策略，必须坚持预防为主的方针，在全社会推行全新的资源环境管理理念，在企业中大力推行清洁生产，从源头大力减少污染物排放，是持续改善徐州市环境质量的重要途径。

清洁生产是指不断采用改进技术，使用清洁的能源和原料，采用先进的工艺技术与设备，改善管理、综合利用等措施，从源头上削减污染物的产生和排放，以减轻或者消除对人类健康和环境的危害。根据全市主要工业污染物排放情况，分类制订治理措施。对保留和迁建的水泥企业，全面安装大布袋除尘设施。市区全面淘汰小型燃煤锅炉，实施集中供热和连片供暖工程。对电厂及热电公司锅炉实施技术改造，推广使用低硫煤、洗精煤；配套增压硫化床设施，采用高效低污染的洁净煤发电技术，配合炉内脱硫剂直接脱硫，有效控制烟尘和 SO_2 等的排放，全市大型火电机组脱硫率超过 95％。在市区普及清洁能源，形成了覆盖主城区较

徐州市 2005~2014 年空气环境质量统计表　　　　　　　　　　　　　　表 4-2

序号	指标名称	2005	2014
1	AQI（达到和优于二级以上）（d）	310	238
2	二氧化硫（SO_2）		
2.1	年平均浓度（mg/m^3）	0.066	0.038
2.2	日平均浓度（mg/m^3）	0.006 ~ 0.277	0.007 ~ 0.131
3	二氧化氮（NO_2）		
3.1	年平均浓度（mg/m^3）	0.040	0.037
3.2	日平均浓度(mg/m^3)	0.009 ~ 0.099	0.013 ~ 0.105
4	可吸入颗粒物 /PM_{10}		
4.1	年平均浓度（mg/m^3）	0.111	0.119
4.2	日平均浓度（mg/m^3）	0.029 ~ 0.343	0.029 ~ 0.442
5	一氧化碳（CO）		
5.1	日平均浓度（mg/m^3）	–	0.4 ~ 2.8
6	臭氧（O_3）		
6.1	日最大 8h 平均浓度（mg/m^3）	–	0.012 ~ 0.245
7	细颗粒物（$PM_{2.5}$）		
7.1	年平均浓度（mg/m^3）	–	0.067
7.2	日平均浓度（mg/m^3）	–	0.010 ~ 0.298
8	酸雨		
8.1	降水 pH	5.44	7.24
9	空气微生物	较好级	较好级
10	地表水水质		
10.1	Ⅱ类水质（断面百分率）（％）	2.0	6.4
10.2	Ⅲ类水质（断面百分率）（％）	27.8	66.0
10.3	Ⅳ类水质（断面百分率）（％）	38.3	14.9
10.4	Ⅴ类水质（断面百分率）（％）	25.5	10.6
10.5	劣于Ⅴ类水质（断面百分率）（％）	6.4	2.1

数据来源：徐州市环境保护局《2014 年徐州市环境状况公报》、《2005 年徐州市环境》。

为完善的管道供气管网。在全市范围内禁止露天焚烧垃圾、树叶、秸秆、枯草以及农作物秸秆等。通过综合治理，使城市环境质量得到显著改善，详见表4-2。

据2014年7月环保部网站公布的全国74个重点城市环境空气质量排名和省环保厅网站近日公布的江苏省13个省辖城市环境空气质量评价和排名，江苏省13个省辖市空气质量达标天数比例范围为51.6%~96.8%，平均为68.1%。其中，徐州和连云港市达标率超过80.0%，其余11市在50.0%~80.0%之间。首要污染物主要为$PM_{2.5}$和O_3，各占超标天数的49.6%。按照国家环境空气质量综合指数法排名，在全国74个城市中，江苏省13个省辖市位于第26~62名之间，总体处于中等水平。其中，徐州环境空气质量综合指数最小、污染最轻[45]。

三、城市水资源循环利用

据气象资料，徐州市降水主要集中分布在7、8、9三个月，一年中的多数时间里水资源缺乏。加强非常规水资源的收集利用，是解决水资源紧缺与经济社会发展之间矛盾、缓解城市水危机、改善城市水环境，实现水资源可持续利用的有效措施。

1. 中水收集利用

为提高城市中水利用率，徐州市实施了荆马河污水处理厂中水回用工程，铺设输送至华润电厂的中水管道11km。奎河中水利用工程铺设了中水管道7.5km，每天3万多吨水中补充城市景观用水。据统计，荆马河再生水厂生产的再生水除用于绿化、江苏中能硅业等，年利用量373.6~467.4万m^3。奎河中水厂生产再生水用于景观补水等，年利用量1252.4~1263.8万m^3。中国矿业大学污水处理厂处理生活污水用于景观水补水和卫生间冲厕用水等，年利用量也达到30万m^3。

2. 矿井水收集利用

徐州市煤矿众多，经过治理整顿，现有煤炭正在生产的矿井33对，其中，大型矿井11对，中型矿井6对，小型矿井16对。主要含水层有：第四系孔隙潜水——承压水含水层组、上石盒子组底部奎山砂岩含水层、下石盒子组底部分界砂岩含水层、山西组7、9煤顶底板砂岩含水层、太原组石灰岩含水层和奥陶系石灰岩含

图 4-1 徐州中水利用设施

荆马河再生水厂　　　　　　　　　　　　　奎河中水厂

图 4-2 徐州市城市主干交通路
网图

水层。其中，太原组石灰岩含水层和奥陶系石灰岩含水层富水性好，含水丰富，

为矿井主要来源，矿井水质良好，部分矿井达到饮用水标准[46]。据不完全统计，

徐州矿务集团矿井年排水量 7429 万 m^3，利用量 3943 万 m^3[47]，利用率 53.1%。徐

州华美坑口热电有限公司矿井水利用量分别达到 43 万 m^3、46 万 m^3；首创郭庄水

厂矿井水利用量分别达到 263.8 万 m^3、274.4 万 m^3；潘塘自来水厂矿井水利用量分

别达到 143.1 万 m^3、146.8 万 m^3。

第二节　城市交通环境生态化

一个符合生态规律的城市，应该是一个结构合理、功能高效、关系协调、达到动态平衡状态的城市复合生态系统[48]。城市交通环境作为城市生态系统的要素之一，其发展必然也遵循城市系统演化的基本规律，即朝着生态化方向发展[49]。

一、完善城市路网，提高通行效率

目前，徐州主城区外围已形成由京台、连霍、淮徐、济徐四条高速公路组成的绕城高速环和向五个方向放射的高速线路。三环路为中短途车辆提供过境服务。在三环路至绕城高速公路之间，由104、206、310等国道干线构成10条放射状城市出入线路，承担城市对外出入的交通联系和与高速公路网的对接。三环路以内的主城区形成"九纵十横[1]"主干路网形态。在此基础上，重点打通"断头路"、拓宽"瓶颈路"，重点推进主干路网中的"四纵六横一联[2]"贯通扩容改建。同时，注重微循环系统的同步建设，与干线主循环一起构成畅通的城市交通循环体系，提高路网稳定度和整体通行能力。

二、公交优先，优化交通出行结构

大力推进公交优先，是打造城市低碳交通，倡导居民绿色出行关键措施。根据城市空间结构，加快构建"以轨道交通为骨干、城市公交为主体、公共自行车为延伸"的"三位一体"的绿色便捷的出行体系。

（一）合理分配道路资源，强化公交"路权优先"

对市内现有双向六车道以上道路辟建公交专用道，对双向四车道道路，辟建高峰时段限时专用车道，对部分高峰期拥堵路段，实施公交车以外车辆限行。着力打造"6横6纵[3]"的公交优先网络，建设完成总长约200km网络形态的公交专用道。加强对优先车道和优先信号的管理，提高公交车的运行速度和准点率。进一步优化城市公交线网布局，主城区站点300m服务半径覆盖率80%，500m服务

① 九纵：二环西路—平山路、苏堤路、西安路—泰山路、天齐路、中山路、解放路、复兴路—迎宾大道、大庆路—津浦东路、广山路。十横：荆马河南路、奔腾大道、二环北路—下淀路、铜沛路—环城路—响山路、矿山路、淮海路、建国路—铜山路、湖北路—和平路、郭庄路、金山路。

② "四纵六横一联"主干路网：四纵：二环西路南延（建云龙湖隧道，接金山路）、苏堤路北延（新建铁路地下道，至二环北路）、解放北路（坝子街桥改建、铁路地下道扩容、民主路至三环北路断面四改六）和津浦东路（断面扩容）；六横：荆马河南路东延（建金马大桥，至三环东路）、二环北路西延（至三环西路）、响山路（地下道扩容，西延至环城路）、新淮海西路西延（至311国道）、和平路（汉源大道至三环东路段快速改造、与汉源大道立交改造、和平大桥至解放路段断面扩容）、郭庄路西延（至解放南路）；一联即黄河北路（复兴南路至汉源大道）。

③ 6横6纵公交优先网络：6横：1.响山路—大庆路—下淀路；2.二环北路；3.淮海路（建国路）—城东大道；4.湖北路—和平路；5.郭庄路；6.三环南路—昆仑大道。6纵：1.二环西路；2.中山路；3.解放南路；4.煤港路—复兴路—迎宾大道；5.三环东路；6.三环西路。

半径全覆盖。试点大站快车运营模式,逐步形成公交快线与普线、干线与支线协调配合的多层次网络。

(二)加强城市公交场、站等基础设施建设

将公交场站设施作为居住区、大型公共活动场所等工程项目的必备内容,对未配套建设的,重新规划建设。城区道路建设的同时,公交候车亭、港湾式停靠站同步建设、验收。至 2013 年底,市本级现有公交场站 22 个,公交途经站 3213 个,公共交通覆盖率 67%。有公交运营车辆共 2429 辆,折合标准营运车辆 2837 标台,2013 年徐州市区公共交通运载量 3.91 亿人次。

(三)完善慢行交通系统

为市民解决公交出行"最后一 km"、"最后一段路"问题,积极构筑"步行 +公交"、"自行车 + 公交"的出行模式,全市建设 544 个公共自行车站点,投放公共自行车 17780 辆,2013 年总借车量达 5389 万人次,公共自行车运行以来减少二氧化碳排放 3.71 万 t,低碳环保效应显著。

(四)积极推进轨道交通建设

城市轨道交通系统运行在专用轨道上,列车编组辆数,运输能力大。由于没有平交道口,不受其他交通工具干扰,车辆有较高的运行速度,多数采用高站台,上下车迅速方便,而且换乘方便,从而可以使乘客较快地到达目的地。由于充分

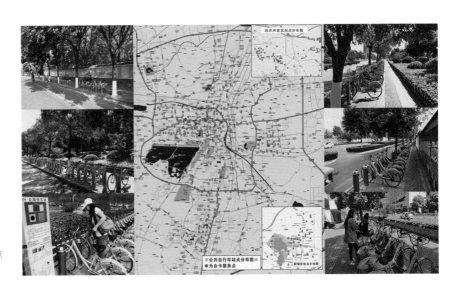

图 4-3 徐州市公共自行车站点
分布图

利用了地下和地上空间的开发，不占用地面街道，能有效缓解由于汽车大量发展而造成道路拥挤、堵塞和汽车的废气污染，有利于城市空间合理利用，特别有利于缓解大城市中心区过于拥挤的状态，提高了土地利用价值，并能改善城市景观。

根据国务院批复，徐州市远期构建"放射状＋半环形"的轨道交通线网，线网由3条骨干线和1条辅助线构成，全长117.9km，设站87座。其中：1号线为东西向骨干线，线路贯穿城市东西发展主轴，联系了老城区、坝山片区和城东新区，衔接人民广场、淮海广场和古彭广场三大老城商业中心，快速联系铁路徐州站和京沪高铁徐州东站两大综合客运枢纽，全长约29.1km。2号线为西北、东南走向的骨干线路，线路贯穿老城区南北发展轴和徐州新区东西发展轴，为老城区和新城区提供快速联系，衔接老城商业中心彭城广场和市级商务中心徐州新区商贸与金融中心，串联客运北站、汽车南站等客流集散点，全长约36.8km。3号线为东北、西南走向的骨干线，线路联系老城区、铜山新区、翟山片区和金山桥经济开发区，串联了铁路徐州站、汽车总站和铜山客运站等客流集散点，全长约25km。4号线覆盖城市东部南北向客流走廊，联系金山桥片区、坝山片区、徐州新区和铜山新区，衔接徐州新区商贸与金融中心，串联新区客运站，全长约27km。

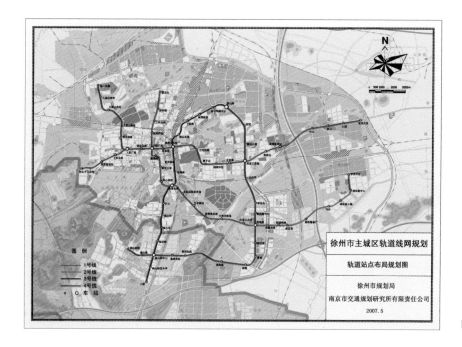

图4-4 徐州轨道交通规划图

第三节　居住区环境生态化

作为城市居民日常生活、娱乐、居住之重要场所的居住区环境，也是城市的基本功能单元。居住区环境的自然性、生态性特征，对于形成城市有机的生态单元，满足居住于其中居民的精神感受来说，具有重大的意义。

一、棚户区、城中村改造和保障房建设提升居住区硬环境

"住有所居、居有所安"，拥有一套属于自己的住房，是中国老百姓的核心追求之一。作为全国老工业基地，徐州市的棚户区、城中村规模大，生态环境差，改造任务重；保障性住房需求大，建设任务重。面对"两重"，徐州市积极抓住振兴徐州老工业基地的重大机遇，认真贯彻落实国家和省里下达的棚户区（城中村）改造工作任务，全力以赴推进老城区连片棚户区、城中村改造和保障房建设。在工作中，市委、市政府坚持把改善民生、维护群众利益放在第一位，创新运作模式，加大融资力度，把群众支持、社会稳定作为重要保障。土地供应方面实行政府划拨、优先安排，各项优惠政策落实到位。工程质量管理方面狠抓关键环节，严格按照商品房小区的标准，并融入"混合社区"和"次街生活"等最新的设计理念，避免了社会阶层隔离。工程建设方面严把工程质量关，严格执行基本建设程序，落实项目各项制度，市监察和审计部门实行全过程监督检查和跟踪审计，确保了工程质量。

在 2011~2013 年的 3 年中，主城区完成 673 万 m^2 的棚户区（城中村）改造任务，完成保障性住房 13385 套。通过完善分配制度、公开分配信息、严格分配程序，确保了保障性住房分配管理的公平、公正、公开，让经济适用住房、廉租住房真正为中低收入住房困难家庭所享受。

二、城市生活垃圾资源化

城市生活垃圾是城市日常生活中，或者为城市日常生活提供服务的活动中产

第六期经适房小区

九里新苑

坝山新苑小区

"城市花园"小区

图 4-5 徐州市部分经适房、拆
迁安置小区

生的固体废物以及法律、行政法规规定视为城市生活垃圾的固体废物[50]。城市生
活垃圾处理水平，对于防治环境污染、促进社会经济和环境的可持续发展具有重
大的影响。

1. 加强政策研究，完善体制机制

徐州市制定了《徐州市餐厨垃圾管理办法》《徐州市生活垃圾管理办法》等
相关地方性法规，编制了《徐州市环境卫生专业规划（2011~2020）》。全面推进
道路、环卫保洁市场化改革，对环境卫生清扫保洁标准、责任分工、处罚办法都
作出了明确规定，使环境卫生管理有法可依、有章可循。加大环卫监察检查力度，
建立环境卫生市民监督投诉网络，利用新闻媒体对环卫工作存在的问题进行披露，
加大社会监督力度，环卫经常化清扫保洁水平明显提高。

2. 全面推进生活垃圾收运和处理一体化网络体系建设

2010 年以来，徐州市投资 3 亿多元，建成了生活垃圾处理厂、粪便无害化处
理厂，新建公厕 108 座，新建（购）移动式环保公厕 2 座；建立大型垃圾压缩站——
小型垃圾收集站——垃圾收集专用车配套的垃圾收运体系，提高垃圾收集覆盖率、

清运率和处理能力，城市生活垃圾无害化处理率达到100%。

3. 开展"幸福家园创建"活动

按照"市级指导、区级主抓、办事处实施"的原则开展，分层次进行，在非物业管理小区中开展争创文明小区活动，在有物业管理小区中开展争创幸福家园示范小区活动。从小区管理秩序、环境卫生、治安状况、社区配套、文明祥和程度等方面进行评比，提高市民的居住条件和生活质量，打造和谐平安、幸福舒适、管理有序、环境优美的人居环境，特别是对无物业的老小区，推行办事处代管制，使居民区环境管理走上了规范化和制度化的轨道。

4. 拓展垃圾资源化利用

徐州市制订了《徐州市生活垃圾分类收集试点工作实施方案》《徐州市生活垃圾分类收运专项规划》，并在新城区全面推行生活垃圾分类，城市生活垃圾收运网络日趋完善；生活垃圾焚烧发电厂年焚烧垃圾51.74万t，年发电量10521kW.h，城市生活垃圾资源化利用达到87.4%。城市污水处理厂污泥全部实现减量化无害化处置，经无害化处理后的污泥消纳率达到26%。

图 4-6 徐州生活垃圾发电厂

>>

针对生态园林城市建设过程中遇到的突出技术难题，组织科技攻关，取得技术突破，是保障生态园林城市建设顺利推进的重要保障。

第一节　石山绿化技术

　　石质荒山生态风景林营建技术的突破，有效促进了徐州市石质荒山的绿化，并在全国产生较大的影响 [51]。

一、石质荒山立地条件分析

　　立地指与林木生长发育有密切关系的环境条件的总和。立地分类是由若干有影响的空间因子筛选而得，它们充分体现出地块的本质属性和地域分异特征。准确的立地分类是组织科学造林和营林的前提和基础。根据徐州市石灰岩山地立地主导因子，建立徐州市石灰岩荒山立地分类系统，分为 1 个类型区、3 个类型小区、12 个类型组和 30 个立地类型 [52](表 5-1)。

二、石质山地生态风景林规划设计

（一）生态风景林类型规划

　　根据《徐州市城市总体规划 (2007~2020)》、徐州城市绿地生态系统和城市森林发展规划研究成果 [53、54]，实施生态恢复的荒山区划为森林景观优化区、森林生态优化区、生态景观并重区 3 个类型区；森林景观优化区主要位于城市核心区、旅游景区及城市骨干道路两侧可视范围；森林生态优化区主要位于城市远郊及生态保育重点区；生态景观并重区主要位于城市近郊集中居住区、疗养休憩区 [55]，详见图 5-1 和表 5-2。

徐州市区石灰岩荒山立地分类体系表 表5-1

立地类型小区	立地类型组	立地类型	立地类型代号	面积（hm²）	比例（%）
缓坡（Ⅰ）	连续土（a）	极薄土层(1)	Ⅰa1	1.66	0.03
		薄层土（2）	Ⅰa2	0	0
		中层土（3）	Ⅰa3	107.61	2.3
	半连续土（b）	极薄土层(1)	Ⅰb1	0	0
		薄层土（2）	Ⅰb2	0.88	0.02
		中层土（3）	Ⅰb3	9.1	0.19
	零星土（c）	极薄土层(1)	Ⅰc1	30.78	0.65
		薄层土（2）	Ⅰc2	0	0
		中层土（3）	Ⅰc3	54.01	1.13
	岩漠（d）		Ⅰd	38.71	0.81
斜坡（Ⅱ）	连续土（a）	极薄土层(1)	Ⅱa1	0	0
		薄层土（2）	Ⅱa2	0	0
		中层土（3）	Ⅱa3	0.22	0.4
	半连续土（b）	极薄土层(1)	Ⅱb1	6.89	0.14
		薄层土（2）	Ⅱb2	11.98	0.25
		中层土（3）	Ⅱb3	102.87	2.2
	零星土（c）	极薄土层(1)	Ⅱc1	325.47	6.8
		薄层土（2）	Ⅱc2	259.35	5.4
		中层土（3）	Ⅱc3	436.15	9.2
	岩漠（d）		Ⅱd	1506.55	31.69
陡坡（Ⅲ）	连续土（a）	极薄土层(1)	Ⅲa1	319.57	6.72
		薄层土（2）	Ⅲa2	0	0
		中层土（3）	Ⅲa3	108.18	2.27
	半连续土（b）	极薄土层(1)	Ⅲb1	0.42	0.08
		薄层土（2）	Ⅲb2	52.27	1.1
		中层土（3）	Ⅲb3	111.15	2.34
	零星土（c）	极薄土层(1)	Ⅲc1	382.94	8.06
		薄层土（2）	Ⅲc2	0	0
		中层土（3）	Ⅲc3	127.12	2.67
	岩漠（d）		Ⅲd	759.38	15.97

徐州主城区未绿化荒山生态风景林类型规划表

表 5-2

类型区	主要荒山名称
森林景观优化区	山头山、崔庄山、王山、曹山、段山、闫山、拖龙山、小龟山、卧牛山、虎头山、龙腰山、洞山、猪山、狼山、东凤凰山、万寨山、杨山、琵琶山、123 高地、佟家山、荆山、走马山、抗山等
森林生态优化区	楚王山、大黑山、光山、峨山、杨山头、花山头、大银山、项山、虎山、老虎山、凤岭山、白头山、大南山、驴眼山、女娲山、洞山、洪山、大东山、义安山、沿山、大庙山、小谷山、小东山、小后山等
生态景观并重地区	大山、蟠桃南山、九里山、天齐山、米山、水山、簸箕山、天齐山、南凤凰山、磨山、雁山、王大山、家后山、小南山、御避山、大横山、状元山、南凤凰山、独龙山等

（二）主要造林树种的筛选与混交方式

立地研究结果表明，徐州市区石灰岩荒山土层较薄且连续性差，石漠化严重，多为零星土和岩漠地，"选树适地"是保障造林绿化成功的唯一途径。

按照适地适树，乡土树种为主，兼顾生态功能、景观效果和经济性的原则，在区域木本植物资源调查[56~63]的基础上，根据生态风景林建设目标要求，采用 AHP 法进行综合评价，筛选出适生造林树种 33 种。表 5-3 列出了主要造林树种的生物学特性及其对造林立地条件的要求，根据立地条件合理运用。表 5-4 列出了主要造林树种的景观特色。

图 5-1 东珠山宕口遗址公园总体设计

规划造林树种生物学特性　　　　　　　　　　　　　　　　　　　　　　　　　　　　　表 5−3

类别		树种	主要生物学特性与立地条件要求
大乔木	常绿	雪松	浅根、喜光稍耐荫，较耐干旱瘠薄，不耐水湿，抗烟害差
		铅笔柏	耐干燥，喜酸性至中性土、也较耐盐碱土，抗有毒气体
	落叶	枫香	深根，喜光，幼树稍耐荫，耐旱耐瘠，较不耐水湿，萌蘖性强，抗毒气
		榆树	根系发达，喜光，耐旱，耐盐碱，不耐湿，抗烟，抗毒气
		麻栎	深根，喜光，耐旱耐瘠，萌芽力强，抗火抗烟力强
		刺槐	浅根，喜光，耐旱耐瘠，不耐涝，萌蘖强，速生，寿命短
		黄山栾	深根性，喜光，耐半阴，耐千旱瘠薄，萌粟力强
		黄连木	深根，喜光、幼树稍耐荫，耐旱、耐瘠、抗烟尘和毒气
		臭椿	深根，喜光，耐旱耐瘠耐盐碱，不耐水湿，抗烟尘毒气，萌蘖性强
中乔木	常绿	侧柏	浅根，喜光，亦耐荫，喜钙，耐旱耐瘠，杀菌力强
		圆柏	喜光、幼树稍耐荫，喜钙质土，耐旱耐瘠也较耐湿，抗烟尘，杀菌
		龙柏	喜光、耐旱、耐瘠、抗烟尘
	落叶	青檀	喜光，稍耐荫，耐旱耐瘠，喜钙
		青桐	深根，喜光，喜暖湿，耐旱，怕淹，萌芽力弱，抗毒气
		柿	深根，喜光，耐旱耐瘠，不耐盐碱和水湿，萌芽力强
		乌桕	深根，喜光，喜暖湿，较耐旱和水湿，抗毒气，抗火烧
		五角枫	深根，弱阳性，稍耐荫，喜中性或钙质土壤
		三角枫	深根，弱阳性，稍耐荫，较耐水湿，喜酸或中性土壤，萌蘖性强
		苦楝	浅根，喜光，不耐荫，稍耐干旱瘠薄，钙质及轻碱土，寿命较短

续表

类别		树种	主要生物学特性与立地条件要求
小乔木	常绿	女贞	喜光，稍耐荫，喜暖湿，不耐旱，萌蘖萌芽力强，抗有害气体
	落叶	杏	深根，喜光，耐旱耐瘠，不耐涝，抗盐
		山楂	喜光，喜冷凉干燥气候，排水良好土壤
		杜梨	根蘖性强，喜光，喜暖湿气候，抗旱，耐盐碱
		石榴	喜光，喜石灰质土壤，有一定的抗旱耐瘠能力，抗毒气，萌蘖力强
		枣	根蘖力强，强阳性，耐旱耐瘠，喜干冷，也耐湿
		黄栌	喜光，耐干旱气候，耐瘠薄和碱性土，不耐水湿，萌生力强
		火炬树	喜光，耐瘠、耐旱、耐盐碱、寿命较短，根萌蘖性强
灌木	常绿	火棘	喜光，不耐寒，要求排水良好
		石楠	喜光，稍耐荫，喜暖湿，耐干旱瘠薄，不耐水湿
		小叶女贞	喜光，稍耐荫，耐剪，抗毒气
	落叶	紫穗槐	根系发达，喜光，耐瘠，耐旱，也耐水湿，抗烟抗污
		迎春	喜光，稍耐荫，耐旱，怕涝，耐碱，根部萌发力强
		连翘	喜光，稍耐荫，耐寒，耐旱，忌涝，不择土壤，萌蘖性强

主要造林树种景观特色   表 5-4

树种	景观特色			
	春景	夏景	秋景	冬景
女贞	鲜绿	满树白花，微香	满树紫果	紫果经霜不凋
枫香	独叹枫香林 春时好颜色		停车坐爱枫林晚 霜叶红于二月花	
黄连木	新叶红雌花紫有香		只缘春色能娇物 不道秋霜更媚人	冬芽红色
臭椿	新叶红艳，翅果红褐		红果满悬	
杜梨	千树万树梨花开 未容桃李占年华		霜叶深红	

续表

树种	景观特色			
	春景	夏景	秋景	冬景
五角枫	嫩叶色鲜红		山色未应秋后老 灵枫方为驻童颜	
三角枫				
石楠	新梢叶鲜红		新梢叶鲜红	
迎春	绿枝弯垂金花满枝			绿枝婆娑
连翘	叶前开花，花黄色			满枝金黄如鸟羽 初展
杏	满树淡红或近白 色花			
刺槐	白花繁茂芳香			
柿		枝繁叶硕浓绿 有光	叶鲜红果金黄或 鲜红	
山楂		满树白花	红果累累	
石榴		红花满树	秋叶金黄	
黄栌		枝梢宿存花梗 如烟	霜叶红艳层林如炬	
火炬树		圆锥花序色红似 火炬	叶色红艳或橙黄	满树火炬（红色 果序）
火棘		白花繁密	果红如火	红果点点
乌桕			巾头峰头乌桕树 微霜未落已先红	喜看桕树梢头白 疑是红梅小着花
黄山栾			花黄叶红灯笼果 满树	
松、柏类	终年长青，翠黛有异，四季不同			

（三）典型林分结构模式设计

1. 生态景观林模式

生态景观林模式以构建丰富多彩的森林景观为中心，观花、观叶类树种为基调树种，常绿与落叶、乔木与花灌木的组合实现四时景观，研究推广春花秋实、夏花秋实、模纹景观、宗教文化 4 种基本模式，详见表 5-5。

生态景观林模式的特点与树种配置   表 5–5

模式类型	模式特点	主要树种配置
春花秋实	以春花类树种为基调树种，少量混交常绿树种和春（秋）色叶树种，并在林下混交早春花灌木和常绿草本植物，构建春季森林景观为中心的四时景观	山杏（及杜梨、山桃等）46，红花槐30，女贞12，黄连木12（及枫香、五角枫等）+ 迎春及连翘、麦冬等
夏花秋实	以夏季观赏性好的花果类树种为基调树种，少量混交常绿树种和秋色叶树种，并在林下混交常绿灌、草，重点构建夏季森林景观为中心的四时景观	石榴46，黄栌（及山里红）24，女贞15，夹竹桃（及海桐、紫薇等）15+ 石楠、夏石竹等
模纹景观	从区域历史文脉出发，利用山体自然的形与势，综合运用带、块状混交技术，以秋色叶树种为基调树种，常绿树种组成一定吉祥寓意的乔木林模纹	侧柏、女贞、龙柏、圆柏、黄连木、五角枫、臭椿、黄栌等+迎春（及连翘、紫薇、石楠、海桐、黄杨、冬青、麦冬等）
宗教文化	以寺庙常用的长寿树种为主造林树种，营造肃静清幽的气氛，形成具有浓郁佛教文化气息的森林景观	侧柏46，青檀（及榆树、青桐等）30，五角枫（及三角枫、黄栌等）12，山杏12冬青（及箬竹等）

注：表中数字为每百株的用量。

2. 生态休闲林模式

生态休闲林模式是城郊风景区实现生态休闲的重要物质基础。其以具有优良保健功能的常绿树种为基调，混交观赏性、保健性俱佳的落叶阔叶树种，释放出浓郁的森林气息，使人切身感受到森林对人类健康的意义，给人内敛、宁静而又生命勃发向上的感觉。研究推广的3种基本模式详见表5–6。

3. 生态保育林模式

生态保育林模式是景区森林植被的基底。以提升生态功能、维持和发展生物多样性为主要目标，研究推广3种基本模式，详见表5–7。其中，水土保持采用生长旺盛、根系发达、固土力强，能形成具有较大容水量和透水性死地被凋落物的树种营造复层混交林；水源涵养模式采用根系深、根域广，冠幅大，林内枯落物丰富和枯落物易于分解，长寿的树种营造复层混交林；生态保育模式采用可以为鸟类提供丰富食物来源的树种为主造林树种，为鸟类提供觅食和栖息场所。

生态休闲林模式的特点与树种配置   表 5-6

模式类型	模式特点	主要树种配置
减毒型	以吸收有毒有害气体等性能强的树种为主造林树种	柏类（侧柏、圆柏）46，女贞24，棟树15，国槐（及刺槐、红花槐）15+迎春（及连翘、紫薇、石楠、海桐、黄杨、冬青、麦冬等）
保健型	以释放对人类健康有益的次生代谢物性能强的树种为主造林树种	柏类（圆柏、侧柏）及雪松46，黄连木30，臭椿24，迎春（及连翘、紫薇、石楠、海桐、黄杨、冬青、麦冬等）
休闲保健型	保健树种和观花类树种、常绿树种与落叶树种兼备	柏类（圆柏、侧柏）+女贞及雪松46，黄连木（及栾树、臭椿等）24，杜梨（及山杏、红花槐等）30，迎春（及连翘、紫薇、石楠、海桐、黄杨、冬青、麦冬等）

生态保育林模式的特点与树种配置   表 5-7

模式类型	模式特点	主要树种配置
水土保持	采用生长旺盛、根系发达、固土力强，能形成具有较大容水量和透水性死地被凋落物的树种营造复层混交林	女贞46，杜梨（及刺槐、红花槐、山杏）24，棟树（及麻栎、臭椿）15，榆树（及黄连木、黄栌）15+迎春（及连翘、紫薇、石楠、海桐、黄杨、冬青、麦冬等）
水源涵养	采用根系深、根域广，冠幅大，林内枯落物丰富和枯落物易于分解，长寿的树种营造复层混交林	侧柏46，山杏（及刺槐、红花槐、杜梨）24，五角枫（及臭椿、黄连木、黄栌）15，青檀（及麻栎、火炬树）15+迎春（及连翘、石楠、海桐、黄杨、冬青等）
生态保育	采用可以为鸟类提供丰富食物来源的树种为主造林树种，为鸟类提供觅食和栖息场所	栾树40，榔榆（或大果榆）30，青桐（或梓树）15，山里红（或酸枣）15+迎春（及连翘、紫薇、石楠、海桐、黄杨、冬青、麦冬等）

三、石质山地生态风景林营建

（一）工程整地方案拟定

造林整地主要围绕保土蓄水、加厚土层的目标，禁止全面整地。整地方式和规格，主要依据地形、地势、植被、土壤、树种及苗木规格，采取标准化设计，以适应不同树种、不同规格苗木的需要。

(1) 鱼鳞坑整地：适用于坡度＞6°的坡地造林。设计 5 种规格：1 号：a＞30cm、h＞30cm，2 号：a＞40cm、h＞35cm，3 号：b＞50cm、h＞40cm，4 号：b＞60cm、h＞50cm，5 号：b＞70cm、h＞60cm。围堰用碎石和黏土砌筑牢固，沿山坡等高线成行，排成三角形。

(2) 穴状整地：适用于坡度≤6°、土层较厚的平坡地。主要采用 3 种规格：1 号：D＞50cm、h＞40cm，2 号：D＞70cm、h＞50cm，3 号：D＞100cm、h＞60cm。穴底径＞0.8 倍口径，不准挖成圆锥或锅底形。

（二）造林苗木与密度设计

1. 造林苗木选择

苗木规格以苗高、地径 2 个指标控制，一般地，中上部 H100～200cm、d10～20mm，下部 H200～500cm、d20～50mm。具体作业设计，根据不同区位重要性、主导功能和山体部位等确定。

造林用苗应以容器苗、带土球苗为主。育苗容器以塑料薄膜无底筒状容器为优，土球捆扎紧实，无松散。苗高高于 200cm、地径大于 2cm 的落叶乔木截干造林。

主要造林树种苗木规格表

表 5-8

树种	苗木规格 (cm)		备注（对应整地规格）	
	苗高	地径	鱼鳞坑	栽植穴
侧柏	80~150	0.8~1.5	1 号	1 号
龙柏、圆柏、铅笔柏	120~200		1 或 2 号	1 号
女贞		2.0~5.0	2 或 3 号	1 或 2 号
雪松	150~350		4 至 5 号	2 或 3 号
五角枫、三角枫等大、中乔木	≥ 200	1.5~3.5	2 或 3 号	1 或 2 号
杜梨、柿、石榴等经济林树种	≥ 150	≥ 1.5	1 至 3 号	1 或 2 号

树种	苗木规格 (cm)		备注（对应整地规格）	
	苗高	地径	鱼鳞坑	栽植穴
火炬树等小乔木	100~150	1.0~2.0	1 或 2 号	1 号
各类灌木		0.6~1.0	与乔木同	

2.造林密度

根据具体立地类型和所选择树种的冠幅、树冠层密度等树种生物学特性，确定造林密度：一般土层较好、生长速度快或强阳性、大冠幅树种为 2m×3m、2m×2m；土层瘠薄、生长速度慢或阴性、小冠幅树种为 2m×2m、1.5m×2m。

主要树种造林密度推荐表　　　　　　　　　　　　　　　　　　　　　　表 5-9

山体部位	主要造林树种	造林密度（株 / hm²）
中上部	侧柏及落叶大、中乔木	2500 ~ 3300
中下部	女贞、圆柏、龙柏及落叶大、中乔木	1600 ~ 2500
基部	雪松、女贞、铅笔柏、龙柏及各类落叶乔木	1100 ~ 1600

注：常绿灌木与落叶乔木、落叶灌木与常绿乔木同穴栽植（混交），不占据单独空间。

（三）造林关键辅助技术

针对石质丘陵土层过薄、土壤持水力低、肥力差，新植苗木生根困难，生长量小的问题，选择保水剂、生根促进剂、基肥 3 个因子，研究不同造林辅助措施对造林成活率和定植幼树生长量的影响，根据试验结果 [64]，并与造林工程管理有效性相结合的原则，制订标准化用量方案如表 5-10。

保水剂、生根促进剂、基肥基准用量表　　　　　　　　　　　　　　　表 5-10

苗木规格（地径 cm）	保水剂（g）	有机基肥（g）	复合追肥（g）	ABT 浓度（mg/kg）	备注（对应鱼鳞坑）
≤ 1	20	250	50	35	1 号
1~1.7	30	500	75	35	1 或 2 号
1.8~2.5	40	500	100	50	2 或 3 号
> 2.6	50	1000	100	50	3 或 5 号

栽植时，ABT、保水剂（选用林果专用的聚丙烯酰胺型）严格按产品使用说明书使用，有机肥使用结果客土上山、回填土石砾清理等穴施。浇透定植水后，

覆盖 60 ～ 100m×60 ～ 100m 的塑料薄膜；可以起防风、防热、保温、保水、抑制杂草等作用。

四、工程实施效果分析

为全面反应造林工程效果，对一期工程造林成活率进行了调查[65]。16 个山头共采用乔木树种 15 个，栽植乔木 81 万株。调查于造林当年 8 月份进行。结果如表 5-11、表 5-12（表中 H 为苗高，d 为地径）。

主要树种的造林成活率   表 5-11

树种	苗木规格			山体部位		植树穴质量	
	基准	数值	成活率（%）	位置	成活率（%）	坑深（cm）	成活率（%）
侧柏	苗高（cm）	61 ～ 100	91.9	上部	84.4	< 40	79.5
		101 ～ 149	88.8	中部	84.4	40 ～ 49	89.9
		150 ～ 199	85.6	下部	93.3	50 ～ 59	88.8
		≥ 200	80.0		–	≥ 60	97.9
女贞	胸径（cm）	≤ 1.9	66.7	上部	78.8	< 40	93.8
		2 ～ 2.9	64.3	中部	93.3	40 ～ 49	90.3
		3 ～ 3.9	100.0	下部	100	50 ～ 59	100
		≥ 4	100.0		–	≥ 60	93.4
雪松	苗高（cm）	≤ 150	90.7	中部	76.4	< 50	73.3
		151 ～ 200	76.2	下部	85.7	50 ～ 69	81.9
		201 ～ 250	82.4		–	70 ～ 89	89.7
		251 ～ 300	62.5		–	≥ 90	100
		≥ 350	89.1		–	–	–
桧柏	苗高（cm）	≤ 120	66.7	上部	54.6	< 40	50.0
		121 ～ 160	55.6	中部	78.6	40 ～ 49	56.5
		–	–			50 ～ 59	88.9
五角枫	胸径（cm）	1.0 ～ 2.0	100	上部		< 40	83
		2.1 ～ 3.0	79.2	中部	85.7	40 ～ 49	85
		–	–	下部	84.6	50 ～ 59	87.5
刺槐	苗高（cm）	≤ 69	87.5	上部	83.9	< 40	78.6
		70 ～ 99	82.6	中部	88.9	40 ～ 49	86.1
		≥ 100	83.3	下部	82.4	–	–

树种	苗木规格			山体部位		植树穴质量	
	基准	数值	成活率（%）	位置	成活率（%）	坑深（cm）	成活率（%）
黄连木	地径（cm）	1.0 ~ 1.9	60.0	上部	45.0	< 40	54.4
		2.0 ~ 2.9	64.7	中部	66.7	40 ~ 49	70.9
		3.0 ~ 3.9	71.4	下部	80.7	50 ~ 59	76.7
		–	–		–	≥ 60	86.9
火炬树	地径（cm）	≤ 0.9	96.1	上部	93.7	< 40	93.1
		1.0 ~ 2.0	96.0	中部	95.4	40 ~ 49	95.5
		≥ 2.1	94.8	下部	97.8	50 ~ 59	98.3

其他树种的造林成活率 表 5-12

树种	苗木规格（cm）	山体部位	树穴质量（坑深 cm）	成活率（%）
龙柏	H ≥ 120	中、上部	≥ 50	87.5
乌桕	d ≥ 3.0	中、下部	≥ 40	67.7
楝树	d ≥ 2.0	中、下部	≥ 40	78.1
石榴	d ≥ 1.0	下部	≥ 40	58.6
柿	d ≥ 3.5	下部	≥ 40	84.7
枣	d ≥ 1.0	下部	≥ 40	61.3
杏	d ≥ 1.0	下部	≥ 40	40.9

从表5-11、表5-12可见，不同树种、立地类型及技术措施，造林成活率差异明显：

侧柏在所有山头均有应用，造林总量48.8万株，调查平均成活率85.8%，证明了其作为石质山地造林先锋树种的可靠性。

女贞有11个山头采用，造林总量5.1万株，调查平均成活率93.7%，为常绿树种中成活率最高，但在山体上部、植穴规格较小时，尽管采用较小的苗木，成活率也较低。

雪松在9个山头造林量4.2万株，影响成活率的主要因子是山体部位和树坑规格，山下部树坑深90cm以上的成活率达到100%，但坑深小于50cm的成活率只有73.3%。

龙柏在3个山头造林总量2.1万株，调查平均成活率87.5%。桧柏在4个山头造林总量4.5万株，调查平均成活率63.9%，为5个常绿树种中最低；从影响因子看，树坑规格质量的影响最大，苗木规格和造林部位对成活率也影响明显。

五角枫作为主要秋色叶树种和混交树种，在 12 个山头造林 4.4 万株，调查平均成活率 85.3%。山体部位和植树穴规格对成活率影响不大，苗木规格对成活率有显著影响。

刺槐作为主要混交树种，在 7 个山头造林 2.8 万株，调查平均成活率 84.2%。造林部位和苗木规格对成活率影响不大；植穴规格质量对成活率有显著影响。

黄连木作为主要秋色叶树种和混交树种，在 8 个山头造林 5.6 万株，调查平均成活率 65.7%。不同造林部位成活率差异极为显著。

火炬树在 5 个山头造林 1.9 万株，调查平均成活率 97.1%，是所有树种中最高的。

石榴、枣、杏成活率均偏低，说明立地条件过差情况下，不宜过多栽植。

第二节　棕地再生

作为全国老工业基地，徐州市在城市发展过程中，留下了大量的棕地[1]。棕地再开发利用，是城市可持续发展的重要策略之一，对提高城市土地资源利用率，实现城市集约发展具有重要的意义。

一、采石宕口生态恢复

（一）采石宕口生态与景观恢复的基本技术

采石宕口生态与景观恢复的基本技术，包括断岩稳定性治理、裸岩生态恢复两个方面，主要采用如下几种方法：

1. 断岩稳定性治理技术

在断岩生态恢复前，应首先对潜在、不稳定的断岩进行处理。工程条件许可时，优先考虑采用坡率法。现场条件不允许、放坡工程量太大或仅采用坡率法不能有效提高其稳定性的断岩，需进行人工加固。人工加固常用方法有注浆、挡墙、锚杆（索）、格构锚固、抗滑桩及综合支挡结构等加固法。

坡率法。坡率法是一种比较经济、简便的施工方法，包括削坡降低坡度、设

1 棕地的概念源自西方工业化国家。美国 1980 年颁布的《环境反映、赔偿与责任综合法》(CERCLA) 最早提出了城市"废弃及未充分利用的工业用地，或是已知或疑为受到污染的用地"的处理与责任问题，到 2020 年，《小企业责任减免及棕地再生法》中，对"棕地"做出明确定义："棕地"是指因含有或可能含有危害性物质、污染物或致污物而使得扩张、再开发或再利用变得复杂的不动产。英国"棕地"的正式名称为 Previously Developed Land (PDL)，具体指曾经利用过的、后闲置的、遗弃的或者未充分利用的土地。加拿大"棕地"的定义为被遗弃的、闲置的或者未充分利用的商业或工业不动产。

置台阶以及清除表层不稳定体，在地下水位不发育且放坡开挖时不会对拟建或相邻建筑物产生不利影响的条件下使用。

截排水。结合工程地质、水文地质条件及降雨条件，制定地表排水、地下排水或两者相结合的方案。

抗滑桩。采用抗滑桩对滑坡进行分段阻滑时，每段宜以单排布置为主，若弯矩过大，应采用预应力锚拉桩。抗滑桩截面形状以矩形为主，宽度一般为 1.5 ~ 2.5m，长度一般为 2.0 ~ 4.0m。当滑坡推力方向难以确定时，应采用圆形桩。

锚杆（索）。当断岩变形控制要求严格和断岩在施工期稳定性很差时，宜采用预应力锚杆。锚杆（索）是一种受拉结构体系，适用于岩质边坡，由钢拉杆、外锚头、灌浆体、防腐层、套管和联结器及内锚头等组成。

格构锚固。格构锚固技术应与美化环境相结合，利用框格护坡，并在框格之间种植花草，达到美化环境的目的。它是利用浆砌块石、现浇钢筋砼或预制预应力砼进行坡面防护，并利用锚杆或锚索固定的一种综合防护措施。

重力式挡墙。重力式挡墙宜采用仰斜式，采用重力式挡墙时，断岩高度不宜大于 10m。对变形有严格要求的断岩和开挖土石方危及边坡稳定的边坡不宜采用重力式挡墙，开挖土石方危及相邻建筑物安全的边坡不应采用重力式挡墙。

注浆加固。该法适用于以岩石为主的滑坡、崩塌堆积体、岩溶角砾岩堆积体及松动岩体。通过对滑带压力注浆，提高其抗剪强度及滑体稳定性。滑带改良后，滑坡的安全系数评价应采用抗剪断标准。注浆前必须进行注浆试验和效果评价，注浆后必须进行开挖或钻孔取样检验。

2. 裸岩生态恢复技术

裸岩生态恢复的关键是选用适当的植物，并为之创建适生的生境，使之定居成功。主要的技术方法有适生生境的创建，有爆破燕窝复绿法、垒砌阶梯复绿法、喷播复绿法、厚层基材分层喷射法和筑台拉网复绿法等。

爆破燕窝复绿法。采用爆破、开凿等方法在石壁上定点开挖一定规格的巢穴后，往巢穴中加入土壤、水分和肥料，最后种植合适的速生类植物。

垒砌阶梯复绿法。将开采面设计成阶梯形，在每一阶梯平台上覆土并植树。阶梯设计高度应与树种选择相结合，一般应小于或等于所选树种成熟高度 (<3m)。

阶梯宽度为每一阶梯平台至少种植两行树，错位布置。该法可以较好地解决采石场遗留石质开采面水土流失治理与植被恢复问题，不足之处是边坡过陡过高时，阶梯状坡势必造成极高的剥离面，工程量大。

喷播复绿法。该法一般都先在石壁上安装金属网格，再利用特制喷混机械将土壤、有机质、保水剂、黏合剂和种子等混合后喷射到岩面上，在岩壁表面形成喷播层，营造一个既能让植物生长发育而种植基质又不被冲刷的稳定结构，保证草种迅速萌芽和生长。此法施工方便，没有太多的土石工程，可在短期内达到复绿目的。但是，由于基质薄、所喷播的草种通常都是浅根系，不大耐旱，用水量大，结果导致养护管理费用也较高。特别是随着时间的推移，基质与植被会逐渐脱落、退化，长期效果欠佳。适应于严重影响景观且非常重要、急需短期内复绿的边坡。

厚层基材分层喷射法。该法在网格喷播法的基础上，将基材分三层喷射，每一层的基材物质结构均不同，因而整体基材较厚。牢固程度相对网格喷播法更高一些，持续时间也就更长一些，但仍不能作为一种持久复绿的方法。

筑台拉网复绿法。对坡度大、开采面高的石壁，可在剖面上按一定间距(每隔10~15m)插钢棒悬空架设水平种植台，加入配方土壤后种植攀援藤本植物，并在坡面拉网，使这些植株借助网架向各个方向攀援，以达到快速、高效和全方位的整体复绿效果。适用于坡度大、落差大的石壁坡面，在1~2年内可以基本复绿。

3. 生态恢复主要植物选择

徐州市裸岩生态恢复适宜植物如下：

常绿乔木：侧柏、龙柏、女贞；

落叶乔木：黄连木、泡桐、五角枫、栾树、苦楝、构树、桑（*Morus alba*）、乌桕、臭椿、梓树、朴树、榆树、槐树（*Sophora japonica*）、皂荚（*Gleditsia sinensis*）、刺槐、枫杨、旱柳（*Salix matsudana*）；

灌木：小叶女贞、海桐、紫穗槐(*Amorpha fruticosa*)、杜梨、君迁子（*Diospyros lotus*）、胡枝子（*Lespedeza bicolor*）、野蔷薇(*Rosa multiflora*)、紫荆（*Cercis chinensis*）、盐肤木（山梧桐，*Rhus chinensis*）、火炬树（*Rhus typhina*）等；

藤本：爬山虎（地锦，*Parthenocissus tricuspidata*）、葎草（拉拉藤，*Humulus*

japonicus）、凌霄（紫葳、倒挂金钟，*Campsis grandiflora*）、扶芳藤 (爬藤卫矛，*Euonymus fortunei*)、常春藤（*Hedera helix*）、珊瑚藤（*Antigonon leptopus*）、炮仗花（黄鳝藤，*Pyrostegia venusta*）、木防己等；

草本：狗牙根 (*Cynodon dactylon*)、狗尾草（*Setaria viridis*）、白茅（茅草，*Imperata cylindrica*）、紫花苜蓿 (*Medicago sativa*)、野菊花 (*Chrysanthemum indicum*)、二月兰 (*Orychophragmus violaceus*)、酢浆草（*Oxalis corniculata*）、草木樨（*Melilotus suaveolens*）、乌蔹莓（*Cayratia japonica*）、牛筋草（*Eleusine indica*）、蒲公英（*Taraxacum mongolicum*）、马兰 (*Kalimeris indica*)、打碗花（*Calysteyia hederacea*）、委陵菜（*Potenlilla chinensis*）、天胡荽（*Hydrocatyle sibthorpiodes*）、问荆（*Equisetum arvense*）等。

（二）典型案例——东珠山宕口遗址公园

1. 建设背景

随着京沪高铁的开通运营，徐州市迎来了高铁时代。东珠山位于徐州经济开发区 CBD 高铁国际商务区的中心，也是该区域的第一山，海拔 140m。长期以来，因开采石料，宕口众多，山体遭到严重破坏，岩体破碎、危崖累累、满目疮痍，与城市发展要求极不相称，迫切需要进行综合治理，以改善高铁国际商务区的生态环境，推动区域资源的协调和可持续利用。

2. 建设目标

以"修复生态、凝练文化、服务发展"为原则，通过对东珠山采石形成的宕口遗址的综合治理，恢复整个珠山区域的生态环境，同时，保留必要的采矿业遗迹，打造城市历史的时空图式，进而组合成新的矿山遗址景观，使其成为徐州高铁商务区第一张名片，综合性、高品质风景名胜区，科普教育基地。

3. 建设规模

工程分 2 期进行，一期工程位于北坡，自 2009 年 1 月开工，2010 年 2 月建成开放；面积 10hm²，一、二级园路 800 余米，上山木栈道 550m，各类乔灌木 2 万余株，草坪、地被 4 万余 m²，建有日潭、月潭、珠山瀑布、山间云梯、天池双湖、峰回路转等景观节点。二期工程位于南坡，于 2013 年 7 月开工，2014 年 10 月建成开放，面积约 12hm²，分为城市形象展示区、城市文化娱乐休闲区、特色山体风貌体验区、微型湿地体验区和山林自然活动区等景观功能区，建设箭竹林、赏星台、石矿科普展示园、彩蝶花谷、静星湖、星河瀑、朗星湖等景观节点。

4. 总体布局与设计

依据依形就势原则，在山体开采区建立连续的东西向景观走廊，通过木栈道、云梯等元素将山顶、宕底、岩壁的各个景点链接起来，突出表现原有宕口的奇峰异石与设计的景观节点之间的完美结合，真正做到一步一景、步移景异，为游客提供生态的、连续的、丰富的景观体验。

1）依形就势，因材施用

遗址公园关键体现在"遗址"二字。因此，地形设计充分考虑宕口岩壁、宕底水塘的走向、分布、规模等采矿遗迹因素，优先选定需要保留、展示的区域，根据地形地貌做相应的景观设计。同时，对拟复绿的裸岩区，分别采取以下措施：

利用矿区留下的废弃石渣作山体坡面与底面的地形联结，堆筑与原山体环境相协调的地形，在原有废弃石渣基础上，均匀调配一定厚度优质土壤作为种植土壤，既节约土方成本，又满足植物生长需要。

对过于陡峭的坡面进行削坡处理，必要时可采用小范围的点状爆破，以满足喷播挂网复绿的需要。

风化严重、但不会在短时期崩塌的坡面部分，采取挂网喷播草、树种子的方法，依靠植物根系的生长来稳定山体——随着植物群落的自然演替、先期草灌木植物群落的引导、后期乡土植被逐渐侵入和生长，宕口坡面植被与周围山体植被融为一体。

坡面上已经长成的树木和野草，适应当地条件，且已初步形成景观，应尽量保留，不予破坏。

利用废弃石渣作宕口底面的排水沟基础材料，宕口内景观道路、汀步、踏步等建筑材料，做到生态再造景观。

保留原有采矿的设施、设备，并在旁边设置艺术性标牌，对其历史和作用作简单的文字说明，让后人了解矿山的过去，产生时空对话。用绿化及景观小品相结合的方法对这些设施与设备加以艺术修饰，使之成为既有历史意义、又有艺术观赏性的新景观。

2）重要景观节点设计

一期工程主要设计"两潭、两岛、一瀑、一谷、一云梯"七大主体景观。其中，"两潭"最先确立，这是由于宕底东西两侧各有一潭，形如日、月相照。结合两潭形状，在月潭中设立半月状半岛，在日潭中设立朝日状离岛，由此形成"两岛"景观。两潭、两岛周边道路串联廊、榭、平台等公园小品，既丰富了宕口游园的野趣，也展现出宕口改造后景观特色。"一瀑"利用宕口内最大的向外凸出的垂壁区，设计成一级挂落、二级流淌的组合式瀑布，使裸露的宕面变成流动的水墙，涛声阵阵，增添了无限生机。折线式的"云梯"依岩壁而走，掩映于高矮不同的树木丛中，游客拾级上达山顶，不但保护了园区生态环境，还增加了游客的游趣。两潭之间，用亲水木栈道实现景观上的沟通。木栈道穿行于峡谷之间，游客可以从近处观赏到峡谷两侧的宕面，形成"一谷"景观。峡谷两侧的两座悬而陡的宕口顶部，设置"彩虹桥"链接两侧山体景点[66]。

二期工程同样以宕口的地貌为基础，在东侧沿城市界面建立城市生活景观廊道，满足市民休闲娱乐及城市展示等综合功能需求；在西侧沿城市界面依据地势完善雨洪管理，建立雨水花园（微型湿地景观），增加区域内物种多样性，丰富景观体验；在山体未被开采区，补种高大乔木，恢复自然生态，适度建设登山路径，满足市民山体休闲活动。在采空区建设彩蝶花谷、静星湖、星河瀑、朗星湖以及箭竹林、赏星台、石矿科普展示园等景观节点。

3）植物配置

根据不同区域立地条件，基岩稳定、土壤深厚处以乡土落叶乔木如朴树、栾树、乌桕、重阳木、鹅掌楸、三角枫、大叶榉等秋季色叶树种为主，常绿乔木如雪松、龙柏、香樟、女贞、桂花、广玉兰、枇杷、石楠等为辅。挂网喷播区域，以灌、草为主，在条件许可的位置，局部设置"关键树"。各个景点的植物配置中，乔木的选择标准是突出景点的鲜明立意，尽量做到一树一景；彩虹桥上采用当地特色色叶树衬托"彩虹桥"的寓意；两个景观岛的植物配置，以体现原生态"虽由人造、宛自天开"的效果。局部低处种植花灌木或有野趣的草花，小乔木及灌木采用适合山地土壤及气候特征的品种，如黄栌、鸡爪槭、火炬槭、南天竹及绣线菊等观花或观姿植物。宕口坡面上及落叶乔木的林下配置一些多年生开花的草本植物，让其自然生长，自然繁衍，充满野趣。

二、采煤塌陷地生态恢复

（一）采煤塌陷区的生态恢复技术

采煤塌陷区的生态恢复技术，主要包括地貌重塑、水环境处理、土壤重构、植被恢复等几个方面。

1. 地貌重塑

地貌重塑是土壤重构的基础和保证。地貌重塑应根据地貌破坏程度与景观和生态恢复目标进行综合考虑。

1）景观类型区与生态基质的确立。采煤塌陷区的景观类型，一般可以分为农耕景观、自然生态景观2大类。农耕景观又可细分为农（渔）业生产区、休闲农（渔）业区等；自然生态景观可细分为生态保育区、生态休闲观光区等。根据景观类型，分别制订土地利用平面和竖向控制。

2）自然河道的重塑。采煤塌陷地水资源虽然丰富，但由于土地塌陷，导致水体散乱分布，水体资源优势无法发挥。在生态恢复中，遵循原有河道和水体以及因采矿而形成的水体（塌陷坑或季节性积水区域）的关系，通过合理的水系沟通形成塌陷区的天然生态廊道。

3）道路的规划建设。道路规划直接影响到生态恢复区各功能空间的划分与景观组织是否合理，人流交通是否通畅，对整体规划的合理性起着举足轻重的作用。道路应分三级设计：一级道路主要为保留的原有道路，主要承担交通运输功能。二、三级道路主要为观光道路。其中二级道路联系各个景点，主要通电瓶车和自行车；三级道路为游步道，顺应地形，强调与环境协调。

4）土方设计与土地利用的动态平衡。在采煤塌陷地的土地复垦与再利用规划中，土方的工程量相当巨大，在设计之初就把土方平衡的问题考虑在内。土方来源，应主要运用沟通水系挖出的土方，尽量达到区内的土方利用平衡。

2. 水环境处理

采煤塌陷区因土地塌陷沉降程度不一，水体分布散乱，大小不一。为此，水环境整治以自然河道为中心,现状水面为基础,进行适当的连通、疏浚,截断各个围圩,使之成为开放水体,形成广阔的湖面,为建立开放式的湿地生态系统提供条件。

另一方面,生态湿地的需水量相对稳定,而徐州地区降水量偏低,且干湿季节明显[1],雨量相对集中。这就需要做好暴雨水管理中的雨水补给设计。首先,在景观规划中,利用地形的高差和设计的微地形形成效率较高的地表径流系统。其次,建立集水点来收集建设区的雨水并适当补充建设区的雨水渗透,渠道将把经过渗透后多余的雨水输送到人工湿地,从而保证湿地水量的供给。

为防止未利用的煤矸石、粉煤灰堆积排放区淋溶污染,水域周边农业面污染进入湿地水域,保持塌陷区湿地生态系统良好水环境,必须在湿地生态系统保育规划区建设生态截污带建设工程。生态截污带一般由 2 条渗滤坝及位于其中间的水生植物带组成。每条渗滤坝宽 3m,长约 1km,以煤渣、河沙混以泥土建筑而成。两坝间隔 50m,中间大量种植芦苇等耐污水生植物。通过渗滤坝的渗滤和植被吸附沉积后再进入水域,水体质量将得以显著提高。

3. 土壤重构

土壤作为生态系统中绿色植物生长的载体,其性质和肥力的好坏,直接关系到生态系统设计的效果和优劣。

土壤重构是以矿区土地的土壤恢复和重建为目的,采取适当的措施,重新构建一个适宜的封剖面与土壤肥力条件及稳定的地貌景观,在较短时间内恢复和提高重构土壤的生产力,并改善重构土壤的环境质量,采煤塌陷区土地复垦的重要任务是决定复垦成败的关键。

复垦土壤重构主要有工程重构与生物重构:

工程重构就是根据煤矿区复垦土地的重构条件,选用合理的复垦技术方法,按照重构土地的利用方向,对矿区被破坏土地进行剥离、回填、覆土与平整等技术处理的过程,一般在矿区土地复垦的初始阶段进行。

生物重构是在工程重构过程中或结束后进行重构"生土"培肥改良与种植措施,目的是加速重构"生土"剖面发育,改善土壤环境质量,逐步恢复土壤肥力,提高土壤生产力,恢复土壤生态系统。豆科固氮植物是生物重构的最优应用植物。

4. 植被恢复

采煤塌陷区的植被恢复，根据人类介入的程度，可以分为自然恢复和人工恢复2种。

所谓"自然恢复"就是没有（或尽可能少的）人工协助，仅（或主要）依赖自然演替的力量来恢复已退化的植被生态系统。自然植被恢复适宜以生态保育为主要目的的生态恢复，利用现存的植被斑块，野生植物自主繁衍。

人工恢复法即恢复区所有植被都由人工栽植形成。其优点是可以完全按照景观构建目标布置植物群落。其缺点是生态系统稳定性差，需要持续的管理投入。人工恢复植被常用植物，应区分外周区、间隙（滨岸）区、浅水区、深水区4个不同的立地类型区，分别选用适当的植物种类。

1）外周区植物

所谓显地外周区域，指地表高程高出正常洪水位60cm以上的区域。

本区域中，凡本地适生园林植物均可应用。具体树种的运用，可以参考《徐州市植物多样性调查与多样性保护规划》[67]。

2）间歇（滨岸）区植物

所谓间歇（滨岸）区域，指地表高程低于正常洪水位60cm以下到正常蓄水位之间的区域。该区域的特点是常年地下水位较高，在洪水期间会被（间歇性）淹没。

间歇（滨岸）区植物带是湿地生态系统中植物景观塑造的重点，在由陆到水的过渡区，植物选用必须具备良好的耐水湿能力，并按照陆生—湿生植物结构完整性原则和景观美学原则，自然式配植。

徐州地区的湿地间隙（滨岸）区乔木可以选用河柳、金丝垂柳、池杉、落羽杉、中山杉、重阳木、乌桕、白蜡、榔榆、桑、黄连木、枫杨、梧桐、棠梨、侧柏、女贞等。灌木可以选用大叶黄杨、紫穗槐、花叶杞柳、柽柳、红瑞木、夹竹桃、金钟、黄馨、木槿、紫荆、迎春、紫薇、石楠、海桐、木芙蓉等。地被可以选用鸢尾、麦冬、白三叶、狗牙根、黑麦草、天堂草等。

3）浅水区

浅水区指正常稳定水深＜1m的区域。

浅水区植物带是湿地生态系统中水生植物景观塑造的重点，植物配置以挺水植物为主，徐州地区具体品种可以选用荷花、芦苇、荻、菖蒲、美人蕉、再力花、千屈菜、芦竹、香蒲、慈姑、水葱等。

4）深水区

深水区指正常稳定水深 ≥ 1m 的区域。

深水区植物配置以浮水植物、沉水植物为主。沉水植物可以选用苦草、金鱼藻、狐尾藻、眼子菜等，一般按10~25丛／m² 的密度配植。浮水植物可以选用睡莲、芡实、菱、荇菜、浮萍、凤眼莲等，种植密度，以水面的叶片面积一般应掌握在水面面积的 1/3 左右，以保证水下的植物光合作用良好。

5）生态浮岛

生态浮岛适用于大面积过深水域。人工浮岛床体采用竹床为宜。植物主要选用美人蕉、旱伞草、香根草、鸢尾、香蒲、黑麦草等。

（二）典型案例——潘安湖采煤塌陷区湿地公园

潘安湖采煤塌陷区湿地公园原来是权台煤矿和旗山煤矿的采煤塌陷区域。

1. 建设背景

潘安湖采煤塌陷区湿地公园位于贾汪西南部，地处徐州主城区与贾汪城区中间（距两地均约 18km）。由于长期的土地塌陷，环境脏、乱，生态环境恶劣，区域经济发展缓慢，亟须通过综合治理，恢复生态。

2. 建设目标

通过"基本农田整理、采煤塌陷地复垦、生态环境修复、湿地景观开发"四位一体综合治理，有效提高区域农业生产力，彻底改变区域环境面貌和生态环境质量，着力培育新型产业链和经济增长点，促进老工业基地转型发展。

其中，生态环境修复、湿地景观开发的目标是：形成集生态恢复保护、生态景观重建、水系艺术空间梳理、游览交通组织、植被景观配置、历史文化表达、生活娱乐展开等各个方面共存、共融、共同发展城乡一体化的湿地景观文化场所。

3. 建设规模

湿地公园景区规划总面积 52.89km²。其中，核心区面积 16km²，外围控制面积为 36.89km²。分 2 期建设，目前已完成的一期工程开园总面积 11km²，其中水域面积 9.21km²，大小湿地岛屿 19 个。建桥梁 24 座、码头 12 座、停车场 12 个、

11km 环湖路、7km 游步道、10km 木栈道以及 8 项地下市政管网铺设。栽植乔木 16 万棵，花卉植被 100 万 m²，水生植物 98 万 m²。

⑴ 本节规划设计图片均引自徐州市规划局和杭州市城市规划设计研究院《徐州市贾汪区潘安湖湿地公园及周边地区概念规划》，特此说明。

4. 总体布局与设计

1）总体规划

整个湿地公园景区分为北部生态休闲区、中部湿地景观区、西部民俗文化区、南部商旅服务区和东部生态保育区五个部分，详见图 5-2，水环境治理规划见图 5-4，公园道路及旅游线路规划图见图 5-3⑴。

2）重要景观节点

重要景观节点以展示湿地生态，发展农业观光、水上娱乐、科普教育、度假休闲生态经济区为目标，重在体现农耕文化、民俗文化和自然生态景观。

中部湿地景观区设置了大小 9 个湿地岛屿，岛上主要以香花植物为特色，每个岛主题各异，古典与现代交织，中式传统与西方浪漫风情相映，动静结合，功能各异，细细品味，回味无穷。

主岛以地域文化为主基调，从主入口进入中央大道，沿大道中央设置 4 组假山石，分别展出春夏秋冬盆景，象征着我们湿地一年四季不同的景色，寓四季平安之意。两侧布置游客服务中心、湿地假日酒店、会议中心、商业街等旅游服务设施。右侧池杉林风景区占地近千亩，池杉林中设栈道，穿行其中，体验与水亲近，与林相邻的雅、静之感。池杉林内三个亭子叫草安居。传说晋武帝时期（公元 280 年），盖世美男潘安，与晋武帝的女儿慧安公主，在宫女小翠的安排下，私奔来到此地，潘安依湖搭建了一个草棚，三人在此休养生息。

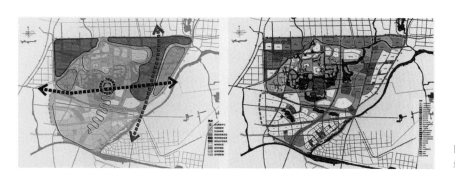

图 5-2　潘安湖湿地公园及周边地区总体规划图

图 5-3 潘安湖湿地公园道路及旅游线路规划图

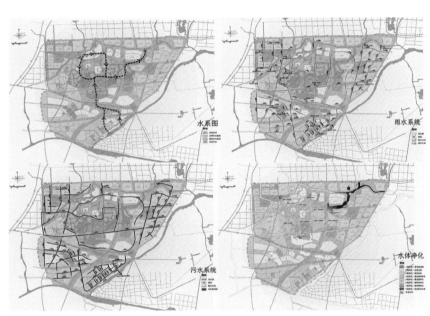

图 5-4 潘安湖湿地公园水环境治理规划图

"潘安文化"潘安古村岛，因潘安出资出力帮助村民打井三口，以解村民饮水之困，周边数村因此获益，后人为了纪念潘安的义举便将此村更名为"潘安村"。潘安湖也是因为潘安村而得名。该岛占地 140 亩，主要是以展现"潘安"两千年历史文化底蕴为依托，形成古色古香、底蕴深厚的潘安古街、古庙和潘安市井文化。岛上生活设施齐全，古木交柯、桂香四溢，形成集参观、休闲、餐饮、居住于一体的，具有"潘安"文化，古木葱茏的潘安古村岛。

"亲子乐园"哈尼岛，位于主入口西侧位置，占地 177 亩。该岛主要为动态区域，建设一处较大的青少年娱乐中心，可开展生态活动、露天音乐演出、各类拓展集训活动等欢乐内容。同时，布置了乡村特色商业游览街区，供人们购买土特产和旅游纪念品。

"欧洲风情"蝴蝶岛，位于潘安湖风景区西北部，占地 101 亩，该岛围绕渲染蝴蝶主题文化，配建蝴蝶展览馆，让游人在观赏蝴蝶的同时，体验制作蝴蝶标本的乐趣。岛上设有欧式教堂，打造欧式婚庆场所，并在环境优美的树丛中点缀一些欧式别墅，让人们充分感受诗意浪漫的西方风情。

"四季花海"醉花岛，该岛位于潘安湖风景区西部，占地 64 亩，以香花植物为特色，设有传统的中式婚庆场所。可在此举行民俗婚礼仪式和开放式婚庆活动，也可举行沙龙聚会、品茶等户外活动，岛上在布满中式古居民宅的老街中，设有中式品茶雅居，让人们在休闲中，充分体会高雅的茶香古韵。

"颐养身心"颐心岛，取自颐养身心之意。该岛位于醉花岛北侧，紧靠西侧湿地，占地 63 亩。岛上的植物以杜仲药材为主，形成植物养生的特色。在葱郁的树林和花草中间，布置养生会所，具备植物养生、五谷养生、水疗养生、休闲养生四大特色，形成幽静自然的生态养生基地。

"神秘祭拜"水神岛，岛内供奉着"真武大帝"又名"玄武"。根据阴阳五行的说法，北方属水，故北方之神为水神。因《后汉书·王梁传》曰"玄武，水神之名，司空水土之官也"，又因水乃万物所必需，故玄武的水神属性深受人们的信奉。

"鸟类保育基地"鸟岛，占地 1.8 万 m²，岛内分五个散养区域，分别是：涉禽散养区、野生鸟类招引区、鸟类游禽区、红锦鲤鱼区和孔雀散养区，岛中设观鸟亭，旅客可以登上观鸟亭慢慢欣赏鸟类在空中翱翔的美景。

西部民俗风情区主要由神农庄园、民俗大舞台、民俗广场三部分组成。如今已经成为潘安湖保留最大的村落景观，该村落完整地保留了一个鲜活的湿地村落景观的人文和历史，也是湿地承载文化活动最为生动的体验区域。

神农庄园神农氏雕塑，高 9.9m。整体造型粗犷有力，双目坚毅，头部略低，俯视苍生，展现了部族首领的强壮与威严。其身披斗篷，赤脚而行，体现了远古先民艰苦的生活状态。神农双手托起神农百草经书卷，将其一生心血和生命奉献给炎黄子孙，厚泽百世。作为弘扬中国传统农耕文化的代表，神农氏雕塑成为园区重要标志。

民俗广场设置二十四节气雕塑。整体呈方形，共分三段。上部为"天"，刻有云纹与日、月，寓意风调雨顺。中部为核心部分，正反两面有篆书的节气名称，一侧有雕刻的与该节气相对应的花朵，旁边雕刻的节气歌简单明了地将节气的意义阐述出来；另一侧刻着金色的节气释义，详细地将节气的内容表达给观者；而贯穿上下的麦穗纹样将农耕与节气的联系注入其中。底部为"地"，刻有山水纹案，寓意五谷丰登，滋养万物。雕塑上铭刻二十四节气与中国传统医学养生相结合的内容，体现了中华民族对自然和人类自身的思索，以及顺应四时、"天地人"和谐统一的文化思想。

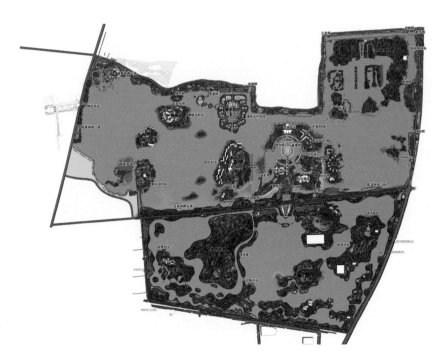

图5-5 潘安湖湿地公园核心景区景点分布图

图5-6 潘安古镇

图 5-7 潘安湖主岛码头和马庄
民俗村

图 5-8 潘安湖湿地公园植物景观

三、垃圾填埋场生物多样性恢复

徐州市九里山建筑垃圾填埋场原为 1950 ~ 1970 年水泥厂采石形成大型采空
宕口，后于 1980 年开始改作为建筑垃圾集中堆放填埋处，经过多年的填埋堆积，
接纳建筑垃圾和工程渣土上亿立方米，使九里山西段南侧山体轮廓大部恢复，建
筑垃圾分三级堆放，每级经过压实处理，立地分坡面和平台 2 个类型，于 2007 年
春组织实施九里山建筑垃圾填埋场造林绿化工程。

（一）生态恢复方案

1. 整地方式

穴状整地，客土回填种植穴。植穴规格：穴口 = 苗木土球直径 +40cm；穴深 = 苗木土球高 +30cm。

2. 树种配置

平台台面：大叶女贞；台边沿：连翘、迎春。

坡面：黄连木、柽柳、苦楝、红花槐、白蜡树各 20%。

3. 苗木规格

建筑垃圾填埋场生态恢复苗木种类与规格 表 5-13

树种	规格（≥ cm）				备注
	高度	胸径	土球	冠幅 / 球径	
大叶女贞		5	40		一级苗、全冠
柽柳	100			80	一级苗、全冠
白蜡树	300	3			一级苗、全冠
黄连木、苦楝、红花槐	280	2.5			一级苗、全冠
连翘、迎春	三年生，5 分枝 / 丛				2 丛 /m

4. 栽植密度

每亩 222 株（株行距原则上 2×1.5m），分布均匀。

5. 混交方式

块（带）状混交。

6. 关键技术措施

1）保水剂的使用。保水剂用量：折干粒为乔木 30g/ 株、灌木 10g/ 株。种植裸根苗时，在回填种植土壤时将保水剂水凝胶施于苗木根部，与土拌匀后再填土。栽植带土球的树苗时，将保水剂水凝胶与适量的填土掺混，将其回填到土球表层 10cm 以下的根土周围。保水剂水必须提前 24 小时，按产品使用说明，加足够倍数的清水，让其充分吸涨成凝胶，舀去表层清水后备用。无论是移栽裸根苗木，还是移栽土球苗木，施用保水剂凝胶后，还须在种植回填结束后再灌足水。

2）促根技术。用 ABT3 号生根粉 20mg/kg 灌根。1 克灌乔木 4 株、灌木 10 株。

3）土壤肥力改良。栽植穴施肥，提高土壤肥力，每穴施干鸡粪乔木 1kg、灌木 0.2kg。

4）土壤保墒技术。栽植浇透水后，覆盖 ϕ 60cm^2 的黑塑料薄膜，起防风、防热、保温、保水、抑制杂草等作用。

（二）生态恢复效果

1. 景观效果

建筑垃圾填埋场人工造林绿化取得良好的效果。通过三年自然生长，以木本植物为植被（群落）的坡面植被已经融入周边环境，坡面已经形成具有较强固土护坡效果和较好景观效果，即形成了以乔木植物为主体，灌木、草本植物密集覆盖且能自然协调生长和演替的植物群落，建筑垃圾山完全得到覆盖，塑造出与周边山体协调一致的视觉景观。

2. 生态效果

垃圾填埋场通过造林恢复植物后，土壤孔隙度增大，土壤密度减小，土壤 pH 显著下降，土壤有机质和土壤全氮水平显著增加，但土壤全磷和有效磷含量随植被生物量的增加呈降低趋势，原因可能为当土壤中有效磷含量不能满足植物根系吸收时，植物根系会分泌一些有机酸来活化土壤中的磷元素供植物吸收，土壤全钾含量没有显著差异，但是速效钾差异明显，变化趋势与全磷和有效磷相一致。

图 5-9 建筑垃圾填埋场生态恢复景观

建筑垃圾填埋场生态恢复土壤理化性质变化　　　　　　　　　　　表 5−14

样地类型	未恢复样地	恢复样地 I	恢复样地 II	样地类型	未恢复样地	恢复样地 I	恢复样地 II
土壤密度	1.60 ± 0.02a	1.25 ± 0.08b	1.15 ± 0.07b	全氮	0.38 ± b	0.61 ± a	0.55 ± a
总孔隙度	39.57 ± 2.16b	51.62 ± 2.11a	56.07 ± 2.48a	全磷	0.95 ± a	0.99 ± a	0.75 ± b
含水率	13.55 ± 1.00b	16.07 ± 0.66a	15.65 ± 0.94a	全钾	19.14 ± a	20.68 ± a	18.89 ± a
pH 值	8.25 ± a	7.74 ± b	7.64 ± b	有效磷	20.68 ± a	22.5 ± a	10.93 ± b
有机质	10.48 ± b	14.46 ± a	14.7 ± a	速效钾	213.04 ± b	273.91 ± a	208.70 ± b

注：表中数值为平均值 ± 标准差，不同字母代表有显著差异（p<0.05）

第三节　人工促进侧柏纯林演替

徐州市现有建成于 20 世纪五六十年代的石灰岩山地侧柏林约 1.46 万 hm²。由于受立地条件和当时的经济社会条件制约，树种结构简单，景观单调。特别是由于初植密度大，随着侧柏数十年的生长，目前林分已逐年衰退。据调查，50 年生侧柏林，胸径平均 8~10cm，树冠平均冠幅不足 2.3m，树冠平均高度 3.35m，仅相当于同龄林孤立木的一半左右；由于密度偏大，郁闭度偏高，林内无光照，地表裸露，林下无植被，在林冠中下部产生大量枯枝（枯枝条已占枝条总长的 70%~80%），树叶集中于树冠表层，仅占树冠的 15%~20%，林分中枯立木、病弱树约占总株数的 25%，并且还在逐年递增；林下灌木层、草本层基本不存在，草本层盖度只有 15%~25%，生境单一，导致鸟类等动物逐年减少，使侧柏毒蛾、双条杉天牛等为代表的病虫害日益猖獗，必须实施林分改造[1]，保障侧柏山林的可持续发展。

① 林分改造是根据当地的地带性森林植被类型，有目的地选择一些适合当地生长的树种，通过人为措施对现有生态等级较差的森林进行改造，从而促进森林向地带性森林群落演替或按设计目标形成某种植物群落的一种造林方式。

一、云龙山侧柏山林现状

研究地云龙山位于徐州市区中心，是云龙风景区的核心区，也是徐州环城国家森林公园的组成部分，从东北向西南连绵九节，全长约 3km，总面积 120hm²，最高海拔 142m。成土母质石灰岩，土壤以石灰岩发育而成的淋溶褐土为主，隶属喀斯特山地类型，但未显现喀斯特地貌特征。土壤厚度 10~50cm。其中，山脚土壤平均厚度为 30cm 左右，一般分为 3 层；中部土壤平均厚度小于 10cm，一般为两层，其中表层腐殖质层小于 1cm，白色石灰岩基质很明显，岩石裸露严重，裸露率约 40%~65%；海拔 80m 以上的上部土层厚度降至 5cm 左右。在岩石裸露面积较大的区域，土壤质地以砂质土为代表性土壤；在岩石裸露不明显、林下植被丰富的区域，土壤质地以粉壤土为代表性土壤。土壤容重均值 1.50~1.69，表层土壤较疏松、容重小，底层土紧实、容重大。土壤整体孔隙度偏小，持水性能差。土壤 pH 值 7.53~7.86，与土壤容重、有机质、有效磷、全盐量等多个因子均有一定的相关性，但未达到显著程度。土壤有机质含量 1.734%~4.885%，在样地间呈显著差异性，而在土层间差异不明显[68]。

云龙山侧柏林建设于 20 世纪 50 年代。据记载，新中国成立前，除北端第 1 节山零星分布有侧柏、槐、柳、楝等少量乡土树木外，均为童山秃岭。1955~1960 年，参照第 1 节山遗留树种，选择侧柏、臭椿、槐、楝等进行人工植苗造林，因立地条件过差等原因，除侧柏外，大部分阔叶树均未保存下来，形成今天以侧柏为主的生态景观。由于立地条件差，初植密度大，目前，林龄 50 年侧柏的平均胸径 10cm，树冠平均冠 2.3m，树冠平均高度 3.35m，仅相当于同龄林孤立木的一半左右；单株生物量地上部分 28.97~56.19 kg/ 株，地下部分 3.08~8.7kg/ 株。单位面积生物量地上部分 5~7.5kg/m²，地下部分 0.53~1.19kg/m²，生产力 0.257~0.331kg/ m²·a。由于密度偏大，郁闭度偏高，林内无光照，林冠中下部枯枝条已占枝条总长的 70%~80%，树叶集中于树冠表层，仅占树冠的 15%~20%，林分中枯立木、病弱树约占总株数的 25%，并且还在逐年递增；林下灌木层、草本层基本不存在，草本层盖度只有 15%~25%，生境单一，导致鸟类、森林动物逐年减少，侧柏毒蛾、双条杉天牛为主的森林病虫害日益猖獗；森林景观没有季相、色相变化，美景度低。

二、人工促进侧柏林演替技术方案设计

（一）侧柏纯林的改造目标与原则

根据云龙山兼属云龙风景区的核心区和徐州环城国家森林公园的属性，以及

森林为主体的景观建设特点，人工促进森林演替应围绕以下目标和原则展开。

1. 改造目标

生态目标：充分考虑立地条件特点，按照适地适树原则引入建群乡土树种和伴生树种，景区森林的异质性显著增加，结构优良，可持续，生态功能进一步增强。

景观目标：显著增强森林的自然色彩，使之达到森林生态功能与绿化美化自然协调一致，初步形成具有多品种、多色彩、多层次、多香味、多功能、有特色、步移景异的森林景观。

文化目标：体现当地的自然特征和文化特色，挖掘和烘托景区的"文脉"，塑造景区风貌和个性。

2. 改造原则

生态原则。以维护人类身心健康、维护自然生态过程作为核心，在符合自然生态原则的同时，符合景观生态原则和社会生态原则。

因地制宜原则。充分发挥景区土地资源的特点，与景区分区发展目标紧密结合，促进多样化的森林生态系统的形成与发展。

景观美学原则。合理布局景区森林植被的空间形态（平面与立面构图）、色彩（色相、季相）变化以及嗅觉、意境特征，使之符合景区功能分区目标，景观更加优美。

文化原则。注重与景区历史文脉与内涵相结合，以开放的森林生态系统为基础，精心布置富有丰富文化内涵特色森林景观。

（二）抚育间伐与林窗开设

1. 侧柏林抚育

世界各国对森林间伐强度研究取得了大量成果，但它们大都是针对用材林的，关于风景林抚育间伐强度能够查到的文献很少，王爱珍和陆兆苏认为树冠系数较适用于风景林，其利用树冠系数确定风景林的间伐强度公式为：$N/hm^2=1\times10^4/(K\cdot H)^2$（式中，$N$ 为单位面积保留木株数，K 为树冠系数——冠幅与树高之比，H 为林分平均高，$(K\cdot H)^2$ 实质上是林分平均木单株营养面积）[69]。根据该间伐强度公式，参考云龙山侧柏林与邻近皇藏峪国家森林公园天然次生林空间结构对比研究结果[70]，确定云龙山侧柏纯林的间伐量一般为现有侧柏总株数的20%~45%、间伐后的林分郁闭度保持在 0.6~0.7 的间伐目标。具体做法为首先现场踏查，确定间伐对象木并做好标记，然后组织间伐作业。间伐木的确定，必须满足保留木的空间分布要求，在此原则下伐密留疏，伐小留大，促进立木实现均匀分布（角尺度均值小于 0.475）。

2. 林窗开设

林窗开设位置，根据景区的景观规划要求，依据地形中的"势"规划好各种形状，并注意其规模，形状的末端与起始的位置要靠近（借）地形中的特征物（多样性要素），做到因势成形，巧于因借，精在体宜，多样统一。同时，适当考虑混交树种配置的均匀性。根据云龙山山势特征及主要的观赏方向，林窗主要开设于山腰线上下，一方面，随山势起伏，形成蜿蜒起伏的森林景观，另一方面，有利于种子向上、向下两侧山坡散布，从而促进整个侧柏山林的全面演替进程。

林窗大小，根据景观营建需要及拟增植的种源树的种类、规格（树高、冠幅）、配置方式及其所需营养面积确定。基本的计算公式为 $S = \sum (K_{ij} \cdot H_{ij})^2$，式中，$S$ 为林窗理论面积，$K_{ij} \cdot$ 为树种 i 第 j 株的树冠系数，H_{ij} 为树种 i 第 j 株的树高。

（三）种源树与配置方式

1. 种源树选择

石灰岩地区自然分布的植物种类具有一般的共性：喜钙、耐旱，根系强壮而发达，能攀附岩石、穿窜裂隙，在裂隙土壤、土壤水、岩溶水中求得水分、养分的补充。根据石灰岩地区植物区系特有化发展的客观规律[71、72]，在区域木本植物资源调查[73、74]等基础上，根据云龙山侧柏林风景林改造的目标要求，采用专家评价法，进行综合评价，筛选适生造林树种，乔木为栾树、刺槐、三角枫、五角枫、青桐、苦楝、乌桕、枫香、黄连木、青檀、榆树、朴树、榉树（Zelkova schneideriana）、臭椿等；灌木为黄栌、石榴、木槿、紫薇、火棘、黄刺玫（Rosa xanthina）、绣线菊、山桃、酸枣等。

为增强种源树的竞争力，选用乔木树种的树高应不低于侧柏林高度的 1/3，且已经结种。

2. 种源树种配置

针对不同坡位，设置了 2 种种源树的配置模式，见表 5-15。

云龙山侧纯林改造种源树基本配置模式　　　　　　　　　　　　　　　表 5-15

坡位	配置树种及比例	
	模式一	模式二
下坡	乌桕 4+ 夹竹桃 3+ 黄刺玫 3 栾树 4+ 杏 3+ 石楠 3	火炬树 4+ 绣线菊 3+ 海桐 3 臭椿 4+ 三角枫 3+ 山桃 3
中坡	黄连木 6+ 青桐 4 三角枫 6+ 苦楝 4	榉树 6+ 黄栌 4 火炬树 6+ 桑树 4
上坡	榉树 4+ 朴树 3+ 柘树 3 五角枫 6+ 青檀 4	黄连木 4+ 柘树 3+ 朴树 3 五角枫 6+ 苦楝 4

(四) 种源树栽植及管理措施

1. 工程整地方案

整地主要围绕保土蓄水、加厚土层的目标，采取点式整地。区别以下 5 种情况，分别采用不同的整地方法：一是结合间伐掘树根，树根掘出后，加以修整留作栽植穴；二是土层较厚的平坡处挖栽植穴；三是小地形稍洼、土层较薄的地方，挖穴后再运客土至栽植穴，增加土壤层厚度；四是遇有大石板又避不开时，采用机械凿石的方式开穴，再回填土于穴内；五是地形较陡处（栽植穴周围坡度在 15°以上），采用鱼鳞坑整地。

由于云龙山山坡较陡，林中整地施工困难，根据保证树木成活和投资效果最大化的原则，设计 3 种规格的栽植穴或鱼鳞坑，以满足不同树种及规格的栽植需要。

2. 栽植措施

栽植时，土壤肥力改良采取土壤结构调整和施肥相结合的方法。客土上山、回填土石砾清理，改善土壤结构；栽植穴施有机基肥，提高土壤肥力。保水剂选用林果专用的聚丙烯酰胺型，使用方法为在回填种植土壤时，将保水剂水凝胶与适量的填土掺混，将其回填到土球表层 10cm 以下的根土周围。鉴于山地浇水特别困难，不准直接使用干粒保水剂，以防止"保水剂干旱"现象的发生，发挥保水供水和正向作用。ABT3 号生根促进剂配制成使用浓度，作为定植水直接灌根。浇透定植水后，覆盖 60 ~ 100m×60 ~ 100m 的塑料薄膜，起到防风、防热、保温、保水、抑制杂草等作用。

三、人工促进侧柏林演替效果

（一）评价方法

1. 增植种源树的生长情况

对增植的种源树，在定植时进行编号并标记胸径测量位置、测量胸径值，定植满 1 年后，调查成活情况，并再次在相同位置测量其胸径，计算胸径生长量。结果如表 5-16。

增植的主要乔木种源树的生长情况 　　　　　　　　　　　　　　　　表 5-16

树种名	栽植数量（株）	保存率（%）	栽植时平均树高（m）	栽植时平均胸径（mm）	栽植 1a 胸径生长量（mm）
栾树	199	95.5	5.4	73.7	6.3
乌桕	228	86.9	4	60.9	3.8
马褂木	24	91.6	5.8	53.4	4.3
青桐	56	94.6	6.1	62.1	5.9
臭椿	32	93.7	4.7	51.6	2.7
五角枫	47	97.8	5.6	70.1	6.1
黄连木	18	88.8	4.3	50.3	2.1

从表 5-17 可知，增植树木经过 1 年的生长，林木保存率都达到 85% 以上的国家造林合格率标准要求，其中，五角枫、栾树都达到 95% 以上，乌桕最低也达到 86.9%，其他树种均在 90% 上下。栽植 1 年的胸径生长量，也以五角枫、栾树最高，分别达到 6.13mm 和 6.3mm，黄连木、臭椿生长量较小，分别为 2.13mm 和 2.73mm，其他各树种约在 4~6mm。所选树种都能够适应云龙山侧柏林改造的生境条件，保持正常的生长。

2. 植物多样性变化

为考察增植种源树种后的植物多样性变化情况，以典型配置模式的主乔木种源树丛为中心，设 25m×25m 的样地，各样地内设置 5 块 5m×5m 的灌草样方，灌草样方的设置方法为取四角和对角线交叉点，对定植 2a 的样方进行林下灌草种类及数量进行调查。

多样性测度方法，选用几种应用广泛而有效的多样性和均匀度指数公式，来测度不同样地林下植物群落的物种多样性和结构多样性。其中：物种丰富度的测定，分别采用 Patrick 指数 dp=S 和 Menhinick 指数 $d_{Me} = S/\sqrt{N}$；多样性指数的测定，分别采用 Simpson 多样性指数 $S_{SP} = 1 - \sum_{i=1}^{s}[N_i(N_i-1)]/[N(N-1)]$ 和 Shannon-Wiener 多样性指数 $S_{SW} = -\sum_{i=1}^{s}(P_i \log P_i)$；均匀度的测定，采用基于 Shannon-Wiener 多样性指数的均匀度指数 $J_{SW} = (-\sum_{i=1}^{s} P_i \log P_i)/\log S$ 和基于 Simpson 多样性指数的均匀度指数 $J_{SP} = (1 - \sum_{i=1}^{s} P_i^2)/(1-1/S)$（上述公式中，$N$ 为全部种的个体数总数，S 为面积 A 内的种数，Ni 为第 i 个物种的个体数，$Pi=Ni/N$）。增植种源树后的植物多样性变化测度结果如表 5-17。

不同模式的植物多样性特征   表 5-17

样地号	主要乔木树种配置	N		S_{SP}		S_{SW}		J_{SP}		J_{SW}		d_P		d_{me}	
		灌木层	草本层	灌木层	草本层	灌木层	草本层	灌木层	草本层	灌木层	草本层	灌木层	草本层	灌木层	草本层
1	侧柏 + 朴树 + 青桐	207	277	0.50	0.96	0.45	1.41	0.58	0.98	0.17	0.22	7	41	0.49	2.46
2	侧柏 + 栾树 + 杏	264	321	0.78	0.94	0.71	1.33	0.91	0.96	0.84	0.85	7	36	0.43	2.01
3	侧柏 + 栾树	114	144	0.37	0.91	0.37	1.16	0.43	0.95	0.44	0.86	7	22	0.66	1.83
4	侧柏 + 黄连木 + 乌桕	202	271	0.62	0.93	0.56	1.25	0.69	0.96	0.59	0.85	9	30	0.63	1.82
5	侧柏（对照）	67	132	0.82	0.77	0.84	0.77	0.90	0.84	0.84	0.74	10	11	1.22	0.96

结果表明，(1) 在高密度侧柏纯林为基础，人工促进侧柏林演替过程中，虽然短期内其林下灌木和草本种类和数量都较稀少，无论是作为优势乔木树种的侧柏，还是其他树种都未能在灌草 2 层形成明显层次，但对侧柏纯林的适当人为干扰，光、水、肥等生境条件得到改善，为先锋物种的入侵创造了条件，对增加林下物种数量，改善林分结构有利。(2) 不同改造模式下，灌木和草本层多样性指数存在较大变化，且与丰富度指数变化趋势相近。其中，灌木层植物多样性指数为样地 5（对照）＞

样地 2 >样地 4 >样地 1 >样地 3，草本层植物多样性指数是样地 1 >样地 2 >样地 4 >样地 3 >样地 5（对照）。(3) 样地 5（对照）在灌木层的物种丰富度均高于其他样地，而草本层物种丰富度低于其他样地，主要原因是针阔混交林成林时间较短（2a），且前期抚育、混交阔叶树种时损毁了部分林下植物，在短期内造成林下植物多样性降低，这与赵平等提出的乔木层、灌木层的变化不同步及草本层物种数峰值的出现要晚于乔木层和灌木层的观点相一致[75]。

3. 景观效果变化

采用美景度评判法（Scenic beauty estimation，SBE）对侧柏林间伐和增植大规格种源树种前后的美景度进行评价。以多样性调查的 5 个样地的夏季景观作为评判对象，调查拍照时，在每个样地的中心点向 4 个方向各拍 1 张，再从样地 4 边向中心点各拍 1 张，制成幻灯片，采用 10 分制，每张幻灯片放映停留时间 7 秒，打分时间 1 秒。为消除不同观察者由于审美尺度的不同而使评判值受到的影响，对评判值进行标准化处理，标准化值为 $Z_{i,j}=(R_{i,j} \cdot \overline{R}_j)/S_j$。式中，$Z_{i,j}$ 为第 j 个观察者对第 i 个景观的标准化得分值，$R_{i,j}$ 为第 j 个观察者对第 i 个景观的打分值，$\overline{R}_j$ 为第 j 个观察者所有打分值的平均值，S_j 为第 j 个观察者所有打分值的标准差。美景度评判结果如表 5-18。

图 5-10 云龙山侧柏林人工补植乡土种源树种的景观效果

侧柏林间伐和补植前后美景度变化　　　　　　　　　　　　　　　　表 5−18

样地号	SBE 值		
	间伐前	间伐后	补植后
1	−23	−12	25
2	−42	12	65
3	−30	16	46
4	−44	3	63
5	−71	−21	—

从表 5−19 可以看出，所有样地间伐后的 SBE 值明显高于间伐前，说明通过间伐，增强了林内的通视性与可及性，样地内侧柏排列整齐，干形形较通直，无枯树倒木，树干的排列较为规则，整个景观有一种幽静、深远、隐秘的氛围，能对评判者产生强烈的吸引力。特别是样地 5 间伐前后 SBE 值变化最大，由间伐前的 −71 上升为 −21，说明在一定范围内，林分景观现状越差，间伐对其景观质量的提升效果越明显。增植种源树种后，高大古朴肃穆的侧柏与青翠的落叶乔木互相映衬，形成一种强大的视觉冲击，尽管其分值变动幅度较大，但 SBE 值较高，说明此类景观受到大多数评判者喜爱。

第四节　园林植物新品种、新技术

一、樟树引种推广

城市园林绿地是构筑与支撑城市生态环境的自然基础，而园林树木则是城市园林绿地生态系统的主体要素，所以树种的运用、植物群落的配置等便对现代园林生态、休憩、景观、文化和再塑五大功能的发挥有着直接影响。

徐州的城市园林绿化因受自然条件、传统观念等多方面的影响，直到 21 世纪初，植物景观，尤其是植物的冬季景观仍然比较单调，落叶成分过大，常绿成分太小。

进入 21 世纪以来，根据全球气候变暖的大趋势，徐州市积极加大了常绿树种的引种栽培力度，特别是在樟树的引种栽植方面。以 2007 年新城区机关庭院、市民广场栽植全冠大规格樟树为开端，掀开了将樟树大规模应用于徐州城市园林绿化的新篇章。之后，东坡运动广场、淮海路、和平路、汉源大道等一大批新建公园、道路绿地普遍栽植了较大规格的樟树。据统计，截至 2014 年 5 月，全市已在 80 公园栽植樟树 1 万余株，在 70 余条道路栽植樟树 1.6 万余株，庭院绿化中栽植樟树近 2 万余株。

（一）樟树引种中的冬季冻害问题及技术措施

1. 选用和培育抗寒性强的品种

樟树不同种源抗寒性存在显著差异的事实已经为众多引种实践调查与科学实

图 5-11 公园绿地中的樟树

图 5-12 用作行道树的樟树

图 5-13 庭院绿化中的樟树

践所证明。因此，北方城市在引种樟树的过程中，首先应当注意种源选择，优先使用沿江（长江）地区的种源，慎用或不用更南部的种源。其次，要按照"逐步北移"的原则，在苗木采购中，采用最邻近本地的苗木，采购苗木的距离不可过远。再次，认真选树（苗）。有研究表明，樟树的耐寒性与其形态特征特别是容易辨别的叶片和枝的形态特征有密切的相关性，叶片主脉和侧脉在叶面上凸起叶背不明显，可以作为耐寒樟树的特征[75]。最后，建立樟树引种繁育基地，加强樟树引种驯化科研，通过优株选择，建立适合本地气候等环境条件的优良家系。

2. 加强生长期管理，增强树势

樟树生长期管理，应按"促前控后"的原则，加强肥水调控。樟树在徐州及周边地区有 2 个生长高峰：春梢和夏梢。春梢生长在 4 月中旬至 5 月中旬为速生期，占春梢总生长量的 95%。夏梢一般在 7 月下旬开始，7 月中旬至 8 月下旬为速生期。在管理措施的制订上，应努力促进春梢生长，适当控制夏梢生长，促进越冬茎叶苗壮、枝干充分木质化，增强其抗寒能力。

合理使用激素可以有效调节樟树生长发育进程，增强樟树抗寒性能。叶面喷施外源 ABA 能诱发抗寒基因的表达，合成抗寒特异性蛋白质和 mRNA。同一品种在低温锻炼期间，ABA/GA 高，抗寒力增加；脱锻炼期间，ABA/GA 下降，抗寒力下降。越冬期喷施 PP333 能使樟树 SOD 和 CAT 活性提高，O_2^- 和 MDA含量却显著减少，电解质外渗率也显著降低，抗寒性得到显著提高。在夏梢生长末期或入冬前，用质量浓度为 500 mg /L 的 PP333 或 15 mg /L 的 ABA 溶液喷布叶片，前者能使樟树枝叶生长更加充实，后者能使樟树的休眠势增强，从而使得植物对逆境相对不敏感[76～78]。采用浓度 300 mg／L 的 PP333 和 6-BA1:1 混合液浇灌可以降低环境条件的变化对樟树幼树生长的影响，有效地增强樟树的抗寒性或适应性[79]。

3. 采取适当的防寒防冻措施

冬季来临前，采取浇灌防冻水、喷施防冻液、适度冬季修剪、新植樟树干裹扎草绳、根部适当培土覆盖以及及时清除积雪等综合措施，可以预防樟树遭受冻害危害。特别是新栽植的樟树，前 3 年必须进行冬季防寒保护。防寒保护主要包括根际土壤和树干、主枝保护。

1）浇灌防冻水和喷施防冻液

冬季来临前，结合土壤墒情，浇足浇透一次越冬防冻水，并对树木进行培土、覆盖，以减少土壤昼夜温差变化，有效保护植物根系。在寒潮来临前对树冠喷施防冻液，应在无雨、风力较小的晴天进行，连续喷施 2 ~ 3 次，间隔 5 ~ 7 天，喷施均匀。

2）适度冬季修剪

越冬前，修除枯死枝、萌蘖枝、病虫枝等影响景观的枝条，保持树形美观，促进来年生长，秋季栽植的应剪去秋梢。

3）树干裹扎、搭设风障

新栽植的樟树，宜采取树干裹扎草绳防寒措施；确需采取搭设风障保护的，应搭设风障。

采取草绳缠干，直接从树干基部缠起，向上密缠至三级分枝点（如栽植截干苗，应包裹至分枝点）。次年三月中上旬，应将树干及其基部缠扎物清理干净。

冬季防寒不宜采取塑料薄膜包缠树干、树枝以及包裹树冠之类的方法。

4）根部培土覆盖

入冬前，可在树木基部适当覆土压实或覆盖塑料薄膜等物，增加根部防寒能力，次年开春后再将覆土移去恢复到原高程。

5）及时清除积雪

降雪时，根据雪情，应及时清理树上积雪，以防积雪压断树枝或压倒树木。

（二）樟树引种中的土壤问题及技术措施

樟树为深根性树种，自然分布于亚热带土壤肥沃的向阳山坡、谷地及河岸平地。沙页岩发育的重壤质厚层山地红壤，矿质黏粒与活性有机胶体较多，土壤团粒结构多，物理性能好，保水、通气性能良好，樟树生长快[80]。北方黄泛病原等碱性土壤不适合樟树生长，种植时需要进行土壤改良。

1. 樟树栽植的"改地适树"技术

1）地形改造

基本要求是：对樟树定植点地形改造的主要目的，在于使樟树根系集中分布区与地下潜水间的距离大于土壤毛管水强烈上升高度，以切断或减少潜水中的盐碱离子向根际土壤的运动（将潜水蒸发与潜水埋深关系曲线上的拐点相依的埋深作为毛管水强烈上升高度范围，轻壤土、中壤土、轻黏土的毛管水强烈上升高度分别为 2 ~ 2.5m、1.5 ~ 2.0m 和 1.0m 左右）。

地形改造要注意整体协调和有利于排水脱盐。整体协调就是樟树定植区域地形处理既要保持种植要求，又要与周围环境融为一体，力求达到自然过渡的效果。排水是调控土壤水盐动态的关键性措施。园林中常用自然地形的坡度进行排水，但明沟排水一般所能形成的地下水位降深较小，排除下层潜水的能力弱。因此要合理安排分水和汇水线，系统设计明沟排水、暗管排水和竖井排水系统，保证地形具有较好的排水条件，使土壤处于稳定脱盐状态。

工程措施主要有堆土、开挖明沟、埋设暗管、设置竖井等。

堆土。堆土前应明确土壤潜水的常年埋深以合理确定樟树栽植区域的堆土高度。堆土要求地形起伏适度，坡长适中。一般来说，绿地坡度小于 2% 时易积水；坡度 2% ~ 5%，且同一坡面不太长时，能够满足一般降水的排水要求；坡度 5% ~ 10% 的地形排水良好，且具有起伏感，宜优先使用。

明沟。地表径流与明沟自然汇、排水系统是园林绿地中使用最广泛的排水措施，投资少，便于管理。排水沟沟深大于临界深度，能够起到降低及控制地下水位的作用。从脱盐范围看，排水沟工作深度 3m 时，一侧影响范围约在 200m；沟深降至 2.5m 时约为 100m。

暗管。适用于较大规模"片植"樟树、又不适宜设立达到要求深度的明沟的区域的地下水位调控。暗管可用具有透水孔的波纹塑料管，埋设深度一般要求 1.2m 以上，间距 50m 以内，暗管四周包裹燃煤炉渣作为裹滤层，以提高暗管排水作用和防淤能力。

竖井。适用于小规模"点植"樟树区域的地下水位调控。通过人工抽水降低地下水位，以控制春秋季土壤返盐，并为自然降水腾空土壤蓄水库容，增加降雨入渗，创造土壤淋洗脱盐条件。竖井以异骨料井型为宜，结构形式为上部 5 ~ 6m 实管，其余均为无砂混凝土滤水结构管。

2）人工换种植土

人工换种植土一般应在栽植樟树之前进行。如果是已种植成活的樟树，应采取分年换土的方法更换种植土，如图 5-14。

选用的樟树种植土土壤质地以沙质或轻沙质壤土为宜。根据徐州市的原土条件，应选 pH 一般呈弱酸性至中性，无石灰反应，可以满足樟树生长对土壤 pH 要求的褐土类淋溶褐土亚类 (山红土属、山黄土属) 以及潮土类棕潮土亚类、棕壤土类潮棕壤亚类土壤作为樟树栽培种植土。

换土范围考虑施工工程量，种植土的更换可以按定植点逐点进行。以定植点为圆心，半径 3m 以上，深度 60 cm 以上的区域应当更换种植土。

换土方法。首先，起去定植点区域原土至目标深度以下 10 ~ 15 cm。然后，铺设隔离层，切断土壤毛管功能，控制换土区土壤次生盐碱化的发生。隔离层厚度 10 ~ 15 cm，可用碎石子 (2 ~ 4 cm的二四碴)、粗砂、经沤制的锯末、秸秆等分

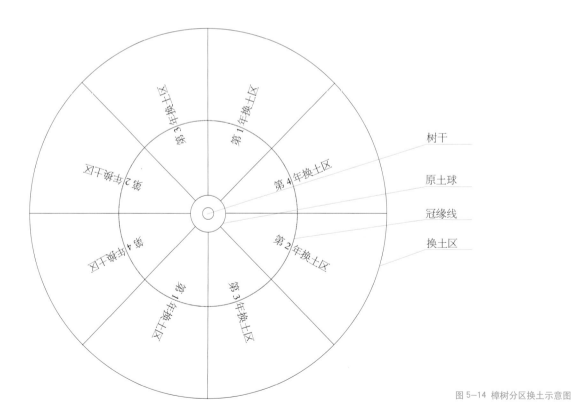

图 5-14 樟树分区换土示意图

层铺设。最后，将准备好的种植土填入穴内。注意回填的种植土应稍高于目标高程，使经自然沉降后的地形造型和排水坡度基本恰当，无明显的低洼。

3）化学改良法

对已种植于非适宜土壤中多年的樟树，因其根系已广泛伸入到当地原土之中，已经不能置换适宜的土壤时，要采取化学改良法。包括增施酸性肥料过磷酸钙，降低土壤 pH；每年施入适当的有机质如腐叶土与硫酸亚铁混合肥等，逐步促使土壤的物理化学性质向着有利于樟树生长的方向改变。

有机质以腐叶土最佳。分针叶土和阔叶土。针叶土是腐烂的针叶树的针叶、残枝或锯末沤制而成，pH 值 3.5 ~ 4。阔叶土是阔叶树的落叶腐烂而成，pH 值 4.5 ~ 5.5。

有机改良的优点是有机物质自身腐烂后所含的多种元素，都是樟树生长所必需的，并使土壤疏松，透气性和透水保水性良好。

硫酸亚铁的使用，最好与有机肥一起发酵、腐熟后再施入，这样可以减少土壤对铁的固定，增强铁供应效能。

4）生物改良法

生物改良法即在樟树定植区域配植一些特殊的吸盐植物，通过植物吸收土壤盐分，并人工收获地上部分，逐步降低土壤 pH 的方法。

生物改良可用的植物有聚盐植物和泌盐植物 2 类。

聚盐植物的渗透压一般在 40 atm(标准大气压) 以上，能在高盐土壤中繁茂生长，如碱蓬属 (*Suaeda*)、滨藜属 (*Atriplex*) 植物等。

泌盐植物能通过茎、叶表面的分泌腺，把吸收的盐分排出体外，如柽柳 (*Tamarix chinensis*)、胡颓子 (*Elaeagnus pungens*) 等。

2. 樟树黄化病防治技术

1）施肥改土

以增加土壤有效铁供给和改善土壤理、化学性状为重点，主要增施有机肥、酸性肥和硫酸亚铁等。

樟树黄化病株的土壤施肥   表 5-19

立地环境	肥料配方	用量	施用时间	施用方法
绿地	酸性腐熟有机肥 + 硫酸亚铁 + 尿素，5:0.5:0.125	25~50kg/ 株	进入春梢生长高峰期和入冬前半个月	树干外围四个方向条状开沟，沟宽20~30cm，深10~15cm，施后覆土
	腐植酸颗粒复合肥 + 硫酸亚铁，1:1	1~2kg/10cm 胸径		
硬质铺装	硫酸亚铁 + 三元复合肥	硫酸亚铁 15g/1cm 胸径，复合肥 20g/1cm 胸径		根系周围打孔灌注
	腐植酸 + 硫酸亚铁，1:1	以 15%~25% 硫酸亚铁计，10~15kg/ 株		
	1% 螯合铁 + 0.3% 磷酸二氢钾 + 2% 复合肥	30~50kg/ 株		

2）树干注射与叶面喷肥

试验表明，在不进行土壤处理的情况下，樟树生长期（6 月份）根部施硫酸亚铁和有机肥有助于稳定樟树黄化病的症状，减缓叶片黄化的速度，但复绿效果不明显。叶面喷施硫酸亚铁能够使黄化叶片复绿，但喷施硫酸亚铁的黄化樟树，其新生长出来的幼嫩叶片仍然黄化，而且在第 2 年 4 月观察，黄化等级还进一步提高。树干高压注射硫酸亚铁溶液复绿效果最好，黄化等级降低近 1 级，与叶面喷施不同，其复绿首先从叶片的叶脉开始，从叶脉逐步向外扩展，直至整个叶片。在第 2 年 4 月，仅有约 10% 的樟树黄化等级出现反复。采用树干强力注射 8% 硫酸亚铁溶液，并用 ABT 生根粉灌根处理，治愈率达到 99% 以上 [81]。树干注射与叶面喷肥具体方法见表 5-20。

樟树黄化病株树干高压注射和叶面喷施铁肥   表 5-20

肥料配方	用量	施用时间	施用方法
8% 硫酸亚铁溶液	8~10cm 胸径：6ml/cm，12~14cm 胸径：8ml/cm，16~20cm 胸径：10ml/cm，22~30cm 胸径：12ml/cm	即将进入春梢生长高峰期前、入冬前	树干高压注射
2% 硫酸亚铁 +0.2% 柠檬酸 +3% 尿素 +0.02% 赤霉素	以硫酸亚铁计，同上		
氨基酸铁或柠檬酸铁 50 倍液	以柠檬酸铁溶液计，10ml/cm 胸径		
硫酸亚铁 15g+ 尿素 50g+ 硫酸镁 5g+ 水 1000ml	以硫酸亚铁计，同上		
0.2% ~ 0.3% 硫酸亚铁，或 0.5% 硫酸亚铁 +0.05% 柠檬酸	喷至全部叶面湿润	春梢生长高峰期中、期末、入冬前	叶面喷雾

3）修剪

对黄化病株的修剪，一是在换土之前，对樟树冠适当重修剪，强度可达 1/4 ~ 1/3，减少养分消耗，促发新枝。二是剪除过弱的病弱枝，以集中营养供应剩余枝条。病情严重的多剪，叶片多的少剪，叶片少的多剪。修剪一般结合冬季修整进行，夏秋季修剪要保留功能叶片。冬剪时如病症严重，可重修剪，保留几大主干枝。

（三）徐州市樟树黄化病综合防治效果评价

1. 评价方法

采取发病率和病害严重度相结合的方法，用黄化指数表示：

黄化指数 = Σ（各级病株数 × 该病级值）/ 调查总株数。

病级值由轻到重分为 5 级，分别赋值 1、2、3、4、5。其中：1 级，全株 <20% 叶片为柠檬黄色，树冠完整无缺；2 级，20% ~ 50% 叶片为黄色，树冠顶部有少量枯梢；3 级，50% ~ 80% 叶片为黄色，树冠顶部有较多枯梢；4 级，80% ~ 100% 叶片为黄色至黄白色，树冠顶部有较多枯梢或局部丛枝枯死；5 级，全株叶片为黄色至黄

白色，树冠残破、多数枝梢干枯或大量丛枝枯死，植株濒于死亡。

2.评价结果

对市区东坡动力广场、和平路等 10 个公园、街头绿地和道路绿地共 1982 株
樟树的定点调查见表 5-21。

徐州市樟树黄化病防治效果调查表 表 5-21

地段	总株数	2010 年						2013 年					
		黄化级别／株数					黄化指数	黄化级别／株数					黄化指数
		1	2	3	4	5		1	2	3	4	5	
东坡运动广场	361	92	71	58	38	4	1.61	11	7	4	1	0	0.11
古黄河公园	83	23	19	7	4	2	1.3	1	1	1	1	0	0.12
云龙公园	245	61	52	43	29	7	1.82	15	10	2	1	0	0.18
永安广场	10	3	3	0	1	1	1.8	1	1	0	0	0	0.3
正翔广场	42	11	9	3	2	0	1.1	1	1	0	0	1	0.19
博爱街绿地	10	3	2	1	1	1	1.9	1	0	1	0	0	0.4
云龙湖荷风岛	39	12	8	3	4	2	1.62	2	1	1	2	0	0.38
和平路	1061	331	319	77	32	21	1.35	78	42	21	19	7	0.32
九龙湖公园	115	35	21	15	6	2	1.36	10	8	5	2	0	0.43
民主路绿地	16	3	2	3	2	1	1.81	1	1	1	1	1	0.94
合计平均	1982	574	506	210	119	41	1.46	121	72	36	27	9	0.27

从表 5-21 可见，综合防治措施的实施，使东坡运动广场、古黄河公园、云龙
公园、永安广场、正翔广场的黄化指数下降了 82.7%~93.2%，博爱街绿地、云龙湖
荷风岛、和平路、九龙湖公园的黄化指数下降了 68.4%~78.9%，黄化指数下降幅度
最低的民主路绿地，下降了 48.1%，防治效果显著。

二、园林绿化资源管理信息系统研建

（一）城市园林绿化资源的概念

城市园林绿化资源为主要服务于城市居民的、支持植物和植物为主体的城市
生态系统存在与发展的因素和条件及其各种天然的和经过人工改造的结果。

这一定义包含有两层含义，一是支持植物和植物为主体的城市生态系统存在

与发展的因素和条件，如绿化用地资源、水资源及其他能够支持植物生命系统存在的资源要素的种类、数量、分布方式等。二是城市园林绿化植物及植物为主体的各类生物资源要素如种类、数量以及它们的组合、分布格局等。

城市园林绿化资源的属性为城市园林绿化资源本身所固有的内在特性和通过人类社会活动所赋予的特性的总和。城市园林绿化资源由于其受到人类社会的强烈影响，因而具有明显的自然属性和社会属性两重性。其自然属性指城市园林绿化资源自身固有的特性如绿地的空间特性、土地资源特性、生物资源特性等。这些特性是城市园林绿化资源生态生产能力的基础。社会属性指城市园林绿化资源作为社会关系的客体表现出来的特性，即城市园林绿化资源被人类社会利用过程中表现出来的特点，如绿地性质、权属、保护状态等，分析、研究这些属性，对科学管理、合理配置城市园林绿化资源具有重要意义。

（二）城市园林绿化资源调查

1. 调查内容

城市园林绿化资源调查，就是全面查清城市园林绿化资源的属性——城市园林绿化资源本身所固有的内在特性和通过人类社会活动所赋予的特性的总和。

调查因子即反映城市园林绿化资源的社会属性与自然属性的各项指标，内容繁多，一些调查项目与园林行业管理工作关系十分密切；还有一些调查项目属园林行业管理深层次的内容，平时应用不多，必须具有相当的专业能力和仪器设备支持才能完成。根据国家城市园林绿化行业相关标准规定等[82～85]，结合管理工作实际，区分为基本调查和专业调查 2 类。其中，基本调查因子如表 5-22。

对于道路绿地，基本调查因子还应包括道路长度、绿化长度、人行道和慢车道面积、人行道和慢车道绿化覆盖面积等；对河道湿地，基本调查因子还应包括坡岸长度、绿化长度、工程坡岸长度、自然坡岸长度等。

专业调查包括古树名木调查、城市园林绿化景观空间格局特征调查、园林绿化植物多样性与生态学调查、园林昆虫多样性与园林害虫害调查、园林经济调查、生态生产力、生态服务、环境价值、景观游憩价值调查等，依据经营管理和经济社会发展要求确定。

城市园林绿化资源基本调查因子表　　　　　　　　　　　　　　　表 5-22

调查因子	内涵域	调查因子	内涵域	调查因子	内涵域
行政隶属	行政区一办事处	管护组织	市直管	植物数量	乔木（株数）
			区直管		灌木（面积）
所属区位	建成区内		其他		草坪（面积）
	建成区外	管护人	自管	乔木径阶	树种别
绿地类别	公园绿地		招标管护	乔木树高	树种别
	生产绿地		委托管护	植物健康	健康
	防护绿地		其他		亚健康
	附属绿地	地貌	山丘		中健康
	其他绿地		平原		不健康
面积	绿地面积		湿地	病虫害	无
	水域面积	土壤种类	自然土		轻
	绿化覆盖面积		扰动新成土		中
事权等级	国家级		粗骨新成土		重
	省级		新成新成土	植被类型	复层植被
	市级	土壤质地	砂土		单层乔木
	区级		壤土		单层灌草
保护方式	绿线保护		黏土		乔灌草并植
	兰线保护	土层厚度	厚层土	植被生物量	乔木
	紫线保护		中层土		灌木
	黄线保护		薄层土		草被
	其他保护	植物种类	乔木	乔木树种结构	纯针叶结构
所有权人	国有		灌木		纯阔叶结构
	集体		草本		相对针叶结构
	企业				相对阔叶结构
	个人				针叶混交结构
					针阔混交结构
					阔叶混交结构

2. 调查技术规程

调查技术规程按照标准文件编制的基本要求，在符合城市建设及园林绿化行业现行相关的法律法规、标准规范的前提下，按照稳健性、前瞻性、科学性原则编制。内容包括前言，范围，规范性引用文件，术语和定义，总则，调查因子分类标准与调查标准，调查准备，基本调查，专项调查，统计、制图与成果报告，质量管理，附录等，详见图 5-15。

3. "调查图斑" 区划

合理确定调查、统计的基本单元，是确保资源调查结果准确的技术基础。城区各办事处、街道的行政区划界线复杂，没有地表标志或不明显，为有效防止传

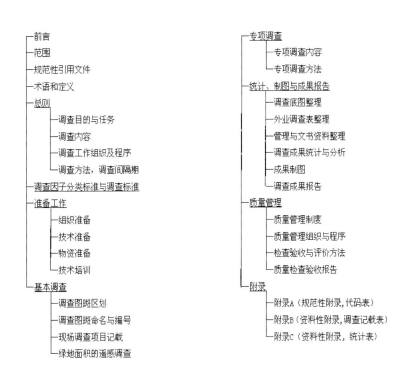

图 5-15 《城市园林绿化资源调查技术规程》框架结构

统的按行政区划进行调查中重查、漏查等诸多问题的发生，使现场调查信息与遥感提取信息实现无偏对接，根据城市地理特点，提出"调查图斑"的概念：调查图斑是城市园林绿化资源统计和管理的基本单位，为社会属性各项特征一致、自然属性与相邻地段有明显区别的地块。

调查图斑的区划，按照道路绿地→块状绿地（包括公园绿地、生产绿地、防护绿地和其他绿地）→附属绿地（不含道路绿地）的顺序，采用市属区—街区（支路以上的道路合围区域）—调查图斑—细斑 4 级区划系统，根据绿地类型、所属区位、隶属、权属、事权等级、保护方式、绿地分布状况等因素，结合影像图和地图，按街区逐个进行调查图斑区划。区划完成后应编制调查图斑清单表，记明调查图斑的名称、编号、四至及所在影像图的图幅号等。

4. 现场调查

现场调查按照区划的调查图斑逐一进行。调查内容包括全部社会属性因子和地貌、土壤、园林植物、植被等自然属性因子。为提高现场调查效率，防止因调查人员表述习惯不同发生的调查结果差异，对定性描述的调查因子，建立标准化的描述语言和代码，现场同时记录。每个图斑现场调查结束后，调查组成员应当对各项调查记录表进行现场检查复核并签名确认。

5. 绿色遥感信息提取

遥感技术提取城市园林绿化信息的基本方法有面向像元技术和目视解译技术2种。

面向像元技术以像元为基本单元进行信息提取，即参与信息提取的因子是像元的光谱信息。由于遥感影像受拍摄时气象、成像时间和建筑物遮挡等影响，以及高分辨率遥感影像的光谱分辨率较低，计算机自动提取绿色信息过程中难免会出现错分、漏提、不确定等现象，使机器判读的遥感数据无法完全正确反映城市绿地情况[86, 87]。

目视解译方法仍然是目前提取遥感影像信息最精准的技术方法，由经验丰富的专业人员，利用遥感影像和详细、完整的野外实地调查资料，通过人机互译的方式，在叠加遥感影像的绿地分类图层上，勾绘出全部绿地信息，可以满足面向精确管理的城市园林绿化资源管理地理信息系统开发的需要。

（三）资源管理地理信息系统开发

城市园林绿化地理信息系统开发的核心，是建立图形矢量数据与其他非图形数据之间的联系。选择 Arc Engine 作为 GIS 开发组件，并采用 Visual Studio2008 下的 C# 语言进行开发，使建成的信息管理平台可以方便地实现各项信息的更新。系统功能模块主要有数据采集与编辑、数据查询与显示、统计分析与输出、专题图、古树名木管理等子系统，总体功能和模块设计框架如图 5-16，各数据库内容见表 5-23、表 5-24。

徐州市城市园林绿化资源属性数据库   表 5-23

序号	表名	中文名称	主要因子
1	SXZQH	行政区划	区一办事处行政区名
2	SJXXQ	街道区划	街道基本信息，如名称等
3	SDLTU	道路图层	主干道路基本信息，如名称等
4	SJQTU	主要街区图层	街区基本信息，如名称等
5	SZYDM	主要地名图层	地名基本信息，如名称等
6	SDGXT	等高线图层	等高线基本信息，如高程等
7	SSXTU	水系图层	水系基本信息，如名称等
8	SGYTU	主要公园图层	公园基本信息，如名称等
9	SLHXX	绿化信息图层	街区一图斑索引，图斑所有自然属性、社会属性因子
10	SGSMM	古树名木	街区一图斑索引，古树名木的基本信息，如位置，年龄等

徐州市城市园林绿化资源图形数据库   表 5-24

序号	表名	中文名称	主要因子
1	XZQH	行政区划	索引，代码
2	JXXQ	街道区划	索引，代码
3	DLTU	道路图层	索引，代码
4	JQTU	主要街区图层	索引，代码
5	ZYDM	主要地名图层	索引，代码
6	DGXT	等高线图层	索引，代码
7	SXTU	水系图层	索引，代码
8	GYTU	主要公园图层	索引，代码

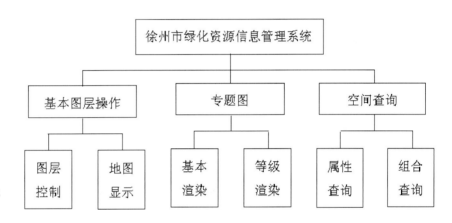

图 5-16 徐州市城市园林绿化资源信息系统模块

（四）徐州市城市园林绿化资源调查与管理信息系统开发应用

1. 调查工作组织

徐州市城市园林绿化资源调查，在市政府领导下由城市园林绿化行政主管部门主持，各区园林部门具体承担现场调查，委托南京林业大学和华东师范大学的专家进行内业遥感信息提取和资源管理地理信息系统开发工作。

整个调查工作主要分为 4 个阶段：1）工作准备。完成调查工作方案和技术规程的制订，建立组织机构，落实调查经费，印刷技术资料，选拔培训调查人员，宣传发动工作。2）现场调查阶段。以区为单位，调查工作组按规程要求开展外业调查。调查质量由市调查工作领导小组办公室分阶段检查验收，并编写质量检查报告。3）业内遥感信息提取与外业调查数据录入，资源管理地理信息系统开发。4）结果汇总阶段。汇总分析调查结果，编写成果报告，成果审查。

2. 主要工作成果

1）首次全面查清了各个类型的城市绿地面积和绿化覆盖面积。根据精细化管理的要求，绿地类型的区分，在 CJJ/T85-2002《城市绿地分类标准》基础上，对部分绿地类型作了进一步的细分和完善，如生产绿地细分为苗圃地和其他生产绿地；附属绿地中增加了混合街区绿地；居住绿地细分为新建居住区绿地、改造居住区绿地、老旧居住区绿地等。

2）在绿地面积调查规则方面，对没有达到《国家园林城市遥感调查与测试要求》（建城园函〔2010〕150）规定的遥感影像数据测算必须达到的最小起测面积标准的绿地，通过系统的调查分析，提出了"只计测散生乔木的绿地面积，不计测零星或散生栽植的灌草面积"的计测规则，既提高了绿地面积统计的准确性，又增强了调查数据的稳定性。

3）园林植物调查方面，在常规园林绿化植物种类、数量调查的基础上，增加了乔木树种的径阶与树高分布、植被类型、树种结构等的调查，为准确评价园林绿地生态效益和社会效益提供了准确的基础数据，增强了城市园林绿化功能、意义宣传的科学性，进一步提升市民的认同感。

4）全面掌握了各类绿地的社会属性状态，明确了所有权人分布，不同事权等级、保护方式下的绿地规模和比例，绿地的管护组织方式和管护人构成等，对完善城市园林绿化资源管理政策、推进分类管理提供了基础。

三、徐州地区人工草坪化学除草技术

所谓草坪杂草，其实是长错了地方的草。草坪杂草种类很多，因研究目的不

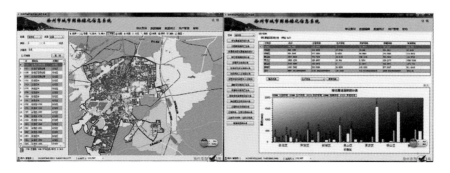

图 5-17 徐州市城市园林绿化资源信息系统部分截图

同有多种分类方法，其中，按生物学特性，通常分为一年生、越年生和多年生杂草三类；按生态学特性，分为旱生型、湿生型、沼生型、水生型和藻类型；按形态学特性进行分类则是杂草化学防治中常用的方法，根据除草剂的作用对象，分为三大类：禾本科（尖叶草）、莎草科和阔叶类草。禾本科杂草和莎草科杂草又统称为单子叶杂草，阔叶类杂草又称为双子叶杂草。草坪杂草不仅影响草坪美观、降低观赏性，而且危害草坪生长，加重草坪病虫害，缩短草坪寿命，有的杂草还影响人畜安全，必须进行适当的防治加以控制。

（一）草坪主要杂草

据李祥、龚军宁等调查，徐州地区常见园林草坪杂草有 32 科 116 种。其中，禾本科 21 种，占 18.1%；菊科 17 种，占 14.6%；莎草科有 4 种，占 3.4%；十字花科 6 种，占 5.1%；豆科 6 种，占 5.1%。

1. 杂草的种类和特性

根据杂草的相对高度、相对盖度及分布特点等，可将其划分为 3 类：

1）优势杂草。有荠菜、猪殃殃、婆婆纳、繁缕、卷耳、早熟禾、狗牙根、马唐、牛筋草、狗尾草、香附子、空心莲子草等。

2）常见杂草。有泥胡菜、蒲公英、猪殃殃、播娘蒿、繁缕、卷耳、小飞蓬、一年蓬、蒿类、地锦、刺儿菜、酢浆草、苣荬菜等。

3）偶见杂草。有问荆、臭荠、益母草、小苜蓿、苍耳、苘麻等。

2. 杂草的发生特点

本地区草坪杂草有两个出苗发生高峰期，即春夏发生高峰和秋冬发生高峰，其他月份杂草发生数量较少。

春夏发生的杂草其危害高峰一般出现在 5~8 月，此时防除的重点是禾本科杂草、莎草科杂草、部分阔叶杂草。主要杂草有马唐、牛筋草、狗尾草、旱稗、狗牙根、香附子、马齿苋、地锦、空心莲子草等。

秋冬杂草发生的杂草危害高峰一般出现在 10~11 月至第二年的 3~5 月 此时防除的重点阔叶杂草（菊科为主）、部分禾本科杂草种类主要有一年蓬、小飞蓬、黄鹌菜、婆婆纳、早熟禾、看麦娘等。从全年来看，杂草发生的一般规律为"阔叶杂草—尖叶杂草、莎草科杂草—阔叶杂草"。

（二）不同类型草坪的化学防除技术

1. 草坪杂草学防控的特点

由于徐州地区处于南北气候过渡地带，夏季高温高湿，冬季干旱、寒冷，春秋温度低，持续时间长，在草坪杂草化学防除上，具有以下几个明显特点：

1）越冬时杂草危害期长。暖季型草坪草在冬季要休眠 120 ~ 140d，偶遇暖冬年份，也至少休眠 90d。越冬杂草的危害对暖季型草坪草的返青及返青后的生长影响持续期长，冬季杂草的防除尤显重要。

2）春季低温不利于化学除草。过渡草坪带中暖季型草坪在返青过程中，由于气温不稳定，常受到低温寒潮的影响，草坪返青阶段生长势弱，对应用化学除草不利，特别是天堂草草坪在春季返青过程中对应用技术要求更严。

3）夏季降雨多影响化学防除。本地区雨水较为集中从 6 月中旬到 8 月上旬，阴雨连绵。此段时期，杂草猛长，但除草剂易遭雨水冲刷，容易导致防除失败。

4）交播草种易成为杂草。冬季交播的多年生黑麦草在春夏之际未能正常转换，将成为影响正常草坪草生长的杂草。

2. 不同时间段化学防控策略

根据徐州地区杂草在一年中的发生发展及草相变化，我们摸索出"两封两杀"、"以封为主、封杀结合、主动除草"的全年防控策略。"封"指采用封闭除草剂做土壤处理，可以控制 2 ~ 3 个月甚至更长时间杂草不能萌发危害。"杀"即茎叶喷雾处理是指根据草坪中现有杂草，采用相应除草剂进行茎叶喷雾将其杀灭。

1）越冬杂草的封闭处理（"一封"）。对于秋冬季萌发的越年生杂草以预防为主，以秋冬季土壤封闭为主，春季茎叶处理为辅。该类杂草主要以阔叶杂草为主和部分禾本科杂草为辅，可在上一年的 10 月中下旬至 11 月中旬用惠通 5 号进行土壤封闭处理。可预防婆婆纳、猪殃殃、野老鹳草、牛繁缕、荠菜、播娘蒿、小飞蓬、一年蓬、早熟禾、看麦娘、鹅观草、野燕麦等越年生杂草的萌发。

2）越冬杂草的茎叶处理（"一杀"）。本阶段杂草如果在冬前没有采取封闭处理，大部分阔叶杂草和禾本科杂草都会萌发，待早春气温回升，地上部分生长迅速，主要危害表现在 3~5 月份，防控策略是：

阔叶杂草为主：主要包括婆婆纳、猪殃殃、水花生（空心莲子草）、天胡荽、小飞蓬、一年蓬、酢浆草、三叶草、马蹄金、铁苋菜、鳢肠、野苋菜、波斯婆婆纳、大巢菜、猪殃殃、野老鹳草、牛繁缕、荠菜、播娘蒿等越年生或多年生阔叶杂草。该类杂草在药剂选择上，尽量采用两种以上混剂，既要扩大杀草谱又要避免抗药性的产生。目前在天堂草和高羊茅上，用惠通 8 号阔莎净、惠通 9 号莎阔灭或惠通 15 号恶阔除可杀灭绝大部分杂草。

禾本科杂草为主：主要包括早熟禾、看麦娘、鹅观草、野燕麦等越年生禾本科杂草。该类杂草与草坪都属于同科，防除难度较大，可供选择的药剂很少。在高羊茅草坪上用惠通 1 号冷地除，在天堂草上采用惠通 3 号暖地清，可杀灭绝大部分杂草。

禾阔混生杂草为主：当禾本科与阔叶杂草混生时，应尽量一次用药禾阔双除。

3）春夏发生型杂草的封闭处理（"两封"）。本阶段气温高、雨水多，大部分一年生杂草和部分阔叶杂草不断出苗，大量生长。该类杂草可在雨季来临之前一周，用惠通 5 号杂草封、惠通 11 号、惠通 12 号进行土壤封闭。时间上以 3 月底至 5 月中旬前为宜。也可在防治越冬杂草的同时混用封闭剂即"一封一杀"。

4）春夏发生型杂草的茎叶处理（"两杀"）。本阶段由于气温回升稳定，杂草生长迅速与草坪争肥水光，特别是地锦、刺儿菜、苣荬菜、香附子、白茅等恶性杂草大量发生，共生杂草是本阶段杂草发生的一个重要特点。关键用药时间为 6 月初~7 月底进行茎叶喷雾处理。该类杂草可在 4 月中旬~5 月底通过提前土壤封闭，减轻杂草危害。

3. 不同绿地类型的化学除草方案

1）高羊茅、早熟禾、黑麦草等冷季型草坪杂草

禾本科杂草的防除：主要防除马唐、狗尾草、稗、牛筋草、荩草等。该类杂草主要在第二年的 5 月初至 9 月底产生危害。新建草坪（35 天以上苗龄）可在 4 月底 5 月初或雨季来临之前，用惠通 1 号冷地除 + 惠通 12 号苗草封进行土壤封闭处理。

阔叶杂草的防除：主要防除水花生、酢浆草、三叶草、铁苋菜、婆婆纳、萹蓄、猪殃殃等一年生或多年生阔叶杂草。新建草坪 15 天以上苗龄即可用惠通 8 号阔叶清茎叶喷雾处理，不建议苗前封闭。

莎草科杂草的防除：主要防除香附子、水蜈蚣、异型莎草、水莎草、碎米莎草等。采用惠通9号－莎阔灭防控（该类杂草由地下球茎萌发，土壤封闭很难有效）。

禾、阔、莎共发时的防除：采用惠通1号冷地除＋惠通9号莎阔灭防除。

2）天堂草、百慕大、狗牙根、结缕草等暖地型草坪

阔叶杂草的防除：主要防除婆婆纳、猪殃殃、水花生（空心莲子草）、天胡荽、小飞蓬、一年蓬、酢浆草、三叶草、铁苋菜、鳢肠、野苋菜、波斯婆婆纳、大巢菜、猪殃殃、野老鹳草、牛繁缕、荠菜、播娘蒿、雀舌草、扁蓄等一年生或多年生阔叶杂草。该类杂草主要是越冬杂草，可在上一年的秋季（10月中下旬~11月中旬）用惠通5号进行土壤封闭处理，或采用惠通8号阔叶清防除。

禾本科杂草的防除：主要防除马唐、狗尾草、稗、牛筋草、荩草、罔草。关键用药时间为6月初至9月底进行茎叶喷雾处理。该类杂草可在4月中旬至5月底通过提前土壤封闭，减少杂草危害。采用药剂：惠通2号暖地除或惠通3号暖地清。

莎草科杂草的防除：莎草科杂草包括香附子、水蜈蚣、异型莎草、水莎草、碎米莎草等。该类杂草由地下球茎萌发土壤封闭很难有效。采用药剂：惠通9号莎阔净。

禾、阔、莎杂草共生的防除：主要发生时间在4月底至6月初。茎叶处理加土壤封闭一次用药可杀死绝大部分杂草，持效期可达60～90d。防除药剂：惠通2号暖地除＋惠通5号或惠通3号暖地清。

3）白三叶等阔叶草坪

禾本科杂草的防除：主要防除马唐、狗尾草、稗、牛筋草、狗牙根、芦苇、白茅、荩草、罔草等。该类杂草可在4月中旬至5月底或播后苗前用惠通12号苗草封提前土壤封闭，减少杂草危害。出草后用惠通10号禾草净防除。

阔叶杂草的防除：主要防除水花生、酢浆草、三叶草、铁苋菜、婆婆纳、大巢菜、野老鹳草荠菜、牛繁缕、蓄、猪殃殃等一年生或多年生阔叶杂草。该类杂草可在4月中旬至5月底或播后苗前用惠通11号播坪封提前土壤封闭，减少杂草危害，出草后用惠通7号三叶乐防除。

禾阔莎共生杂草的防除：用惠通7号三叶乐＋惠通10号禾草净联合防除。

4）葱兰、麦冬等地被

禾本科杂草的防除：主要防除马唐、狗尾草、稗、牛筋草、狗牙根、芦苇、白茅、荩草、罔草等。该类杂草可在 4 月中旬至 5 月底或移栽返青后用惠通 1 号、12 号苗草封提前土壤封闭，减少杂草危害。出草后用惠通 10 号禾草净防除。

阔叶杂草的防除：主要防除水花生、酢浆草、三叶草、铁苋菜、婆婆纳、大巢菜、野老鹳草荠菜、牛繁缕、萹蓄、猪殃殃、地锦等一年生或多年生阔叶杂草。该类杂草可在4月中旬至5月底或移栽返青后用惠通12号苗草封提前土壤封闭，减少杂草危害，采用药剂为惠通4号麦葱除。

禾阔莎共生杂草的防除：采用惠通 10 号禾草净 + 惠通 4 号麦葱除。

5）新播草坪的预防

采用惠通 11 号播坪封预防。

6）绿化苗圃地

禾本科杂草的防除：主要防除马唐、狗尾草、稗、牛筋草、荩草、罔草。关键用药时间为 6 月初至 9 月底进行茎叶喷雾处理。该类杂草可在 4 月中旬至 5 月底通过提前土壤封闭，减少杂草危害。采用药剂：惠通 10 号禾草净。

阔叶杂草的防除：主要防除一年蓬、鸡眼草、铁苋菜、地锦、猪殃殃、牛繁缕、荠菜等一年生或多年生越冬阔叶杂草。关键用药时间为 3 月下旬至 5 月中旬，进行茎叶喷雾处理。该类杂草可通过上一年秋季（10 月中下旬）土壤封闭处理，减少危害，采用药剂为惠通 8 号阔叶清。

禾阔莎共生杂草的防除：采用药剂为惠通 6 号苗木清。

苗木杂草的封闭处理：在上一年的秋季（10 月中下旬）和第二年的 4 月底 5 月初大量杂草萌发前，进行地面喷雾或撒施毒土，以保证全年免受杂草袭扰。采用药剂为惠通 12 号播坪封。

四、机械化树干注射机技术

自从人类开始植物栽培以来，就面临病虫害的挑战。当化学药物的威力被发现以后，化学防治技术就空前发展起来，这是源于化学药物的两个重要特点：一是快速，二是高效。然而，随着时代发展，特别是人们对自身生存环境和生态环境保护要求的不断提高，化学药物使用面临两大课题：如何提高化学药物的使用效率和有效利用率；如何避免或减轻化学药物对非靶标生物的影响及对环境的污染。

树干注射施药技术为解决化学防治的两大课题提供了现实有效的途径，呈现极大的发展前景：一是环境友好。只将化学药物送入标靶树内，完全避免了喷雾法对空气、土壤和地下水的污染以及对天敌等非标靶生物的直接伤害。二是适用性好。树干注射施药有水量极少，注入树内的药剂不会因降雨等被水冲淋掉，不论是何种施药环境，都能按需要实施防治。三是药效长。将化学药物注入树体内后，不利于药效保持的诸如降雨冲淋、光照分解等影响因素都不能发挥作用，从而使药效期延长。四是不受树木高度和危害部位的限制，使高大树木上部害虫，树干或枝条内钻蛀害虫，维管束病害，具蜡壳保护隐蔽性害虫，结包性害虫等常规喷雾施药难以进行有效防治的病虫害的防治变得简单易行。五是用于植物激素和微量营养元素注射，药量准，见效快，效率高，使用效果好，比土施法利用效率高四五百倍，比叶面喷施也高四五十倍。

经过国内外一个世纪的发展，基本形成了两类树干注射装置：一类是高压、高浓度、低剂量注射装置，另一类是常（低）压、低浓度、大剂量注射装置[88]。常（低）压注射装置发展历史最久，其特点是设备十分简单，但是全部计划药量进入树木体内所需时间很长[89]，在这一过程中，注药孔周围的树体组织处于药液的浸渍之中，注射孔愈合慢，甚至发生腐烂[90]。高压注射是药液在人们施于的强制力的作用下快速进入并贮存在木质部中，之后随树液流传输到树体各个部位。其特点是设备复杂，但注射速度快（视不同的设备，只需数分钟甚至数秒钟即完成）[91]，注射伤害小，是树干注射技术发展的方向。图5-18为日本TC-3树干注射机（山东华盛仿制），属于一种半机械化的高压注射系统。

徐州市园林、林业行业有关科技人经过多年长期坚持不懈的研究，近年成功开发出全球首台全机械化高压树干注射机，实现了树干注射进针、注药、退针3个阶段全过程机械化作业，居国际领先水平。图5-19是该机作业情景。

（一）树干注射的伤害及技术关键分析

要将药液注入树木的输导组织中，必须：1）采用适当的方式，让输液针头进入到树干内适当的位置；2）采用适当的方式，让药液注入树木的输导组织；3）

图 5-18 日本 TC-3 树干注射机及作业情景

图 5-19 全机械化高压树干注射机作业情景

注药完成后，有适当的方式，将输液针头从树干中取出。在树干注射的这 3 个基本过程中，必须或可能发生的伤害，可以分为入针、注射及退针时的物理损伤，注射技术使用不当所引发的树木形成层组织坏死以及由药物——树木本身的生物化学反应，药物种类或剂型、用量不当造成的化学药害（唐虹等，2012）。其中，入针、注射及退针时的物理损伤完全取决于注射机械，注射技术的运用也部分地取决于注射机械。因此，在注射药剂正确的情况下，注射机械的技术路线、产品结构、工作方式的选择，在注射伤害控制中起着决定性作用。

（二）全机械化树干注射机械

1. 产品技术路线

综合树干注射基本过程、可能实现方式及其特点的分析，要做到注射伤害最小，注射机应当采取冲（锤）击式进、退针，柱塞泵脉冲式注药的技术路线。同时，考虑野外作业环境，配套动力采用便携（背负）式汽油（割灌）机。

2. 产品整体结构与工作方式

按照前述产品技术路线，机械冲击式高压树干注射机的整体结构，由动力系统、进退针系统、高压注药系统3部分组成，如图5-20。

本产品的工作方式是，由操纵拉绳控制的离合器具有离、进针、退针和注药4个工位。当其处于进针或退针工位时，汽油机的转动通过传动软轴传给进退针冲击器的曲轴，带动气垫式冲击器工作，将注射针击打入或打出树体。当其处于注药工位时，汽油机的转动通过涡轮—蜗杆减速机构传给凸轮，凸轮与弹簧联合使柱塞泵的柱塞实现往复运动，将药液注射入树木体内。

机械投入使用时，首先将注射针顶住树木的拟注射部位，之后操纵注射机处于进退针工位，在注射针头进入树体后，转至注药工位，柱塞泵系统工作，将药液注入树木体内；注药完毕，将T形把手拉向树体相反方向，同时，再次反向转

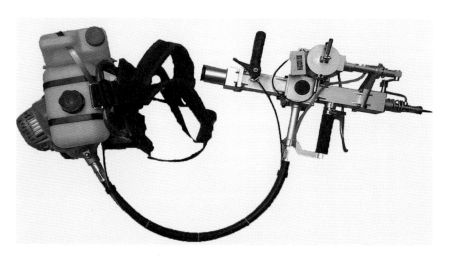

图5-20 全机械化高压树干注射机

动动力操纵把手至进退针工位，退针气垫式冲击器将注射针头从树体中拔出，一次注射过程结束。

3. 性能检验与分析

2013~2014 年进行样机试制和应用试验。试验树种为杨树、柳树、悬铃木、桃、香樟、女贞等常用造林绿化树种。测定项目包括进针、注射、退针速度等机械效率指标及注射孔漏药情况等注射质量指标，结果如表 5–32。测验结果表明，试验样机在每孔注射 20ml 药液的情况下，随注射对象树干木纤维组织及密度等的不同，完成一孔注射的总耗时在 8.5 ~ 13.5s，其中，进针时间 3 ~ 7s，退针时间 1.5 ~ 2.5s，注药时间均为 4s。在注药过程中发生泄漏的情况随树种的不同，泄漏率在 1.6%~4%。其中，以纤维较粗的柳树和杨树泄漏率偏高，表明所用注射针体的锥度偏小，需要适当加大。

机械冲击式高压树干注射机注射性能测定   表 5–25

试验树种	胸径 (cm)	注射株数（株）	单株注射孔数（孔/株）	每孔注药量（ml/孔）	平均进针时间（s/孔）	平均注药时间（s/孔）	平均退针时间（s/孔）	发生泄药孔数（孔）
毛白杨	30	20	5	20	3	4	1.5	4
悬铃木	40	20	5	20	7	4	2.5	2
桃	10	20	3	20	4	4	2	2
柳	20	20	4	20	4	4	1.5	3
香樟	20	10	5	20	5	4	2	1
女贞	10	20	3	20	7	4	2.5	1

图 5–21 防治美国白蛾效果对比

注：铜山区奎河防护林带，照片摄于 2014 年 8 月 1 日，左图为 2014 年 7 月 15 日注射，右图为未注射。

>>

马克思曾经说过："一种科学只有成功地运用数学时，才算达到了真正完善的地步。"与绿色 GDP 核算一样生态园林城市实践效果的定量评价，是与实践同样价值的重大科学技术挑战。

第一节 城市绿色空间的景观格局分析

一、城市绿色空间景观格局

（一）城市绿色空间

城市空间可以简要地分为两部分：城市灰色空间与城市绿色空间。

城市灰色空间是指城市建筑以及功能性灰色空间，如道路、停车场等。

城市绿色空间构成城市绿色基础设施，不仅可以美化城市景观，降低城市环境污染，为市民提供安全、舒适、健康的户外活动空间，而且，作为物种的栖息地，还同自然生态系统的其他部分不断进行着物质、能量的交换，对维护城市的自然生态功能发挥着非常重要的作用。

（二）城市绿色空间的景观结构与格局

景观格局指大小和形状各异的景观组分在空间上的分布形式和组合特征。

根据景观空间形态、轮廓、分布和功能等基本特征，景观可区分为缀块（斑块，Patch)、廊道 (Corridor)、基质 (Matrix)、节点（node）、边界 (boundary) 及网络（network）等。

城市绿色空间的景观格局在很大程度上控制着城市绿色空间的功能及其生态作用的发挥。景观破碎化对生存于其中的物种带来一系列的影响，如影响种群的大小和灭绝速率，扩散和迁入，种群遗传和变异，种群存活力等；改变生态系统中的一系列重要关系，如捕食者—食物、寄生物—寄主、传粉者—植物以及共生关系等，是生物多样性丧失的重要原因之一。

城市绿色空间景观格局及其变化，反映了人类活动和自然环境等多种因素的共同作用，同时又对城市生态环境、资源利用效率、居民生活及经济社会发展产生积极或消极的影响。

二、景观要素的生态功能

（一）斑块

由于研究对象、目的、方法的不同，不同生态学家对斑块的定义不同。一般来说，斑块指外观上不同于周围环境的非线性地表区域，在地理信息系统中，也可以理解为地理空间信息的多边形。

从斑块的成因，可以分为干扰斑块、残存斑块、环境资源斑块、引进斑块、再生斑块等。

斑块的规模（面积）、形状以及边界的宽度、通透性、边缘效应等特征不同，其生态功能也不同。斑块特征与物种多样性的关系是：$S = f$（＋生境多样性，－(+)干扰，＋面积，＋年龄，＋基质异质性，－隔离，－边界的不连续性）[92]。

多数研究表明，物种多样性与景观斑块的大小密切相关，每一物种群对斑块面积都有不同的反应。其中，大斑块对地下蓄水层和湖泊的水质有保护作用，有利于生境敏感种的生存，为大型脊椎动物提供核心生境和躲避所，为景观中其他组成部分提供种源，能维持更近乎自然的生态御抗体系，在生境产业化的情况下，对物种绝灭过程有缓冲作用。小斑块亦有重要的生态作用，可以作为物种传播以及物种局部绝灭后重新定居的生境和"踏脚石"（stepping-stone）从而增加了景观的连续度，为许多边缘种、小型生物类群以及一些稀有种提供生境。

斑块面积的大小不仅影响物种的分布，而且影响能量和养分的分布，从而影响植物生产力水平。通常，斑块中能量和矿质养分的总量与其面积成正比。即大的斑块含有的能量和矿质养分比小的斑块多，物种的多样性和生产力水平也随面积的增大而增加。理论上，斑块面积增加 10 倍，其物种数增加约 2 倍；面积增加 100 倍，物种数约增加 4 倍。即斑块面积每增加 10 倍，所含的物种数量呈 2 的幂函数增加，2 为平均值，其数值通常在 1~3 之间。

斑块的形状对于生物的散布和觅食也具有重要作用。如通过林地迁移的昆虫或脊椎动物，更容易发现与它们迁移方向成垂直的狭长采伐迹地，而对于圆形的采伐迹地或与它们迁移方向平行的狭长采伐迹地，则容易被忽略。由于自然界中斑块的形状常常是不规则的，很难准确地以几何形状说明，因此，在景观生态学中常采用形状指数表示，其值越大，说明该斑块周边越发达。

（二）廊道

廊道指不同于两侧基质，以条带状出现的狭长地带。

廊道几乎能以各种方式渗透到每一景观中。廊道的主要功能有生境，传输通道，过滤和阻抑，作为能量、物质和生物的源（source）或汇（sink）4 类作用 [93]。

影响廊道生态功能的结构因素有宽度、曲度、密度、连通性、高度对比（廊道高度与环境高度的对比）、内环境（即廊道内部温度、湿度、风速等垂直于廊道方向的梯度变化和沿廊道延伸方向的变化）等。

对城市生态系统而言，廊道的首要功能是它的生态功能，它是斑块间生态联系的主要通道，为动植物的迁移提供条件，促进城市生物多样性发展；其次是其美化功能，绿色廊道往往又是城市重要的景观带，可增加城市美感，美化城市环境；第三是廊道的游憩功能，尤其是带状公园和沿着河流等水体的园林景观带，不仅风光优美，而且其间增设休憩设施常常成为市民休闲的好去处。

（三）基质

基质是景观中分布最广泛、连续性最大的背景结构。通常有 3 个判断标准 [94]：

1. 相对面积。当景观的某一要素比其他要素大得多时，这种要素可能就是基质。一般来说，基质的面积应超过其他所有类型的面积总和，或者说应占总面积的 50% 以上。如果面积在 50% 以下，就应考虑其他标准。

2. 基质的连接度。基质的连接度较其他景观要素类型高。如果一个空间未被分为两个开放的整体，即不被边界隔开，则认为该空间是连通的。一个连通的景观类型，可以作为一个障碍物，将其他要素分隔开，这种障碍物可起物理、化学和生物的障碍作用；当这种连通性是以相互交叉带状形式实现时，就可形成网状走廊，这既便于物种的迁移，也便于种内不同个体或种群间的基因交换；而对于被包围的其他要素来说，则成为生境岛。

3. 动态控制。基质对景观动态的控制程度较其他景观要素类型大。

三、城市绿色空间景观格局研究评价方法

1980 年代以前，景观格局研究主要采用定性分析的方法，如 Forman 在其《景观生态学》(1986 年) 中，根据景观结构特征划分出 4 种景观类型，即斑块散布的景观、网格状景观、指状景观和棋盘状景观，4 种景观斑块分布结构型不同，对应的基本生态过程也各异 [95]。

1980 年代以后，发展出景观格局的许多定量分析方法，如景观生态学指标法、空间统计学方法以及转换矩阵、分形分析、小波分析等[96,97]。最常用的为景观指数法。

景观格局指数很多，一般可分为三大类。一类为描述单个斑块特征的指数，常用的有斑块面积、斑块周长、斑块形状指数（通常指周长与面积比）等；第二类为描述斑块的层次性和景观水平特征的指数，常用的有景观丰富度（景观中斑块类型的总数）、景观多样性指数【主要有香浓（Shannon-Weaver）指数、辛普森（Simpson）指数】、景观均匀度指数（通常以景观多样性指数和其最大值的比表示）、景观优势度指数（以景观多样性指数的最大值与实际计算值之差表示）、景观形状指数（景观中所有斑块的总长度与景观总面积的比）等；第三类为描述景观构成的指标，常用的有斑块面积分布和斑块密度、核心区面积、形状复杂度、隔离/邻接度、分散方式、对比度、景观聚集度、连接度、分维或分维数（可以直观地理解为不规则几何形状的非整数维数，而这些不规则的非欧几里得几何形状可通称为分形）等。各种指数的计算公式如下：

斑块形状指数 D：$D = L / \left(2\sqrt{\pi A} \right)$；式中，$L$ 为斑块周边长度；A 为斑块面积。

景观丰富度 R、相对丰富度 R_r、丰富度密度 R_d 指数：$R = m$；$R_r = m / m_{max}$；$R_d = m / A$。式中，m 为景观中斑块类型数目；m_{max} 为景观中斑块类型数最大值；A 为景观面积。

香农 – 维纳（Shannon-Wiener）或香农 – 韦弗（Shannon-Weaver）指数 H：$H = -\sum_{i=1}^{m} \left(P_i \ln P_i \right)$；式中，$i$ 是斑块类型；P_i 为斑块类型 i 在景观中出现的频率；m 为景观中斑块类型的总数。

辛普森（Simpson）多样性指数 H：$H = 1 - \sum_{i=1}^{m} P_i^2$；式中，$i$、$P_i$、$m$ 的意义与 Shannon-Weaver 指数相同。

景观均匀度指数 E：$E = H / H_{max}$；式中，H 是 Simpson 指数；H_{max} 是其最大值。

景观优势度指数 D：$D = H_{max} + \sum_{i=1}^{m} P_i \ln P_i$；式中，$H_{max}$ 为多样性指数的最大值；P_i 为斑块类型 i 在景观中出现的频率；m 为景观中斑块类型的总数。

斑块密度 PD：$PD = N_i / A$；式中，N_i 为第 i 类景观要素的总面积，$N_i = \sum_{k=1}^{n} n_{i,k}$；$A$ 为所有景观的总面积。

形状复杂度 SC：$SC = S / A$；式中，S 为周长；A 为面积。

景观聚集度指数 C：$C = C_{\max} + \sum_{i=1}^{n} \sum_{j=1}^{n} P_{ij} \ln P_{ij}$；式中，$C_{\max}$ 为聚集度指数最大值（$2\ln n$）；n 为景观中斑块类型总数；P_{ij} 为斑块类型 i 与斑块类型 j 相邻的概率。

分离度指数 F_i：$F_i = D_i / S_i$；式中，D_i 为斑块的分离度，$D_i = \frac{1}{2}\sqrt{n / A}$；$S_i$ 为景观类型的面积指数，$S_i = A_i / A$；A_i 为斑块类型 i 的面积；A 为景观的总面积；i 为斑块类型；n 为斑块的总个数。

景观破碎度 C_i：$C_i = A_i / n_i$；式中，A_i 是 i 种景观要素的总面积；n_i 是 i 种景观要素的总斑块数。

景观网络连接度 r：$r = L / L_{\max} = L / 3(V - 2)$；式中，$L$ 为连接数；$L_{\max}$ 为最大可能连接数，通过节点数 V 计算得到；

斑块分维数 D：$D = 2\ln\left(P / k\right) / \ln A$；式中，$P$ 为斑块的周长；A 为斑块的面积；k 为常数（对于栅格景观而言，k=4）。

由于一个城市的绿色空间分布范围一般要达到几十至几百，甚至几千平方公里。这种范围较大的研究单元，景观组分数量多，时空格局及变化过程复杂，故在研究中需要采集和处理的数据量非常庞大，依靠传统的生态学调查方法很难完成。利用 3S（遥感 RS—Remote Sensing、地理信息系统 GIS—Geographical Information System、全球定位系统 GPS—Global Positioning System）技术，以卫星影像图、航测图、GPS 定位数据等获取信息，应用遥感图像处理软件，结合相关资料、实地勘查等，进行绿地景观分类，最终得到各类绿地景观类型的矢量图和相应数据，实现绿地信息的计算机分类和提取。再在 GIS 相关软件支持下，建立城市绿地信息系统，在此基础上运用景观指数计算，进行城市绿地景观结构和格局的分析研究。

四、徐州市城市绿色空间格局的变化

（一）信息源

2004 年进行的调查，采用的是 2004 年 9 月和 11 月的 Quick Bird 卫星影像数据，范围为当年徐州市城市建成区（不包括贾汪区、铜山县驻地）。

　　2010 年进行的调查，数据截止时间为 2009 年 12 月，采用徐州市国土资源局提供的 2008 年航片影像，对影像与现状变化大的区域，在现场调查的基础进行人工局部勾绘替换。范围为当年主城区（不包括贾汪区，铜山区驻地）。

　　2014 年进行的调查，采用的是当年 6 月 Quick Bird 卫星影像数据，范围为当年徐州市区城市建成区（包括贾汪区、铜山区驻地）。

（二）城市绿地景观格局的变化

1. 城市绿地结构

2004-2014 年徐州市城市绿地类型结构见表 6-1[98]。

　　从表 6-1、表 6-2 可以看出，10 年中，徐州市城市建成区绿地面积增长迅速，以主城区 3 个区（鼓楼区、泉山区、云龙区）为例，绿地面积由 3607.07hm² 增加到 8218.81hm²，增长 127.9% 倍。从绿地类型看，附属绿地增加面积最大，增加 2509.78hm²，其次是防护绿地，增加 1463.86hm²，公园绿地增加 1366.96hm²，生产绿地略有减少，其他绿地减少较大，共减少 699.59hm²。从不同绿地增长率看，防护绿地增长 779.2%，附属绿地增长 191.5%，公园绿地增长 148.2%，生产绿地减少

2004~2014 年徐州市城市建成区绿地类型构成　　　　　　　　　　　　　　　　　　　　　　　表 6-1

绿地类型	2004		2009		2014	
	面积 (hm²)	百分比 (%)	面积 (hm²)	百分比 (%)	面积 (hm²)	百分比 (%)
合计	3606.07	100	7193.99	100	10845.91	100
公园绿地	922.07	25.57	2754.26	38.29	2692.36	24.82
生产绿地	189.85	5.26	195.84	2.72	168.25	1.55
防护绿地	187.86	5.21	97.69	1.36	1942.69	17.91
居住绿地	302.13	8.38	579.54	8.06	1283.07	11.83
单位附属绿地	796.35	22.08	802.83	11.16	1940.13	17.89
道路绿地	212.38	5.89	454.79	6.32	1439.18	13.27
其他绿地	995.43	27.60	2309.04	32.10	1380.23	12.73

2014 年徐州市城市建成区绿地类型构成　　　　　　　　　　　　　　　　　　表 6-2

区域	合计	主城区	鼓楼区	泉山区	云龙区	铜山区	贾汪区
合计	10845.91	8218.81	3544.02	2378.84	2295.95	1680.17	947.65
公园绿地	2692.36	2289.03	403.05	1291.41	594.57	125.67	277.66
生产绿地	168.25	161.58	81.65	26.52	53.41	—	6.67
防护绿地	1942.69	1651.72	919.14	175.16	557.42	248.66	42.31
附属绿地	4662.38	3820.64	2006.98	806.69	1006.97	446.18	395.56
其他绿地	1380.23	295.84	133.2	79.06	83.58	858.94	225.45

14.9%，其他绿地减少 70.3%。

从各调查年份各类绿地的占比看，公园绿地占比先增后降，基本稳定在 25% 的水平；防护绿地先降后升，居住区绿地稳定增加；生产绿地、单位附属绿地和其他绿地逐步降低。

徐州市城区绿地结构的这种变化，反映了近 10 年城市建设扩张特征：1）新的居住区、工业区等的兴建，推动了附属绿地的快速发展。2）城市建成范围的扩大，使一些原来的其他绿地转为城市防护绿地。3）生产绿地占比不断减小，表明城市园林绿化市场化改革不断深入，土地级差效应在持续增加。4）居住区绿地占比增加，表明了人门对居住环境生态化的追求。5）单位（企业）附属绿地占比减小，表明单位（企业）用地中绿化用地没能同步增长。6）市区总体附属绿地总量规模进一步增加，主要源于铜山县撤县设区等行政区划的调整，原来属于农村的山林地转为其他绿地，为城市的进一步发展提供了重要的绿色空间支撑。

2. 城市绿地斑块特征

徐州市 2004-2014 年城市绿地景观斑块组成，见表 6-3。

由表 6-3 可以看出，徐州城市绿地景观斑块 2004 年为 33245 个，2009 年降到 12507 个，2014 年比 2009 年有所上升，为 23538 个。10 年中各类斑块的平均面积，生产绿地基本保持不变，道路绿地稍有增加，公园绿地、防护绿地、居住区绿地、单位附属绿地和其他绿地均增长 10 倍以上。

绿地景观斑块数的这种变化，反映了徐州市 10 年中城市园林绿化方针的重大

2004–2014 年徐州市城市绿地景观斑块组成变化　　　　　　　　　　　　　　　　表 6-3

时间	斑块构成	全市	道路	公园	生产	防护	居住区	单位	其他
2004 年	数量（块）	33245	7326	779	58	649	12473	11710	250
	面积（hm²）	3606.07	212.38	922.07	189.85	187.86	302.13	796.35	995.43
	斑块平均面积（hm²）	0.11	0.03	1.18	3.27	0.29	0.02	0.07	3.98
2009 年	数量（块）	12507	6440	509	59	33	3149	2246	71
	面积（hm²）	7193.99	454.79	2754.26	195.84	97.69	579.54	802.83	2309.04
	斑块平均面积（hm²）	0.58	0.07	5.41	3.32	2.96	0.18	0.36	32.52
2014 年	数量（块）	23538	9538	481	49	178	7503	5727	62
	面积（hm²）	10845.91	1439.18	2692.36	168.25	1942.69	1283.07	1940.13	1380.23
	斑块平均面积（hm²）	0.46	0.15	5.60	3.43	10.91	0.17	0.34	22.26

变化：

　　在 21 世纪初期以前，与全国各地一样，徐州市的城市园林绿化也是以"见缝插绿"为指导方针，城市绿地系统规划的任务，是对城市总体规划划定的绿地，从功能（用途）划分、植物材料应用、古树名木保护等方面对《城市总体规划》进行深化和细化。在城市发展以建筑物为中心的方针下，公园用地规模偏小；道路基本不搞绿化带；单位、居住区绿地主要是一些楼前、楼后的小花坛，没有小区公园，城市绿地破碎化是其必然的结果。

　　2005 年以后，在城市发展中逐步强化"以人为本、生态优先"的理念，积极推行"城市建设，绿地先行"的方针，根据城市所处环境条件、地形地貌特征、自然景观状况、城市人文特点、历史演变及发展方向等因素，大力推进退建还山、退渔还湖、退港还湖"三退"工程，结合城中村、棚户区改造，对城市空间进行系统梳理，均衡绿地布局，优先规划和建设公园绿地、防护绿地等公共绿地；推行居住区绿地集中使用，全面建设小区游园；加强滨水和沿城市主干道大型生态景观廊道建设，形成生态网络，在绿地数量成倍增长的同时，绿地斑块规模得到更大幅度的提高，增强了生态功能。

3. 城市绿地景观类型多样性

2004-2014 年徐州市城市绿地景观类型多样性计算结果，如表 6-4。

2004-2013 年徐州市不同行政区内城市绿地景观多样性变化　　　　　　　表 6-4

年份	景观多样性 Shannon-Weaver 指数（H）	景观优势度指数（D）	景观均匀度指数（E）
2004	1.72	1.09	0.62
2009	1.69	1.22	0.56
2014	1.71	0.57	0.71

从表 6-4 可以看出，徐州城市绿地景观多样性指数 2004 年为 1.72，2009 年为 1.69，到 2014 年底为 1.71，说明徐州城市绿地景观类型齐全，各类绿地景观面积差异较大。其中，2004-2009 年，各景观类型所占比例差异增大，使景观的多样性下降；2009-2014 年则相反，各景观类型所占比例差异有所缩小，景观的多样性也有所上升。

徐州市建成区景观优势度和均匀率指数，2004 年分别为 1.09、0.62，2009 年分别为 1.22、0.56，2014 年分别为 0.57、0.71。说明在 2004-2009 年的 5 年中，绿地类型面积分布不平衡性在增加。这是由于在这 5 年中，主要集中力量实施了云龙山、云龙湖风景名胜区的显山露水工程，公园绿地建设一枝独秀，使公园绿地类型占了很大优势。而 2009-2014 年的 5 年中，随着徐州都市圈中心城市框架的形成，各类绿地建设得到同步发展，绿地类型面积分布不平衡性有较大幅度的减小。而均匀度的变化，与前述优势度变化趋势相反。

第二节　生物多样性的变化

一、植物多样性的变化

（一）种子植物成分

根据调查，2006 年，徐州地区乡土种子植物共计 78 科 246 属 345 种，其中裸子植物 2 科 2 属 2 种，单子叶植物 12 科 62 属 91 种，双子叶植物 64 科 182 属 252 种。含属、种数较多的为禾本科 (34 属 47 种)、菊科 (20 属 32 种)、豆科 (12 属 18 种)、蔷薇科 (11 属 16 种) 共计 77 属 113 种，分别占总属、种数的 31.30% 和 32.75%，是区系组成的重要部分[99]。

2013 年，徐州市共有种子植物 120 科 366 属 747 种 (含变种，剔除人工栽培种)。其中，裸子植物 2 科 4 属 7 种，单子叶植物 18 科 85 属 208 种，双子叶植物 100 科 277 属 532 种。根据各科所含种数统计，含 1 属 1 种的科 30 个，占所有科的 25%；含有 2 ~ 9 种的寡种科 60 个，占所有科的 50%；含 10 ~ 30 种的科 7 个，占所有科的 5.83%；含 31 ~ 50 种的中等科 3 个，占所有科的 2.50%；含 50 种以上的大科有 3 科，占所有科的 2.50%[100]。

2005 年和 2013 年徐州市种子植物属的分布区类型变化详见表 6-5。

徐州种子植物属的分布区类型变化　　　　　　　　　　　　　　　　　　　　表 6-5

分布区类型和变型	2006 年		2013 年	
	本区属数	占总属数 (%)	本区属数	占总属数 (%)
世界分布	40		55	
泛热带分布	41	19.90	73	24.33
热带亚洲、热带美洲间断分布	2	0.97	2	0.67
旧世界热带	9	4.37	12	4.00
热带亚洲至热带大洋洲	6	2.91	7	2.33
热带亚洲至热带非洲	7	3.40	9	3.00
热带亚洲	7	3.40	4	1.33
北温带分布	68	33.01	69	23.00

分布区类型和变型	2016 年		2013 年	
	本区属区	占总属数 (%)	本区属数	占总属数 (%)
东亚、北美分布	13	6.31	13	4.33
旧世界温带分布	25	12.14	25	8.33
温带亚洲	7	3.40	8	2.67
地中海、中亚、西亚	3	1.46	3	1.00
东亚分布	16	7.77	19	6.33
中国特有分布	2	0.97	6	2.00
合计（不包括世界分布）	206	100.00	300	100

（二）主要森林植物群落类型

徐州市丘陵山区干旱、少土、裸岩较多，生境恶劣，造成森林植被总体特征是：组成简单、类型单调、分布稀疏。据 2005 年调查，徐州地区低山丘陵森林植被有 2 个类型组、12 个群系[59]。近 10 年中，通过人工促进侧柏纯林演替、市区石灰岩山地生态风景林营建等工程的实施，森林群落类型有较大的发展变化，形成了 3 个类型组、14 个群系[67]。详见表 6-6、表 6-7。

徐连过渡带低山丘陵森林植被分类系统（2005）　　　　　　　　　　　　表 6-6

植被型组	植被型	植被亚型	群系组	群系
针叶林	温性针叶林	温性常绿针叶林	温性松林	赤松林
				黑松林
			温性侧柏林	侧柏林
阔叶林	落叶阔叶林	典型落叶阔叶林	刺槐林	刺槐林
			杂木林	黄连木、黄檀林
				青檀林
				小叶朴林
				鹅耳枥林
			栎类林	麻栎林
				栓皮栎林
				白栎林
	常绿落叶阔叶混交林	落叶常绿阔叶混交林	落叶阔叶树、红楠混交林	栓皮栎、红楠林

徐州市低山丘陵森林植物群落分类（2013） 表 6-7

植被型组	植被型	群系组	群系	优势植物
温性针叶林	温性常绿针叶林	松林	赤松林	赤松，混生有麻栎、栓皮栎、刺槐
			黑松林	黑松，混生有赤松、侧柏、栓皮栎、麻栎
		柏林	侧柏林	侧柏纯林，混生有刺槐、黄檀、桑、麻栎、构树
			铅笔柏林	铅笔柏纯林
落叶阔叶林	典型落叶阔叶林	栎林	麻栎林	麻栎，混生有刺槐、黄檀、桑等
			栓皮栎林	栓皮栎，混生有麻栎、刺槐、黄檀、桑等
		杂木林	乌桕林	乌桕，混生有刺槐、黄檀等
			栾树林	黄山栾树，混生有构树、黄檀等
			构树林	构树，混生有刺槐、黄檀、朴树、椰榆等
			黄檀林	黄檀，混生有刺槐、朴树、椰榆等
			豆梨林	豆梨，混生有朴树、柘树、猫乳等
			刺槐林	刺槐纯林
暖性竹林	暖性散生竹林	散生竹林	毛竹林	毛竹
			刚竹林	刚竹

（三）森林与野生植物多样性

根据戴锡联等 2006 年完成的《泉山自然保护区植物群落稳定性分析》和董鹏2010 年完成的《徐州市侧柏人工林结构特征的研究》调查结果，徐州森林与野生植物多样性变化情况汇总如表 6-8。

从表 6-8 可以看出，2006～2010 年，该地的 simpson 指数，D 乔木层由 0.4231提高到 0.6887，提高 62.8%；灌木层由 0.9317 降低到 0.8373，降低 10.1%；草本层由 0.7957 提高到 0.9459，提高 18.9%；Shannon-Weiner 指数 H'，乔木层由 1.0129提高到 1.3248，提高 30.8%；灌木层由 2.9875 降低到 2.0787，降低 30.4%；草本层由 2.7120 提高到 3.0778，提高 13.5%；Pielou 均匀度指数 J，乔木层由 0.2345 提高到 0.8231，提高 251%；灌木层由 0.7592 提高到 0.8365，提高 10.2%；草本层由 0.3876提高到 0.9685，提高 149.9%。3 项多样性指数 9 个具体分析指标中，只有灌木层Simpson 指数 D 和 Shannon-Weiner 指数 H' 有所降低，其他均有显著提高，说明在 5 年中，泉山森林和野生植物多样性在不断地提高。

泉山自然保护区森林与野生植物多样性变化

表 6-8

群落及层次	Simpson 指数 D		Shannon-Weiner 指数 H'		Pielou 均匀度指数 J	
	2006	2010	2006	2010	2006	2010
乔木层	0.4231	0.6887	1.0129	1.3248	0.2345	0.8231
灌木层	0.9317	0.8373	2.9875	2.0787	0.7592	0.8365
草本层	0.7957	0.9459	2.7120	3.0778	0.3876	0.9685

（四）园林植物资源

徐州市的园林植物，2007 年调查有 324 种，分属于 96 科 200 属。其中常绿乔木 27 种，落叶乔木 110 种，灌木 92 种，藤本 15 种，竹类 7 种，草本植物 73 种。

2012 年调查全市园林植物共有 104 科、264 属、342 种。其中，乔木 96 种，灌木藤本 122 种，宿根花卉及水生植物、草坪等共 124 种。

2007 ~ 2012 年 5 年中，园林植物的种数增加了 18 种，科数增加 8 科，属数增加 64 属。说明整个园林植物物种组成，单种属的数量有所扩大。

二、野生鸟类的种群变化

根据原国家林业部《全国动物物种资源调查技术规定（试行）》（林护动〔1995〕150 号）和《江苏省鸟类调查细则（1995）》《江苏省第二次陆生野生动物资源调查技术规程及技术细则（2011）》，徐州市为全省总体中以农田为主要景观的非林区农田副总体。由于调查划分副总体要求是连续的，因此，对属于丘陵山地的部分地方也作为农田副总体处理。调查采取样线法，按照要求的抽样强度布设调查线路，沿线路行走，观察并记录线路两侧野生鸟类及其活动痕迹以及距离线路中线距离等。

根据 1999 年和 2012 年的两次调查，徐州市域内的鸟类种类在 68 ~ 74 种之间，其中市区调查到的鸟类有 31 种，详见表 6-9。

（一）鸟的种类变化

相隔 10 年的两次鸟类调查查到的鸟类种类分别为 74 种和 68 种。总种数差异不大，但种的组成差异明显。其中，两次调查均见到的鸟类只有 34 种，包括小鹏鹚、鹭科、麻雀等，约占总种数的 50%。其原因有以下几个：第一，两次调查各样线和样点均仅调查一次，调查的线路有一定的差异，布点有所不同，不能兼顾夏候鸟和冬候鸟；第二，调查时间不一致，1999 年调查时间为春末至夏天，2012 年调查为冬季。第三，徐州生态环境的变化。2012 年调查中新出现的泽鹬、白腰草鹬、鹤鹬、矶鹬都属于湿地鸟类，湿地鸟类的数量和种类在增加，与近年来徐州市加大湿地生态恢复等相关。

（二）鸟的数量变化

2012 年较 1999 年有增长的趋势，一些鸟类的数量总体上常年较稳定（主要是留鸟），如小䴙、鸥类、斑鸠、雉鸡、杜鹃类、翠鸟、戴胜、啄木鸟类、白灰椋鸟、棕背伯劳、燕类、灰喜鹊、喜鹊、白头鹎、大山雀、麻雀、燕雀、蜡嘴雀等。部分鸟类的数量总体上呈逐年减少的趋势，如雁鸭类、鹬类、鹤鹳类、鹰类等，其中一些种类已十分罕见，如大鸨、丹顶鹤、灰鹤、白鹤、东方白鹳、黑鹳、白琵鹭、绿鹭、天鹅、鸳鸯、黄鹂等。有些鸟类如鹭鸟的数量总体上呈增加的趋势，形成的集群营巢地，并已有向城市周边渗透的迹象。

（三）少数鸟类的习性可能发生变化

一些鸟类，如夜鹭，据历史资料记载，在本地区为夏候鸟。我们经多年观察发现，夜鹭在有些年份终年可见。这些夜鹭是留鸟还是北方迁来的冬候鸟，尚需环志予以证实。在分布上，夜鹭在湿地较为常见，但在城市郊区山地或林地也可以见到少量营巢个体。

徐州鸟类资源名录   表 6-9

名称	拉丁名	类型	调查年份	
			2012	1999
鹌鹑	*Coturnix japonica*	冬候鸟		√
暗绿柳莺	*Phylloscopus trochiloides*	旅鸟		√
暗绿绣眼鸟	*Zosterops japonicus*	留鸟	√	√
八哥	*Acridotheres cristatellus*	留鸟	√	
白翅浮鸥	*Chlidonias leucopterus*	候鸟	√	
白额燕鸥	*Sterna albifrons*	繁殖鸟	√	
白腹姬鹟	*Cyanoptila cyanomelana*	候鸟	√	
白鹡鸰	*motacilla alba*	夏候鸟	√	√
白头鹎	*Pycnonotus sinensis*	留鸟	√	
白腰草鹬	*Green Sandpiper*	冬候鸟	√	

续表

名称	拉丁名	类型	调查年份	
			2012	1999
白腹鸫	*Turdus pallidus*	留鸟冬候鸟		√
白颈鸦	*Corvus torquatus*	冬候鸟		√
白眉鹀	*Emberiza tristrami*	旅鸟		√
白头鹎	*Pycnonotus sinensis*	夏候鸟		√
斑鸫	*Turdus naumanni*	留鸟	√	
斑鸠	*Streptopelia turtur*	留鸟		√
斑鱼狗	*Ceryle rudis*	候鸟	√	
斑嘴鸭	*Anas poecilorhyncha*	冬候鸟	√	
北红尾鸲	*Phoenicurus auroreus*	旅鸟	√	√
北蝗莺	*Locustella ochotensis*	候鸟	√	
苍鹭	*Ardea cinerea*	留鸟	√	
橙翅噪鹛	*Garrulax elliotii*	旅鸟		√
橙头地鸫	*Orange-headed Thrush*	夏候鸟		√
池鹭	*Ardeola bacchus*	夏候鸟	√	√
大斑啄木鸟	*Dendrocopos major*	留鸟		√
大白鹭	*Casmerodius albus*	候鸟	√	
大杜鹃	*Cuculus canorus*	夏候鸟	√	√
大山雀	*parus major*	留鸟	√	√
大苇莺	*Acrocephalus arundinaceus*	夏候鸟		√
大嘴乌鸦	*Corvus macrorhynchos*	冬候鸟		√
戴胜	*Upupa epops*	留鸟	√	√
发冠卷尾	*Dicrurus hottentottus*	夏候鸟		√
凤头百灵	*Galerida cristata*	留鸟		√
黑喉石䳭	*Saxicola torquata*	旅鸟		√
黑领噪鹛	*Garrulax pectoralis*	夏候鸟		√
黑头蜡嘴雀	*Eophona personata*	旅鸟		√
鹤鹬	*Tringa erythropus*	冬候鸟	√	
黑翅鸢	*Elanus caeruleus*	候鸟	√	
黑鳽	*Dupetor flavicollis*	候鸟	√	
黑水鸡	*Gallinula chloropus*	留鸟	√	
黑尾蜡嘴雀	*Eophona migratoria*	冬候鸟	√	
黑枕黄鹂	*Oriolus chinensis*	冬候鸟	√	
红脚隼	*Falco amurensis*	夏候鸟		√
红隼	*Falco tinnunculus*	夏候鸟	√	√
红尾伯劳	*Lanius cristatus*	候鸟	√	√
厚嘴苇莺	*Acrocephalus aedon*	候鸟	√	
环颈雉	*Phasianus colchicus*	留鸟		√
黄喉鹀	*Emberiza elegans*	旅鸟		√
黄鹡鸰	*Motacilla flava*	冬候鸟	√	
黄苇鳽	*Ixobrychus sinensis*	繁殖鸟	√	
黄腰柳莺	*Phylloscopus proregulus*	冬候鸟	√	
黄嘴白鹭	*Egretta eulophotes*	冬候鸟	√	
黄眉鹀	*Emberiza chrysophrys*	旅鸟		√
黄胸鹀	*Emberiza aureola*	旅鸟		√
灰斑鸻	*Pluvialis squatarola*	夏候鸟		√
灰斑鸠	*Streptopelia delaoto*	留鸟		√
灰鹡鸰	*motacilla cinerea*	候鸟、旅鸟	√	√

续表

名称	拉丁名	类型	调查年份 2012	调查年份 1999
灰椋鸟	Sturnus cineraceus	留鸟冬候鸟	√	√
灰头麦鸡	Vanellus cinereus	留鸟冬候鸟		√
灰鹀	Emberiza variabilis	冬候鸟		√
灰喜鹊	Cyanopica cyanus	留鸟		√
灰树鹊	Dendrocitta formosae	留鸟	√	
灰头绿啄木鸟	Picus canus	候鸟	√	
灰头鹀	Emberiza spodocephala	留鸟	√	
灰雁	Anser indicus	冬候鸟	√	
矶鹬	Actitis hypoleucos	候鸟	√	
家燕	Barn Swallow Hirundo rustica	夏候鸟	√	√
金翅雀	Carduelis carduelis britannica	留鸟		√
金眶鸻	Charadrius dubius	夏候鸟		√
金腰燕	Hirundo daurica	夏候鸟	√	√
兰歌鸲	Luscinia cyane	旅鸟		√
楼燕	Apus apus	旅鸟夏候鸟		√
绿啄木鸟	Picus vittatus	夏候鸟		√
麻雀	Passer montanus	留鸟		√
牛头伯劳	Lanius bucephalus	冬候鸟		√
普通翠鸟	Alcedo attbis	留鸟		√
普通鵟	Buteo buteo	旅鸟		√
雀鹰	Accipiter nisus	冬候鸟		√
鹊鹞	Circus melanoleucos	旅鸟		√
蓝点颏	Luscinia svecica	冬候鸟	√	
栗苇鳽	Lxobrychus cinnamomeus	留鸟	√	
牛背鹭	Bubulcus ibis	繁殖鸟	√	
普通翠鸟	Alcedo atthis	留鸟	√	
日本松雀鹰	Accipiter gularis	冬候鸟	√	
三道眉草鹀	Emberiza cioides	留鸟	√	√
树麻雀	Passer montanus	留鸟	√	
山斑鸠	Streptopelia orientalis	留鸟	√	√
山鹡鸰	dendronanthus indicus	夏候鸟		√
扇尾沙锥	Gallinago gallinago	旅鸟		√
树鹨	Anthus hodgsoni	候鸟、旅鸟	√	√
四声杜鹃	Cuculus micropterus	夏候鸟		√
田鹀	Emberiza rustica	冬候鸟	√	√
苇鹀	Emberiza pallasi	冬候鸟		√
乌鸫	Turdus merula	旅鸟	√	√
锡嘴雀	Coccothraustes coccothraustes	旅鸟		√
喜鹊	Pica pica	留鸟	√	√
小䴙䴘	Tachybaptus ruficollis	留鸟	√	√
小白鹭	Egretta garzetta	繁殖鸟、夏候鸟	√	√
小沙白灵	Calandrella rufescens	留鸟		√
小鹀	Emberiza pusilla	留鸟	√	√
小云雀	Alauda gulgula	留鸟	√	√
小嘴乌鸦	Corvus corone	旅鸟		√

续表

名称	拉丁名	类型	调查年份	
			2012	1999
楔尾伯劳	*Lanius sphenocercu*	候鸟	√	
星头啄木鸟	*Dendrocopos canicapillus*	候鸟、留鸟	√	√
针尾沙锥	*Gallinago stenura*	旅鸟		√
须浮鸥	*Chlidonias hybridus*	繁殖鸟	√	
夜鹭	*Nycticorax nycticorax*	繁殖鸟	√	
云雀	*Alauda arvensis*	冬候鸟	√	
泽鹬	*Tringa stagnatilis*	冬候鸟	√	
雉鸡	*Phasianus colchicus*	留鸟	√	
中白鹭	*Ardea intermedia*	留鸟、夏候鸟	√	√
珠颈斑鸠	*Streptopelia chinensis*	留鸟	√	√
棕背伯劳	*Lanius schach*	留鸟	√	√
棕头鸦雀	*Paradoxornis webbianus*	留鸟	√	√

第三节　城市绿色空间三大效益评价

一、城市绿色空间的三大效益内涵的认识与计量方法

（一）城市绿色空间的三大效益内涵的认识

作为绿色 GDP 核算的一部分，有关城市绿色空间的经济、社会、生态三大效益的内涵，虽然开展了大量的研究，但目前并没有统一的认识[101～107]。这种认识上的不统一，造成了计量估算结果的严重混乱。产生这种混乱的原因，在于没有根据一般的哲学上的功能与作用的概念来确定上述概念，将生态系统的功能与生态系统的效益混为一谈，企图从生态系统的某种功能，在范围及表现特征上做出十分狭窄的界定，从而无法建立明确的效益界定划分标准。为此，秦飞、刘景元等提出了基于作用对象的城市绿色空间三大效益计量理论与方法[108,109]。

该理论认为，城市绿色空间的功能，是植被为主体的生物群落对城市生态系统各组成部分——生物组成要素、非生物组成要素以及人类和社会经济要素的特殊影响，后果是城市环境及生态系统各组成分的结构和状态的变化。城市绿色空间的任何功能都取决于自然条件及社会条件，取决于植物群落的特性。在这些条件的综合作用下，城市绿色空间功能可以在一定程度上表现出来，也可能不表现。

但是，如果在某一区域或某一时间里，某种功能表现不明显或不表现，并不能以此作为否定城市绿色空间具备这种功能的根据，因为这种功能可能在其他地方或另外的时期内表现出来。例如，减弱噪声的功能必须在有噪声的情况下表现出来，水土保持的功能必须要在可能发生水土流失的地区且降水达到一定条件的情况下才表现出来。

另一方面，城市绿色空间的作用，是由其功能所决定的对于人类社会的意义。离开了城市绿色空间对人类社会的关系，这种作用就根本不存在。这一原则十分重要，只有这样，我们才能准确地将城市绿色空间的"功能"与"作用"区别开来。

城市绿色空间的"效益"，则是城市绿色空间对社会的"正作用"关系（"副作用"关系称之为"危害"）。

由此，提出了城市绿色空间的三大效益判别标准，其判别过程见图6-1。

首先，根据城市绿色空间及其资源与社会关系作用的计量属性，对经济效益与生态、社会效益进行界定：凡利用城市绿色空间及其资源，开展生产或经营活动，并产生可直接计量的经济收入的作用为经济效益；凡不能直接进行经济计量的作用为生态效益或社会效益。

其次，根据城市绿色空间及其资源与社会关系作用的效果，对生态效益或社会效益进行界定：凡是主要为了满足特定区域社会福利而产生的作用为社会效益；

图6-1 城市绿色空间三大效益
的判别流程图

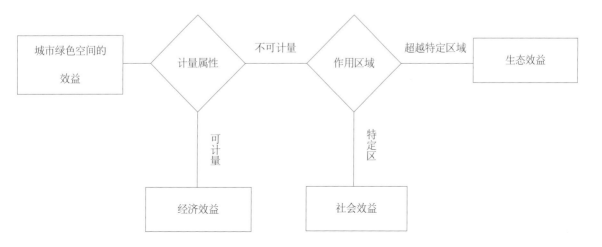

凡超越满足特定区域社会福利层面而产生的作用为生态效益。

　　按照上述三大效益区分标准，城市绿色空间的作用与效益分类如表 6-10。一些通常被认为是"生态效益"的作用被修正为"社会效益"。理由在于：区域环境安全、健康安全功能只在灾害发生时产生作用（效益），实质为减灾效益——消除或减小自然灾害（所造成的经济、社会损失）、人类健康损害等；改善基本生活环境、满足精神生活的功能作用于人们生产、生活过程之中，实质为增进人类的身心健康。这些效益主要地依赖于该区域人类社会的存在而存在，应当归为社会效益。

城市绿色空间的作用与效益分类　　　　　　　　　　　　　　　　　　　　　表 6-10

关系域	功能	作用（效益）	效益归类
全球生态	全球气候（碳汇）、生物圈（生物多样性）等	全球生态安全	生态效益
区域环境	防风、防沙、水文调节、水土保持、水源涵养等	区域环境安全	社会效益
区域健康	滞尘、吸毒、避难所等	区域健康安全	社会效益
基本生活环境	小气候（环境）调节、声光污染消减、生态景观等	身心健康	社会效益
精神生活环境	游憩娱乐、休闲保健、科普文教等	身心健康	可直接经济计量：经济效益 不可直接经济计量：社会效益
物质生活	生物产品产出	物质产品供给	经济效益

　　强调城市绿色空间的社会功能，使广大的城市居民更加直接地感受到城市绿色空间对于自身生活的作用，对增强城市居民保护城市绿色空间、加强城市绿色空间建设，具有更加重要的意义。

（二）基于作用对象的城市绿色空间三大效益计量方法

　　城市绿色空间的经济效益是城市绿色空间对于人类社会及国民经济可直接进行经济计量的一类作用的总和。因此，采用收入—成本法可以准确实现经济效益计量。

　　对于生态系统的生态效益与社会效益的计量评价，有替代市场技术、模拟市场技术等几类、数十种方法 [110] 及大量的应用研究报告，虽然细节各有不同，但其共同点在于：将生态系统的功能逐项进行细分，对细分后的功能，按其能力、规模及与其"产品属性"类似的商品的价格（影子价格）或"支付意愿价格"、"模拟市场价格”等进行估算。这类计量方法，突出存在如下问题：一是混淆了生态系统的功能与作用（效益）的不同，自觉或不自觉地放大了"效益"估值；二是计量项目的分解没有基本统一的规定，常取决于评价者的个人喜好，客观性不强；三是计算过程和技术繁难，"支付意愿价格"、"模拟市场价格"等在实际应用中操作困难，常常难以为公众接受和认可。因此，生态系统的生态效益与社会效益的计量评价一直难以从专家研究领域走向实际的社会应用。这些问题的产生，主要原因在于这类计量评价方法都是从源头—功能出发的，有必要换一个思路，从结果—作用（效益）出发，建立基于作用对象的计量方法，增强评价结果的社会可信度。

1. 社会效益的计量

如前所述，城市绿色空间的社会效益，是城市绿色空间满足于该区域社会环境福利需要的一类作用的总和。表 6-7 将城市绿色空间的社会作用划分为 4 个关系域，城市绿色空间的社会效益即这 4 项效益之和：

$$UFSB = ESB + HSB + EEB + HPB$$

式中　$UFSB$——城市绿色空间的社会效益（urban green space social benefits）；

　　　ESB——区域环境安全效益 (environment safety benefit)；

　　　HSB——区域健康安全效益 (health safety benefits)；

　　　EEB——基本生活环境改善效益 (elementary environmental benefit)；

　　　HPB——精神生活环境改善效益 (high-grade psychic benefit)。

1）区域环境安全效益 ESB 的计量

区域环境安全的效益实质是在灾害发生时的减灾效益——消除或减小自然灾害所造成的经济、社会损失。城市绿色空间对区域环境安全的效益，虽然有大量的理论研究和现象的分析 [111～115]。但是，基于实际灾害损失统计的定量研究，目前仅见李忠魁等的一项成果。该成果根据山东省的气候与农业特点，采用回归分析方法，利用历史资料和流域的数据，从森林覆盖率与受灾人口、受灾面积和经济损失之间的关系来分析防灾减灾价值 [116]。但是，覆盖率只反映了一个区域森林的总体数量性状，减灾作用还取决于森林植被的结构、质量等诸多复杂的性状 [117,118]。考虑到历史数据来源的可能性，我国建立有较为完善的城市绿地、森林资源和自然灾害损失统计制度，具有较翔实、准确的历史统计。因此，构想以李忠魁等森林覆盖率与其防灾减灾价值关系一元回归估算法为基础，增加一个表达绿地或森林质量性状的指标——区域森林蓄积量（生物量），利用不同区域绿地率和生物量与自然灾害损失额的对应关系，建立二元回归模型：

$$ESB = a + b_1x_1 + b_2x_2$$

式中　x_1——区域森林覆盖率；

　　　x_2——区域森林蓄积水平；

　　　a，b_1，b_2——回归系数。

通过此回归关系模型，可以更准确地实现估算和预报覆盖率和生物量变化造成的 ESB 值变化。

2）区域健康安全效益 HSB 的计量

城市绿色空间对城市居民的健康安全效益主要有 2 个方面：城市居民因植被对污染物的吸附导致减少空气污染造成的健康损害和作为避难所提供避难疏散、救援等减灾功能导致的城市居民生存率的提高。计算公式为：

$$HSB = AACB + ADE$$

式中　$AACB$——减小居民健康损害的效益 (absorption air contaminationbenefit)；

　　　ADB——避难所效益 (avoid disaster benefit)。

$AACB$ 的估算，引入环境健康经济学的暴露—反应相关理论和方法 [119～121] 构建如下模型：

$$AACB= DR \times POLLUT \times POP \times RATM \times 1/100 \times VOSL$$

式中　DR——暴露—反应系数——单位污染物浓度变化导致的健康终点 (例如，死亡或呼吸系统疾病入院) 变化比例；

　　　$POLLUT$——污染物日平均浓度变化 = 植物年吸附污染物重量 (μg)/ 城市面积 (m²)× 污染物浓度较高的大气层厚度 (m)×365(d)；

　　　POP= 人口总数 / 入院总人数；

　　　$RATM$= 死亡率 / 呼吸系统疾病入院率；

$VOSL$——统计学意义上的生命价值 (value of a statistical life)。

$$ADB = \sum AN \times P_{50}(K_i) \times VOSL$$

式中　AN—城市绿色空间的面积 / 单位面积可救助灾民人数；

$P_{50}(K_i)$——一定时间范围内（如 50 年分析期）强度为 i 的自然灾害 K 的发生概率。

3）基本生活环境效益 EEB 的计量

基本生活环境改善作用于居民的身心健康的效益，采取"相对价值、等效替代"法：

假设每个远郊的居民均拥有一份充分而且必要的生态林地的天然权利，在且仅在此环境中能够获得最大的环境健康效益。城市居民在城内享有同样环境福利的利益，则必须支付相应的级差地租代价。

将远郊居民拥有的这块充分而且必要的生态林地定义为 1 个充要绿地单位 (necessary and sufficient greenbelt area)，建立基本生活环境效益 EEB 的估算模型：

$$EEB = \sum (RFA_i / NASGA) \times (ULP_i - SFLP)$$

式中　RFA_i——区域 i 的城市绿色空间面积 (regional forests area)；

$NASGA$——1 个充要绿地单位的面积；

ULP_i——区域 i 的单位土地价格 (unit land price)；

$SFLP$——远郊生态林地的单位土地价格（suburban green spaces land price）。

其中，1 个充要绿地单位的面积，联合国环境卫生组织提出，一个城市人均森林面积要达到 60m² 以上，其城市污染方可得到净化，卫生情况才有保证；联合国生物圈生态与环境组织提出，最佳人居环境标准为人均绿地 40~50m²，人均公共绿地 20m²[122]。

4）精神生活环境效益 HPB 的计量

自 19 世纪以来，人们就开始认识到，绿色空间有助于改善人们的精神生活，人们因此而获益。但是，几百年来，绿色空间对于人类精神健康作用的计量，仍然莫衷一是。

根据经济人 (economic man) 理论（每个人天然地是他自己利益的判断者，始终处于深思熟虑地权衡和比较他的边际成本—效用的持续过程中，如果不受干预，他的行为天生要使利益最大化，一直到他们遇到抑制为止[123]）可以假定，每个自主到绿地中游憩的人，其支付时间等成本所获得的精神上的利益，最低也要超过用同等时间工作所获得的物质利益。采用"最低等值替代法"，构建具有可统计数据的城市绿地空间对于人类精神建康的作用价值模型：

$$HPB = \sum NOT_{tj} \times [\,(RT_{tj} + RTT_{tj} \times RTF_{tj})\, \times HW_j + TC \times RTF_{tj}]$$

式中　NOT_{tj}——城市绿色空间 t 接纳 j 类游人的数量；

　　　RT_{tj}——j 类游人在城市绿色空间 t 的平均停留时间 (h)；

　　　RTT_{tj}——j 类游人用于往返城市绿色空间 t 的时间；

　　　RTF_{tj}——j 类游人多目的时 t 的分担系数，简单地，取目的地数的倒数；

　　　HW_j——j 类游人平均单位工作时间的经济收益；

　　　TC_{tj}——j 类游人至城市绿色空间 t 的平均费用。

模式表明，城市绿色空间作用于人类的精神建康效益是游憩者人数、类型与停留时间的函数，城市绿色空间质量越高、吸引的游憩者越多、游憩者收入能力越强，效益越高。

2. 生态效益计量方法

城市绿色空间的生态效益是超越满足该特定区域社会环境福利层面、有益于全体人类的一类作用的总和，主要有全球碳平衡和生物多样性效益。

全球碳平衡作用的估算，随着《京都议定书》的签订和碳汇造林项目的广泛开展，生态系统碳储量的估算方法已经相对成熟[124,125]。

生物多样性的价值，理论上一般分为直接使用价值、间接使用价值和潜在使用价值三种类型[126]。生物多样性的自然属性距离市场和商品的社会属性较远，至今一般采用机会成本法估算，不确定因素多，估算十分困难。

另一方面，由于生物多样性对于全体人类的价值，世界各国都采取法律措施，发布了重点保护野生动、植物名录，实行分级保护，有些国家还按种类制订了不同的资源保护管理费收费标准。因此可以认为，城市绿色空间生物多样性的经济价值计量，核心在于其中受到国家法律保护的生物（动植物）资源的种类、数量及其价值。因此，生物多样性效益 (biological diversity benefit) 的经济价值计量模式为：

$$BDB = \sum S_{tp} \times V_{p}$$

式中 S_{tp} ——城市绿色空间 t 中国家规定保护的生物种 p 的数量；

　　V_{p} ——生物种 p 的资源保护管理费计费额。

二、徐州市城市绿地生态效益——碳平衡作用评估

全球气候变化是当今国际社会普遍关注的全球性问题，它不仅影响人类的生存环境，而且也将影响世界经济发展和社会进步，甚至影响到未来发展道路的选择。在全球气候变化与陆地生态系统关系的研究中，最为基础的和最受重视的是全球碳循环问题，即温室气体的"源 (source)"和"汇 (sink)"的问题[127]。通俗地说，所有从大气中清除 CO_2 的过程、活动或机制称为碳汇，反之则为碳源。城市绿地的园林植物在生长过程中通过同化作用吸收大气中的 CO_2，并以生物量的形式将其长期固定，因此是一个汇。

（一）陆地生态系统碳储量估算方法

陆地生态系统储存的碳，主要包括植被碳和土壤碳两部分。

植被碳汇的估算方法，主要有生物量法、微气象学法两大类。

生物量法是目前应用最为广泛的方法，其优点就是直接、明确、技术简单。即采用根据单位面积生物量、植被面积、生物量在植物各器官中的分配比例、植物各器官的平均碳含量等参数计算而成。

微气象学法有涡旋相关法 (Eddy correlation method)、涡度协方差法 (Eddy covariance method) 法、弛豫涡旋积累法 Relaxed eddy accumulation)。这些方法于 20 世纪 80 年代才拓展到 CO_2 通量研究中，其特点是直接对森林（植被）与大气之间的通量进行计算，能够直接长期对生态系统进行 CO_2 通量测定，同时有能够为其他模型的建立和校准提供基础数据。但是，这些方法需要较为精密的仪器，这些仪器在使用上都有严格的要求，对测量者的素质要求较高，并且数据处理很复杂，在这方面还处于研究起步阶段。

1. 植被生物量估算

植物生态量的估算，一般根据植被类型，为分乔和灌木（含藤本）、草地（花

卉）植被 3 大类型分别进行估算。

1）乔木林生物量估算

乔木林生物量的估算方法，有平均生物量法、平均换算因子 (BEF, biomass expansion factor) 法、换算因子连续函数法、生物量扩展因子法等。其中，后几种方法其实都是利用森林资源调查中的材积数据推算生物量的方法。这些方法需要运用大量数据建立相关的回归关系模型，用于大区域尺度森林生物量估算具有较好的代表性。在中小区域尺度上，直接由各林分类型的树干材积推算总生物量更加简洁可行。田勇燕等在李建华、彭世揆等构建的杨树林分蓄积、木材密度及拟合的生物量扩展因子求算杨树林分的生物量 (TB) 公式 [128] 的基础上，提出了简化的推算中小尺度区域乔木林生物量的生物量扩展因子法，其公式为：

$$TB = V \times DN / R$$

式中　V——乔木林材积；

DN——木材基本密度；

R——树干生物量／总生物量。

则，区域乔木类植被总生物量为：

$$TB_总 = \sum V_i \times DN_i / R_i$$

由于多数常见树种的 DN、R 参数，可从相关文献中查得，因此，采用此公式推算中小尺度区域的乔木林生物量的实际工作量大为减少。

2）灌木、草地植被生物量估算

灌木、草地植被因植株较小，生物量直接测量简单，故一般均采用"灌木总生物量 = 单位面积灌木生物量 × 面积"来计算 [129]，园林上也有用"灌木总生物量 = 单株灌木生物量 × 株数"进行计算的 [130]。

2. 植物含碳率

植物含碳率是估算植被碳储量必需的基本参数。许多研究中都采用 50% 作为森林生物量推算碳储量的转换系数，这是因为活体植物中碳水化合物的平均分子式为 $CH_{1.44}O_{0.66}$ [131]。但是有研究表明，活体植物的碳含量常因树种和器官的不同而异，其变化幅度可为 47%~59% [132,133]。在如此大的浮动范围内，笼统的采用 50% 作为转换系数常会使群落碳储量的估测值偏离实际值较远 [134]，为此，众多科研工作者对一些树种的含碳率进行了分析测定。例如，田勇燕等收集了我国100多个常见乔、灌木的含碳率数据，并进行汇总整理[135]。

3. 土壤碳储量估算

土壤在陆地生态系统中具有特殊的生态学意义，土壤不仅从岩石分化过程中富集了生物所需的养分，而且富集了凋落物分解后的养分，再将这些养分提供给植物吸收，同时土壤还给微生物和土壤动物提供了生活的场所。因此土壤碳素库是陆地生态系统中一个极为重要的部分，在碳平衡研究过程中，土壤碳素库的研究是必不可少的。

土地碳分为有机碳（SOC）和无机碳（SIC）两大部分。其中，有机质是指通过微生物作用所形成的腐殖质动植物残体和微生物体的合称。土壤中的无机碳相对稳定，所占比例也较小，与大气碳交换量少；有机碳与大气进行着频繁的 CO_2 交换。据研究，全球土壤碳库是陆地植被碳库的 2~3 倍，是全球大气碳库的 2 倍多[136]，其碳库微小的变化将会对大气 CO_2 浓度及全球变化产生巨大影响。

土壤有机碳主要分布在 1m 深度以内[137]，估算方法一般是根据土壤剖面资料求得的一定深度上单位面积的土壤有机碳密度进行推算[138,139]。

某一土层的有机碳密度 SOC_i 为：

$$SOC_i = C_i \times D_i \times E_i \times (1-G_i) / 100$$

式中　C_i——i 层土壤有机碳含量（若测定值为土壤有机质含量，则采用 0.58 换算求得 C_i，0.58 为 Bemmelan 系数[140]）；

D_i——i 层土壤的容重；

E_i——i 层土的厚度；

C_i——i 层土中直径大于 2mm 的石砾所占的体积百分比（%）。

则，全土层土壤有机碳密度为：$SOC = \sum\limits_{i=1}^{n} SOC_i$

（二）徐州市园林绿地碳储量估算

经样地调查和普查，估算徐州市园林绿地碳储量为 82.69 万 t。其中，园林植物碳储量 26.39 万 t、园林绿地土壤碳储量 56.3 万 t。

1. 园林植物碳储量估算

根据徐州市城市园林植物类型数量分布，单位碳储量的调查按侧柏山林、行道树、乔木林、灌木林、绿篱、花草地被 6 种类型。并根据《徐州市园林植物多样性调查与多样性保护规划》成果 [141]，取相对多度最高的前 10 种（绿篱、花草地被为前 5 种）进行生物量测定调查。将测定调查得到的各植物生物量乘以各植物含碳率，以平均值作为该类型植物的单位碳储量。

各类型植物数量按 2010 年全市园林绿化资源普查本底数据（截止时间为 2009 年 12 月 30 日），并增加 2010~2013 年新增园林绿地植被量进行计算。

经测定和计算，徐州市现有园林植物碳储量 26.39 万 t，详见表 6-11。

徐州市区园林植物碳储量 　　　　　　　　　　　　　　　　　　　　　　表 6-11

植被类型	数量	单位碳储量	碳储量（t）
侧柏山林	850.1 万株	18.21 kg/ 株	15.48
乔木杂木林	91.17 万株	44.355kg/ 株	4.04
灌木林	96.54 万株	7.985kg/ 株	0.77
绿篱	1937 hm²	2.05 kg/m²	3.97
花草地被	1030.4hm²	0.69kg/m²	0.71
行道树乔木	22.25 万株	63.355kg/ 株	1.41

2. 园林绿地土壤碳储量

土壤样地设置与样品采集依据国家城市绿地分类标准（CJJ/T85-2002），结合徐州市绿地实际情况，将徐州市绿地划分为附属绿地、公园绿地、生产绿地、道路绿地、防护绿地和街头绿地 6 种类型。根据绿地类型，每种设置 4 ~ 5 个 30m×30m 标准地，共 28 个，每个标准地在代表性地段分别多点采集 0 ~ 20cm 和 20 ~ 40cm 土壤混合样品，3 次重复，共采集土壤样品 168 个，其中生产绿地 18 个，其他绿地各 30 个。利用土钻采集 0 ~ 20cm、20 ~ 40cm、40 ~ 100cm 土壤混合样品测定土壤碳，共 252 个样品。

经测验和统计计算，徐州城市绿地土壤碳储量见表 6-12。

徐州市城市绿地土壤有机碳储量　　　　　　　　　　　　　　　　　　　　表 6-12

绿地类型	0~20cm		0~40cm		0~100cm	
	储量/（10^8kg）	占0~100cm总量百分比（%）	储量（10^8kg）	占0~100cm总量百分比（%）	储量（10^8kg）	占0~100cm总量百分比（%）
公园绿地	0.9	16.04	1.47	26.00	1.69	29.99
街头绿地	0.06	1.06	0.15	2.63	0.18	3.26
生产绿地	0.01	0.21	0.26	0.40	0.03	0.48
防护绿地	0.63	11.12	1.15	20.41	1.36	24.12
附属绿地	1.01	17.76	1.70	30.31	1.99	35.36
道路绿地	0.19	3.44	0.33	5.84	0.38	6.79
合计	2.8	49.63	4.82	85.58	5.63	100

从表 6-12 可见，徐州市城市绿地土壤 0～100cm 土层有机碳总储量为 56.3 万 t。其中，0～20cm 土层有机碳储量占有机碳储量的 49.63%，主要储存在附属绿地、防护绿地及公园绿地，分别占表层土壤有机碳储量的 17.76%、11.12% 与 16.04%。而生产绿地、街头绿地及道路绿地则储量较少，分别占表层土壤有机碳储量的 0.21%、1.06% 与 3.44%。0～40cm 集中了有机碳储量的 85.58%，其中，附属绿地储量最高占 30.31%，公园绿地次之占 26%，生产绿地储量最低占 0.4%。

三、徐州市城市园林绿地社会效益估算

经估算，徐州市城市园林绿地社会效益为 1291.6 亿元~1300.8 亿元，其中，区域健康安全效益 16.1 亿元~20.3 亿元，基本生活环境效益 1272 亿元，精神生活环境效益 3.5 亿元~8.5 亿元。精神生活环境的经济估值不太高，主要是徐州公园绿地和景区休闲人群以本地老人、儿童和外来学生为主，高收入阶层人数较少，社会效益主要体现在对居民基本生活环境的改善方面。

（一）区域健康安全效益估算

区域健康安全效益包括城市居民因植被对污染物的吸附导致减少空气污染造成的健康损害和作为避难所提供避难疏散、救援等减灾功能导致的城市居民生存

率的提高 2 个方面，但由于长期以来，徐州市尚未发生需要以园林绿地作为避难疏散、救援等减灾作用的重大灾害，因此，按"基于作用对象的城市绿色空间三大效益计量"原则，只计算减小居民健康损害的效益（$AACB$）：

$$AACB = DR \times POLLUT \times POP \times RATM \times 1/100 \times VOSL$$

式中　DR——暴露—反应系数—单位污染物浓度变化导致的健康终点（例如，死亡或呼吸系统疾病入院）变化比例；

　　　$POLLUT$——污染物日平均浓度变化（＝植物年吸附污染物重量（μg）/ 城市面积（m^2））× 污染物浓度较高的大气层厚度（m）×365(d)；

　　　POP——人口总数 / 入院总人数；

　　　$RATM$——死亡率 / 呼吸系统病入院率；

　　　$VOSL$——统计学意义上的生命价值（Vclue of a statistical life）。

徐州市大气污染的暴露—反应系数，因缺乏具体研究，引用阚海东、陈秉衡的"我国大气颗粒物暴露与人群健康效应的关系"研究结果[142]，见表 6-13。

TSP 每升高 100μg/m³ 我国居民健康效应终点发生的　　　　　　表 6 13
相对危险度（引自阚海东等，2002）

健康效应终点		人群	相对危险度（95%置信限）
慢性健康效应	总死亡率（慢性）	全人群	1.080（1.020 1.140）
	慢性支气管炎	全人群	1.300（1.100 1.500）
	肺气肿	全人群	1.590
急性健康效应	总死亡率（急性）	全人群	1.024（1.007 1.042）
	急性支气管炎	全人群	1.300（1.000 1.600）
	内科门诊人数	全人群	1.022（1.013 1.032）
	儿科门诊人数	全人群	1.025（1.009 1.041）

徐州市主要园林树种 (D1.3=10cm) 平均滞尘量，分别为女贞 0.344~0.594、国槐 0.293~0.663、银杏 0.375~0.692、雪松 0.418~0.779、悬铃木 0.387~2.875、栾树 0.116~0.405、侧柏 0.451~0.651、毛白杨 0.116、广玉兰 0.411、乌桕 0.463、杨树 0.216、

重阳木 0.704、枇杷 0.165、樱花 0.083、石榴 0.043、木槿 072、紫叶李 0.0449、石楠 0.089[143,144]。可见，不同树种、不同环境下植物滞尘量差异很大，情况复杂，根据审慎原则，乔木树种、灌木树种分别按 0.3、0.04 进行估算。

统计学意义上的生命价值，引用秦雪征等"生命的价值及其地区差异：基于全国人口抽样调查的估计"的研究结果，每例死亡取 181 万元[145]；每例呼吸系统入院价值，以 2001 年上海市相关研究结果 5810 元为参照，考虑近 15 年物价上涨等因素，取值 10620 元。

根据 2004 年徐州市区人口和医疗卫生统计资料，经计算，城市园林植物减小居民健康损害，导致减少死亡和减少呼吸系统入院折合经济价值约为 16.1 亿元~20.3 亿元。

（二）基本生活环境效益估算

根据遥感调查，结合《徐州统计年鉴》等统计资料，至 2013 年末，徐州市主城区，包括鼓楼区（含徐州经济技术开发区）、云龙区（含新城区）、泉山区 3 个区的绿地面积为 7706hm²。

根据联合国环境卫生组织提出，一个城市人均森林面积要达到 60m² 以上，其城市污染方可得到净化，卫生情况才有保证；联合国生物圈生态与环境组织提出，最佳人居环境标准为人均绿地 40~50m²。考虑到未来人们对生态环境的更高要求，本研究取 100m²。

徐州市城区土地价格，根据 2014 年 1 月 1 日徐州市国土资源管理局发布的徐州市住宅基准地价，全市地价共分 6 类，其中，一类占 2.89%，单价 7300 元 /m²；二类占 7.32%，单价 6700 元 /m²；三类占 16.60%，单价 4200 元 /m²；四类占 21.95%，单价 3200 元 /m²；五类占 37.49%，单价 2300 元 /m²；六类占 13.75%，单价 1100 元 /m²。经加权平均，徐州城区土地价格为 3114.53 元 /m²。

远郊生态林地的价格，以铜山区汉王镇（云龙湖风景名胜区内）、伊庄镇（吕梁风景旅游区）为参照。鉴于生态风景林为国家禁止开发的生态保护用地，没有出让价格。其土地使用价格，按照当地山脚农耕地租赁价格的 50% 即 500 元 /667m²，并按 70 年租用期（等同于城镇住宅土地出让期）、5% 年贴现率计算，折合 9671.34 元 /667m²。

经计算，徐州市城市绿地的基本生活环境效益为 1272 亿元。

（三）精神生活环境效益估算

据对云龙湖、云龙山、彭城广场、彭祖园、淮海战役纪念塔游人利用时间特征研究，徐州市开放型公共绿地的休闲型人群中，近程休闲型人群一般分布在距离绿地开放空间 5km 范围内，基本每周都会前往数次停留 0.5~2h，以学生、服务销售商、商贸人员及离退休老人为主；中程休闲型人群主要分布在距离绿地开放空间 5~15km 范围内，大多数每两周就会前往一次，停留时间集中在 0.5~2h，以青年学生为主，其次为 25~44 岁的中青年；中远程休闲型人群主要来自距绿地开放空间 15~25km 范围内，一般情况下每两周前往一次，停留时间一般大于 0.5h，休闲者中 15~44 岁所占比重较大，以学生、工人、专业文教技术人员为主。远程休闲型人群距离分布在 25~35km 范围内，偶尔前往然而停留时间最长，详见表 6-14、表 6-15[146]。

根据该调查报告数据和本节的计算方法，推算全市 177 个 5000m² 以上的公园作用于人的精神建康效益为 3.5 亿元 ~8.5 亿元。

徐州绿地开放空间利用特征聚类分析结果[101]   表 6-14

休闲类型	频次						停留时间 (h)				空间距离 (km)					
	每天	每周三五次	每周一次	两周一次	每月一次	偶尔	<0.5	0.5~1	1~2	>2	<1	1~5	5~15	15~25	25~35	35~45
近程	73	88	67	0	0	0	22	99	84	23	68	140	20	0	0	0
中程	0	3	136	112	43	67	23	116	178	44	29	143	151	38	0	0
中远程	24	30	80	22	3	0	10	53	47	49	0	0	10	65	57	27
远程	0	0	0	0	31	201	19	58	84	71	0	0	68	54	89	21

不同时间利用类型的居民属性结构[101]   表 6-15

内容	范围	休闲类型（人数）				内容	范围	休闲类型（人数）			
		近	中	中远	远			近	中	中远	远
性别	女	98	178	68	142	职业	工人	22	28	22	22
	男	130	183	91	90		农民	2	6	2	3
年龄	14 岁以下	0	3	1	6		公务员	10	8	5	3
	15~24 岁	90	189	69	150		企事业管理人员	22	31	12	10
	25~44 岁	75	139	68	69		科技/文教人员	13	35	15	13
	45~64 岁	39	24	16	6		服务营销人员	44	61	14	41
	65 岁以上	24	6	5	1		军人	0	2	2	1
文化程度	小学及以下	3	3	2	10		学生	49	116	46	96
	初中及中专	41	31	21	32		离退休人员	37	11	13	1
	高中	50	53	26	36		其他	29	63	28	42
	大专	55	134	50	66	家庭结构	单身	106	225	76	168
	本科	75	125	54	77		结婚无孩子	13	19	6	5
	研究生及以上	4	15	6	11		结婚，孩子 <6 岁	25	47	26	17
个人月收入(元)	≤ 500	47	106	44	96		结婚，孩子 6~18 岁	25	37	19	27
	501~1000	8	21	4	12	家庭结构	空巢家庭	13	3	0	1
	1001~2000	47	46	23	46		结婚，孩子 >18 岁	43	19	0	4
	2001~3000	64	80	26	39		其他	3	10	0	10
	3001~5000	41	76	44	33						
	5001~8000	13	26	13	3						
	8001~12000	7	4	3	3						
	>12000	1	2	2	0						

参考文献

>>

>> [1] 班固 . 汉书汉书卷二十八（地理志） [M]. 北京 : 线装书局，2010.

>> [2] 集注分类东坡先生诗 : 卷 25 [M]. 北京 : 商务印书馆，1937.

>> [3] 姜新 . 徐州近代煤矿发展述略 (1882–1949)[J]. 中国矿业大学学报 : 社会科学版，2010，(2):108–115.

>> [4] 董磊，刘淑萍，王玉北 . 城殇 : 中国城市环境危机报告 [M]. 南京 : 江苏人民出版社，2013.

>> [5] 梁九日 . 城市环境污染及治 [M]. 北京 : 时事出版社，2013.

>> [6]Dockery DW，Pope III C.A.，Xu XP. An association between air pollution and mortality in six U.S. cities. New England J Med. 1993，329:1753–1759.

>> [7] 杨洪斌，马雁军，张云海 . 大气污染与健康损害研究综述 [J]. 环境科学，2005，34(1):14–15.

>> [8] Kan H，Chen B，Chen C，et al. An evaluation of public health impact of ambient air pollution under various energy scenarios in Shanghai，China [J].Atmos Environ，2004，38:95–102.

>> [9] 温婷，蔡建明，杨振山 . 国外城市舒适性研究综述与启示 [J]. 地理科学进展，2014，33(2):249–258.

>> [10] 冯宜冰，张卫玲，张兆森 . 英国自然式园林的发展及特色分析 [J]. 山东林业科技，2007，(3):66–67.

>> [11] 黄勇 . 生态园林与城市小型场地建设初报 [J]. 西北建筑工程 : 自然科学版，2001，18(2):24–27.

>> [12] 杨鹏，薛立，陈红跃 . 论生态园林和生态风景林的功能与建设 [J]. 广东园林，2004(2):7–11.

>> [13] 秦红岭 . 理想主义与人本主义 : 近现代西方城市规划理论的价值诉求 [J]. 现代城市研究，2009，(11):36–41.

>> [14] 吴志强 . 百年西方城市规划理论导纲 [J]. 城市规划汇刊，2002，(2):9–18，53.

>> [15] 黄光宇 . 生态城市研究回顾与展望 [J]. 城市发展研究，2004，11(6):41–48.

>> [16] 联合国每日新闻 . 环境署将推出《绿色城市宣言》，倡导城市可持续发展 [EB/OL].http://www.un.org/chinese/News/daily/pdf/10052005.pdf.2005–5–10/ 2010–4–18.

>> [17] 李敏 . 城市绿地系统规划 [M]. 北京 : 中国建筑工业出版社，2008.

>> [18] 白磊 . 欧洲的绿色城市主义 [J]. 城市问题，2006，(7):81–84.

>> [19]Gordon D. Green cities:ecologically sound approaches to urban space[M]. Montreal:black rose books，1990.

>> [20] 郭宏慧，赖胜男，王源福 . 浅析我的绿色城市设计 [J]. 江西农业大学学报 : 社会科学版，2003，2(4):153–154.

>> [21] 王浩 . 生态园林城市规划 [M]. 北京 : 中国林业出版社，2008.

>> [22] 董德明，包国章 . 城市生态系统与生态城市的理论问题 [J]. 城市发展研究，2001，8(增):32–35，48.

>> [23] 朱有玠 . "园林" 名称溯源 [J]. 中国园林，1985，(2):33.

>> [24] 唐虹，秦飞 . 城市人、环境、文化的最优协调发展模式——生态园林城市 [J]. 环境科学与管理，2012，

37(2):131-134.

>> [25]Brueckner J K，Thisse J F，Zenou Y. Why is central Paris rich and downtown Detroit poor ? An amenity-based theory.[J].European Economic Review，1999，.43(1):91-107.

>> [26] 王亚军.生态园林城市规划理论研究 [D]. 南京：南京林业大学，2007.

>> [27] 徐雁南.生态园林城市评价指标体系优化与应用 [D]. 南京：南京林业大学，2011.

>> [28] 荣冰凌，陈春娣，邓红兵.城市绿色空间综合评价指标体系构建及应用 [J]. 城市环境与城市生态，2009，22（1）：33-37.

>> [29] 黄志强.苏北低山丘陵的地貌特征和地貌分区 [J]. 徐州师范学院学报（自然科学版），1991，9(3):1-4.

>> [30] 黄嫔，朱怀诚，王阿云.徐州王庄煤矿山西组孢粉植物群及其地层意义 [J]. 微体古生物学报，2002，19(1):35-54.

>> [31] 梁珍海，秦飞，季永华.徐州市植物多样性调查与多样性保护规划 [M].南京：江苏科学技术出版社，2013.

>> [32] 陈先达.论文化与文化的时代性和民族性 [J]. 中国青年政治学院学报，2000，(1):25-34.

>> [33] 谭其骧.中国文化的时代差异和地区差异 [J]. 复旦学报，1986，(2):4-13.

>> [34] 葛剑雄.中国的地域文化 [J]. 贵州文史丛刊，2012，(2):7-11.

>> [35] 叶兆言.江苏读本 [M].南京：江苏人民出版社，2009.

>> [36] 吴洪敏.从徐州的发展历程看概念规划 [J]. 现代城市研究，2003(3):34-36.

>> [37] 赵定涛，邓雅静，范进.中国城市发展模式转型研究 [J].江淮论坛，2013，(4):15-21.

>> [38] 王小鲁，夏小林.优化城市规模推动经济增长 [J]. 经济研究，1999，(9):22-29.

>> [39] 柯善咨，赵曜.产业结构、城市规模与中国城市生产率 [J]. 经济研究，2014，(4):76-88，115.

>> [40] 肖玲.从人工自然观到生态自然观 [J]. 南京社会科学，1997，（12）：20-24.

>> [41] 王如松，欧阳志云.对我国生态安全的若干科学思考 [J]. 中国科学院院刊，2007，22(3):223-229.

>> [42] 董雅文，方继荫.城市地区的空间结构及其应用 [J]. 城市环境与城市生态，1989，2(3):10-13.

>> [43] 王宝钧，宋翠娥，傅桦.城市生态腹地的初步研究：兼论北京城市生态腹地构建 [J]. 城市环境与城市生态，2008，21(1):9-12.

>> [44] 张文龙，邓伟根.产业生态化：经济发展模式转型的必然选择 [J]. 社会科学家，2010，（7）：44-48

>> [45] 城市空气质量排名公布：徐州最优扬州垫底 [N].新华日报，2014，8，29.

>> [46] 单耀，秦勇，王文峰.徐州 - 大屯矿区矿井水类型与水质分析 [J]. 能源技术与管理，2007，(4):41-43.

>> [47] 崔文静.徐州市矿山环境保护与治理工程研究 [J]. 地质学刊，2009，33(4):434-437.

>> [48] 沈清基.城市生态与城市环境 [M].上海：上海同济大学出版社，1998:52-55.

>> [49] 李晓燕，陈红.城市生态交通规划的理论框架 [J]. 长安大学学报：自然科学版，2006(1):79-82.

>> [50] 住房和城乡建设部.城市生活垃圾处理及污染防治技术政策 [EB/OL].http://wenku.baidu.com/view/1a477413a21614791711287f.html.

>> [51] 刘琴，李瑞林，王学东等.奏响荒山绿化磅礴交响曲 [N].中国绿色时报，2010-05-14(1)

>> [52] 陈平，万福绪，秦飞等.徐州市石灰岩低山丘陵地立地分类及应用研究 [J]. 南京林业大学学报：自然科学版,2009,33(3):69-72.

>> [53] 谢广民，秦飞，池康等.徐州城市森林规划布局与树种配置 [J]. 江苏林业科技,2007,34(2):55-57.

>> [54] 秦飞，李云蜆.徐州绿地生态系统发展规划 [J]. 中国城市林业,2007,5(2):28-29.

>> [55] 秦飞，王振营，万福绪等.徐州市丘陵荒山生态风景林规划 [J]. 南京林业大学学报：自然科学版,2010,34(2):142-146.

>> [56] 谢广民，秦飞，池康等.徐州城市森林规划布局与树种配置 [J]. 江苏林业科技,2007,34(2):55-57.

>> [57] 张瑞芳，吴静，秦飞等.徐州市木本植物种类及其利用研究 [J]. 林业科技开发,2008,22(增刊):32-36.

>> [58] 谢广民，吴雨龙，卢芦.徐州市彩叶树种及其应用的调查与分析 [J]. 江苏林业科技,2006,33(5):34-37,47.

>> [59] 阎传海,徐科峰.徐连过渡带低山丘陵森林植被次生演替模式与生态恢复重建策略[J].地理科学,2005,25(1):94-101.

>> [60] 储玲,赵娟,刘登义等.安徽宿州大方寺林区植物种类及其资源的初步调查[J].生物学杂志,2002,19(4):24-26.

>> [61] 李思健,贾寒琨.枣庄抱犊崮秋色叶树种种类及分布[J].枣庄师专学报,2001,18(12):42-43.

>> [62] 阎传海.淮河下游地区植被资源多样性及其保护对策[J].徐州师范大学学报:自然科学版1998,16(1):48-53.

>> [63] 谢中稳,蔡永立,周良骝等.安徽皇藏峪自然保护区的植物区系和森林植被[J].武汉植物学研究,1995,13(4):310-316.

>> [64] 秦飞,李同立,陈平等.石质丘陵造林辅助措施优化分析[J].南京林业大学学报:自然科学版,2009,33(5):41-45.

>> [65] 秦飞,关庆伟,陈平.石灰岩山地工程造林技术设计及效果调查[J].林业科技,2009,34(4):27-31.

>> [66] 周岚娇.徐州珠山宕口遗址公园景观设计分析[J].园林,2012,(4):34-37.

>> [67] 梁珍海,秦飞,报永华.徐州市植物多样性调查与多样性保护规划[M].南京:江苏人民出版社,2013.

>> [68] 邱海伦.徐州云龙山石灰岩山地土壤理化性质与植被状况分析研究[D].南京:南京林业大学,2008.

>> [69] 韦翠鸾,翟明普,阎海平等.风景林抚育研究进展[J].内蒙古农业大学学报,2004,25(1):114-120.

>> [70] 闫家锋,邓送求,周伟等.空间结构单元的侧柏林群落特征分析[J].东北林业大学学报,2010,38(3):1-3,7.

>> [71] 吴静,秦飞,王维等.我国石灰岩地区特有植物研究进展[J].江苏林业科技,2010,(2):50-54.

>> [72] 秦飞,陈平,王朋等.我国石灰岩地区森林培育技术研究进展[J].中国水土保持科学,2009,7(4):120-124.

>> [73] 杨学民.徐州市种子植物区系成分研究[J].安徽农业科学,2007,(26):8323-8324,8352.

>> [74] 秦飞.徐州市石灰岩山地生态风景林营造技术研究[D].南京:南京林业大学,2010.

>> [75] 赵平,彭少麟,张经炜.恢复生态学退化生态系统生物多样性恢复的有效途径[J].生态学杂志,2000,19(1):53-58.

>> [76] 尤扬,刘弘,吴荣升低温胁迫对香樟树幼树抗寒性的影响[J].广东农业科学,2008,(11):23-25

>> [77] 尤扬,袁志良,张晓云等.叶面喷施ABA对香樟树幼树抗寒性的影响[J].河南科学,2008,26(11):1351-1354.

>> [78] 尤扬,袁志良,吴荣升等.叶面喷施PP333对香樟树幼树抗寒性的影响[J].河南科学,2009,27(2):169-172.

>> [79] 吴娟,陈金苗,马长江.植物生长调节剂对香樟叶片生理代谢的影响[J].湖北农业科学,2012,51(2):329-331.

>> [80] 江西省林业厅造林处.香樟树栽培[M].北京:中国林业出版社,1991.

>> [81] 李勇.香樟树黄化病生长季防治试验[J].中国森林病虫,2011,30(3):40-42.

>> [82]GB/T50532-2010.城市园林绿化评价标准[S].北京:住房和城乡建设部,2010.

>> [83]CJJ/T85-2002.城市绿地分类标准[S].北京:住房和城乡建设部,2002.

>> [84] 建城〔2010〕125.《国家园林城市标准》[S].北京:住房和城乡建设部,2010.

>> [85] 张甘霖,朱永官,傅伯杰.城市土壤质量演变及其生态环境效应[J].生态学报,2003,23(3):539-546.

>> [86] 费鲜芸,张志国,高祥伟.城市绿地信息遥感提取研究进展[C].江苏省地理学会.江苏省地理学会、江苏省遥感与GIS学会2008年学术年会论文集,连云港,2008.

>> [87] 杨宝龙,夏斌,冯里涛等.QUICKBIRD影像在城市绿地提取中的应用:以石家庄市为例[J].安徽农业科学,2009,37(3):1220-1222.

>> [88] 商庆清,赵博光,张沂泉.高压大容量树木注射机的研制[J].南京林业大学学报:自然科学版,2009,

33(5):101-104.

>> [89] 田鹏鹏. 树干注射吡虫啉在树体内的吸收传导分布研究 [D]. 咸阳：西北农林科技大学，2008.

>> [90] 唐虹，秦飞，郭伟红等. 树木注射伤害成因与控制研究 [J]. 林业机械与木工设备，2012，40(4):35-37.

>> [91] 李兴，秦飞等. 树干注药机核心技术的比较研究与 6HZ.D625B 型注药机研制 [J]. 林业机械与木工设备，2000，28(8):6-9.

>> [92] 宇振荣. 景观生态学 [M]. 北京：化学工业出版社，2008.

>> [93] 邬建国. 景观生态学——格局、过程、尺度与等级 [M]. 北京：高等教育出版社，2000.

>> [94]Forman R T T，Godron M. Landscape ecology[M]. New York: John Wiley and Sons，1986.

>> [95]Forman R T T, Godron M. Landscape Ecology[M]. New York，1986.

>> [96]Turner M G. Landscape Ecology : the effect of Pattern on Process, Annual Review of Ecology and Systematies[J]. 1989,20:171-197,

>> [97]Oneill R V, Kummel J R, Gardern R H,et al. Indiees of Landscape pattern [J]. Landscape Ecology, 1988,1:153-162.

>> [98] 杨瑞卿. 徐州市城市绿地景观格局与生态功能及其优化研究 [D]. 南京：南京林业大学，2006.

>> [99] 杨瑞卿，杨学民. 徐州市种子植物区系成分研究 [J]. 安徽农业科学，2007, 35(26) : 8323- 8324, 8352

>> [100] 梁珍海，秦飞，季永华. 徐州市植物多样性调查与多样性保护规划 [M]. 南京：江苏科学技术出版社，2013.

>> [101] 丁向阳，戴美琪. 论城市森林对城市生态建设的基础作用 [J]. 湖南经济管理干部学院学报，2006，17(1):22 - 25.

>> [102] 朱文泉，何兴元，陈玮. 城市森林研究进展 [J]. 生态学杂志，2001，20(5):55 - 59.

>> [103] 胡聃. 城市绿地综合效益评价方法探讨——天津实例应用 [J]. 城市环境与城市生态，1994，7(1):18 - 22.

>> [104] 刘肖骢. 我国城市绿地系统的效益及发展对策 [J]. 现代城市研究，2001(6):33 - 35.

>> [105] 马晓龙，贾媛媛，赵荣. 城市绿地系统效益评价模型的构建与应用 [J]. 城市环境与城市生态，2003，16(5):28 - 30.

>> [106] 陈春来. GIS 技术支持下的城市绿地效益计量估算研究：以上海市为例 [D]. 上海：华东师范大学，2006.

>> [107] 林全业，丁修堂，段祖安. 近十年我国森林效益评价研究进展 [J]. 山东农业大学学报：自然科学版，2009，40(2):304 - 308.

>> [108] 秦飞，刘景元，王立东等.基于作用对象的城市绿色空间三大效益计量导论[J].中国园林,2012,(4):44-46.

>> [109]LIU Jing- yuan，QIN Fei，WANG Li- dong，et al. Service Object-based Evaluation Framework of Economic，Social and Ecological Benefits of Urban Green Spaces[J]. Journal of Landscape Research 2011，3(10) : 40 - 43.

>> [110] 林全业，丁修堂，段祖安. 近十年我国森林效益评价研究进展 [J]. 山东农业大学学报：自然科学版，2009，40(2):304 - 308.

>> [111] 朱文泉，何兴元，陈玮. 城市绿色空间研究进展 [J]. 生态学杂志 2001，20(5):55-59.

>> [112] 李锋，刘旭升，王如松. 城市绿色空间研究进展与发展战略 [J]. 生态学杂志，2003，22(4):55-59.

>> [113] 宋天英. 沿海城市防护林防灾减灾的效益分析 [J]. 福建林业科技，2001，28(3):59-61.

>> [114] 吴宽让，支林魁. 浅谈城市林业与城市减灾 [J]. 灾害学，2008，23(增刊):56-58.

>> [115] 许中旗，吴增志，李帅英等. 森林植被防灾学战略研究 [J]. 北京林业大学学报：社会科学版，2006，5(增刊):63-65.

>> [116] 李忠魁，侯元兆，罗惠 . 森林社会效益价值计量方法研究 [J]. 山东林业科技，2010(5):98–103.

>> [117] 孙惠南 . 近 20 年来关于森林作用研究的进展 [J]. 自然资源学报，2001, 16(5):407–412.

>> [118] 陈军锋，李秀彬 . 森林植被变化对流域水文影响的争论 [J]. 自然资源学报，2001, 16(5):474–480.

>> [119]JanGilbreath. 环境健康经济学 [J]. 环境与健康展望，2007(9):32–33.

>> [120] 王蕾，刘连友，王志等 . 北京市园林植物吸附 PM_{10} 与 SO_2 总量及其健康效益 [J]. 环境科学与技术，2006, 29(9):1–3.

>> [121] 阚海东，陈秉衡 . 上海市能源提高效率和优化结构对居民健康影响的评价 [J]. 上海环境科学，200, 21(9):520–524.

>> [122] 李敏 . 现代城市绿地系统规划 [M]. 北京 : 中国建筑工业出版社，2002.

>> [123] 丁栋虹 . 经济人范式及其四次历史性突破与产权经济学的发展 [J]. 南京大学学报 : 哲学人文社会科学，1998(3):79–86.

>> [124] 赵林，殷鸣放，陈晓非等 . 森林碳汇研究的计量方法及研究现状综述 [J]. 西北林学院学报 2008, 23(1):59–63.

>> [125] 曹吉鑫，田赟，王小平等 . 森林碳汇的计量方法及其发展趋势 [J]. 生态环境学报 2009, 18(5):2001–2005.

>> [126] 张颖 . 森林社会效益价值评价研究综述 [J]. 世界林业研究，2004, 17(3):6–11.

>> [127] 周存宇 . 大气主要温室气体源汇及其研究进展 [J]。生态环境 2006,15(6):1397–1402.

>> [128] 李建华，李春静，彭世揆 . 杨树人工林生物量估计方法与应用 [J]. 南京林业大学学报 : 自然科学版 ,2007,31(4):37–40.

>> [129] 方精云，刘国华，徐嵩龄 . 我国森林植被的生物量和净生产量 [J]. 生态学报 ,1996,16(5):497–508.

>> [130] 王迪生 . 北京城区园林植物生物量的计测研究 [J]. 林业资源管理，2009, (4):120–125.

>> [131] Pettersen RC,1984.The chemical composition of wood.In:Rowel,R.M.(Ed.),The Chemistry of Wood. Advances in Chemistry Series 207,American Chemical Society,Washington,DC,USA,pp.57 - 126.

>> [132] Laiho R,Laine J(1997).Tree stand biomass and carbon content in an age sequence of drained pine mires in southern Finland.Forest Ecology and Management,93,161 - 169.

>> [133] Lamlom，SH，Savidge RA(2003).A reassessment of carbon content in wood: variation within and between 41 North American species. Biomass and Bioenergy,25,381 - 388.

>> [134] Bert D,Danjon F(2006).Carbon concentration variations in the roots,stem and crown of mature Pinus pinaster(Ait.).Forest Ecology and Management,222,279 - 295.

>> [135] 田勇燕，秦飞，言华等 . 我国常见木本植物的含碳率 [J]. 安徽农业科学，2011, 39(26):16166 - 16169.

>> [136] 苏永中，赵哈林 . 土壤有机碳储量、影响因素及其环境效应的研究进展 [J]. 中国沙漠，2002,22(3):220–228.

>> [137] 陈庆强，沈承德，易惟熙等 . 土壤碳循环研究进展 [J]. 地球科学进展，1998, 13(6):555 ~ 562.

>> [138] 吴乐知 . 土壤有机碳储量的估算研究进展 [J]. 安徽农业科学，2010, 38(25):13780 ~ 13781.

>> [139] 梁启鹏，余新晓，庞卓等 . 不同林分土壤有机碳密度研究 [J]. 生态环境学报 2010,19(4):889–893.

>> [140] 周玉荣，于振良，赵士洞 . 我国主要森林生态系统碳贮量和碳平衡 [J]. 植物生态学报，2000, 24(5):518–522.

>> [141] 梁珍海，秦飞，季永华 . 徐州市植物多样性调查与多样性保护规划 [M]. 南京 : 江苏科学技术出版社，2013.

>> [142] 阚海东，陈秉衡 . 我国大气颗粒物暴露与人群健康效应的关系 [J]. 环境与健康杂志，2002, 19(6):42–424.

>> [143] 刘抱，杨瑞卿 . 徐州市道路绿地植物滞尘能力的分析与比较 [J]. 绿色科技，2014, (4):86–88.

>> [144] 杨瑞卿，肖扬 . 徐州市主要园林植物滞尘能力的初步研究 [J]. 安徽农业科学 ,2008,36(20):8576–8578.

>> [145] 秦雪征，刘阳阳，李力行 . 生命的价值及其地区差异 : 基于全国人口抽样调查的估计 [J]. 中国工业经济，2010, (10):33–43.

>> [146] 姚晓蔚，朱传耿，史春云等 . 徐州城市居民绿地开放空间的时间利用特征研究 [J]. 江苏师范大学学报 自然科学版，2015, 33(2):86–90.

附录：徐州市生态园林城市建设主要政策目录

一、城市自然与历史风貌保护政策

（一）地方法规、规章、制度

1. 徐州市城市绿化条例

2. 徐州市古树名木保护管理暂行办法

3. 徐州市城市重点绿地保护条例

4. 徐州市山林资源保护条例

5. 徐州市云龙湖水环境保护条例

6. 市政府关于公布第三批市级非物质文化遗产名录和第二批市级非物质文化遗产扩展项目名录的通知（徐政发〔2014〕82）

7. 市政府关于公布徐州市第五批市级文物保护单位的通知（徐政发〔2011〕9号）

8. 市政府办公室关于表彰节约用水先进单位、先进个人和市级节水型学校的通知（徐政办发〔2014〕201号）

（二）重大行动

1. 徐州市生态敏感区保护规划（2011-2020）（徐政发〔2012〕39号）

2. 徐州市矿产资源总体规划（2008-2015）（徐政办发〔2011〕151号）

3. 徐州市湿地资源保护规划（2011-2020）（徐州市环境保护局）

4. 徐州市植物多样性调查与多样性保护规划（2011-2020）（徐州市市政园林局）

5. 徐州市区山林保护与利用规划（2006-2020）（节选）

6. 徐州市城市绿化基础资料调查工作方案（徐政办发〔2010〕190号）

7. 山林红线保护区划定（徐政办发〔2010〕196号）

二、城市园林绿化与生态建设、管理政策

（一）地方法规、规章、制度

1. 徐州市城市绿化条例

2. 徐州市市区公共绿地养护管理办法（试行）（徐政规〔2011〕2号）

3. 徐州市山林资源保护条例

4. 徐州市采煤塌陷地复垦条例

5. 城市建设，绿地先行政策规定：

1) 中共徐州市委办公会议纪要第 16 号

2) 中共徐州市委办公会议纪要第 35 号

3) 中共徐州市委办公会议纪要第 80 号

6. 市政府办公室《关于进一步加强立体绿化工作的意见》（徐政办发〔2014〕115 号）

7. 市政府办公室关于印发《徐州市精品园林工程评比办法（试行）》的通知（徐政办发〔2014〕78 号）

8. 市政府办公室关于转发市财政局市市政园林局《徐州市市区公共绿地分级动态管理意见》的通知（徐政办发〔2014〕32 号）

9. 市政府办公室关于印发《徐州市市区行道树栽植及人行道建设暂行办法》的通知（徐政办发〔2013〕144 号）

10. 市政府办公室关于印发《徐州市市区环境卫生保洁、园林绿化第三方监理实施方案（试行）》的通知（徐政办发〔2012〕155 号）

11. 市政府关于开展全市绿地养护管理达标及精品园林绿地评选活动的通知（徐政发〔2008〕26 号）

12. 市政府办公室关于印发《徐州市市区城市绿地养护管理暂行办法》的通知（徐政办发〔2007〕19 号）

13. 市政府办公室关于印发《徐州市生态市建设专项资金使用管理办法（试行）》的通知（徐政办发〔2012〕117 号）

14. 徐州市人民政府关于加强秸秆禁烧工作的通告（徐政通〔2012〕9 号、徐政通〔2010〕9 号）

（二）重大行动

1. 市人民政府常务会议纪要第 3 号《市政府关于创建国家生态园林城市及安全生产等问题的会议纪要》

2. 市政府关于印发《徐州市创建国家生态园林城市实施方案》的通知（徐政

发〔2011〕85号）

3.中共徐州市委办公会议纪要第118号：关于研究徐州市生态园林城市研究院[1]、徐州市生态文明建设研究会和守望家园生态文明建设基金会筹建工作的纪要

4."地更绿"城市园林绿化工程

5.市区山地绿化工程、吕梁山风景区荒山工程

6.机场路景观绿化工程、环城高速绿带工程、京沪高铁徐州段生态景观廊道工程

7.黄河故道综合开发生态绿化工程

8.采煤塌陷区综合开发工程

三、市政与人居环境建设、管理政策

（一）地方法规、规章、制度

1.徐州市城市市容和环境卫生管理条例

2.徐州市城市建筑色彩及材质管理暂行办法（徐州市人民政府令 第120号）

3.徐州市餐饮服务业环境管理办法（徐州市人民政府令第116号）

4.市政府关于印发徐州市区住宅小区配套幼儿园规划建设及管理使用办法的通知（徐政规〔2012〕2号）

5.市政府关于印发《徐州市市区公共租赁住房管理办法》的通知（徐政规〔2012〕8号）

6.市政府关于提高城乡居民最低生活保障标准的通知（徐政发〔2012〕86号）

（二）重大行动

1.市政府办公室关于做好市区建成区旱厕改造工作的通知（徐政办发〔2014〕29号）

2.市政府办公室关于印发2014年市区老旧小区整治"回头看"方案的通知（徐政办发〔2014〕28号）

3.市政府关于印发《徐州市2014年度城建重点工程计划》的通知（徐政发〔2014〕1号）

---

1 正式成立的研究院名称为：徐州市生态文明建设研究院。

4. 市政府关于下达《徐州市 2013 年度城建重点工程计划》的通知（徐政发〔2013〕1 号）

5. 市政府关于下达《徐州市 2012 年度城建重点工程计划》的通知（徐政发〔2012〕1 号）

6. 市政府关于下达《徐州市 2011 年度城建重点工程计划》的通知（徐政发〔2011〕1 号）

7. 市政府关于下达《徐州市 2010 年度城建重点工程计划》的通知（徐政发〔2010〕1 号）

8. 市政府办公室关于进一步优化市区交通秩序的意见（徐政办发〔2014〕194 号）

四、环境保护、节能减排政策

（一）地方法规、规章、制度

1. 徐州市市区扬尘污染防治办法（徐州市人民政府令第 133 号）

2. 徐州市徐城市排水管理办法（徐州市人民政府令第 130 号）

3. 市政府关于印发徐州市区污水处理厂运行监督管理办法（试行）的通知（徐政规〔2012〕3 号）

4. 市政府办公室关于印发《徐州市城市河道保洁质量标准（试行）》的通知（徐政办发〔2014〕79 号）

（二）重大行动

1. 市政府办公室关于印发《徐州市生态市建设规划（2011-2015）》实施方案的通知（徐政办发〔2012〕188 号）

2. 徐州市"十二五"节能工作方案

3. 市政府办公室关于印发《徐州市 2011 年整治违法排污企业保障群众健康环保专项行动工作方案》的通知（徐政办发〔2011〕89 号）

4. 市政府办公室关于 2013 年全市秸秆禁烧与综合利用工作考核情况的通报（徐政办发〔2014〕16 号）

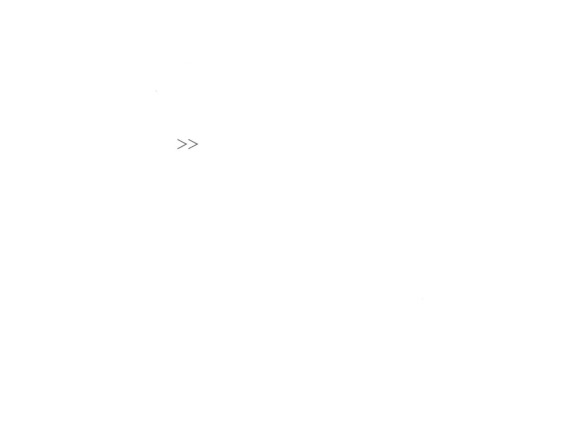

>>

图书在版编目（CIP）数据

生态园林城市建设实践与探索·徐州篇 / 李勇等编
著 . – 北京：中国建筑工业出版社 , 2016.5
（生态园林城市建设系列丛书）
ISBN 978-7-112-19255-7

Ⅰ . ①生… Ⅱ . ①李… Ⅲ . ①生态型—园林—城市建

设—研究—徐州市 Ⅳ . ① TU986.62 ② TU984.2

中国版本图书馆 CIP 数据核字 (2016) 第 059073 号

责任编辑：李 杰
书籍设计：张悟静
责任校对：陈晶晶 关 健

生态园林城市建设系列丛书
生态园林城市建设实践与探索·徐州篇
李 勇 杨学民 秦 飞 柴湘辉 编著
＊
中国建筑工业出版社出版、发行（北京西郊百万庄）
各地新华书店、建筑书店经销
北京雅昌艺术印刷有限公司制版
北京雅昌艺术印刷有限公司印刷
＊
开本：787×1092毫米 1/16 印张：19$\frac{1}{2}$ 字数：475千字
2016年5月第一版 2016年5月第一次印刷
定价：180.00元
ISBN 978-7-112-19255-7
　　　（28518）